微课版

计算机数学 （第二版）

主　编　洪丽华　黄　河

副主编　黄琼慧　李绿色

参　编　王群华

厦门大学出版社　国家一级出版社

XIAMEN UNIVERSITY PRESS　全国百佳图书出版单位

图书在版编目（CIP）数据

计算机数学 / 洪丽华，黄河主编. -- 2 版. -- 厦门：
厦门大学出版社，2023.11（2025.1 重印）
　　ISBN 978-7-5615-9214-4

　　Ⅰ．①计… Ⅱ．①洪… ②黄… Ⅲ．①电子计算机-
数学基础-高等职业教育-教材 Ⅳ．①TP301.6

中国版本图书馆CIP数据核字(2023)第237227号

责任编辑　陈进才
美术编辑　李嘉彬
技术编辑　许克华

出版发行　厦门大学出版社
社　　址　厦门市软件园二期望海路 39 号
邮政编码　361008
总　　机　0592-2181111　0592-2181406(传真)
营销中心　0592-2184458　0592-2181365
网　　址　http://www.xmupress.com
邮　　箱　xmup@xmupress.com
印　　刷　厦门市明亮彩印有限公司

开本　787 mm×1 092 mm　1/16
印张　13.5
字数　328 千字
版次　2023 年 6 月第 1 版　2023 年 11 月第 2 版
印次　2025 年 1 月第 2 次印刷
定价　38.00 元

本书如有印装质量问题请直接寄承印厂调换

厦门大学出版社
微信二维码

厦门大学出版社
微博二维码

内容简介

全书共 8 单元,主要内容如下:函数、极限与连续、导数与微分、导数的应用、不定积分及其应用、定积分及其应用、矩阵与线性方程组以及应用案例.其中,各单元配置了基于 Python 的实验题目、运行代码、运行结果及图形绘制;应用案例是基于 Python 的人工智能与高等数学知识结合应用的项目.

本教材适用于高职高专理工科专业的"高等数学""高等应用数学""计算机数学""高职应用数学"和经管类专业的"经济数学"等课程使用.

前　言

我们国家致力于加快推进科技自立自强,基础研究和原始创新不断加强,一些关键核心技术实现突破.计算机数学作为自然基础学科之一,承载着提升立德树人质量、提高基础研究创新能力的重大使命,关系到自主育人与学科高质量发展.我们必须以党的二十大精神为指引,深刻领会"实施科教兴国战略,强化现代化建设人才支撑"的重要精神,推动国家高质量发展,提高为党育人、为国育才质量,提高自主创新能力.

根据教育部关于高职高专的高等数学教学改革要求,为了更有利于计算机专业的高端技能型人才培养,结合厦门软件职业技术学院近几年高等数学教学改革和计算机相关专业课程建设的经验,我们编写了这本教材.

本书的主要内容如下:

第 1 单元,函数,包括函数的概念、函数的两个要素、函数的表示方法、基本初等函数的类型、初等函数的概念、复合函数的概念、Python 环境的搭建、Python第三方库的安装、运用 Python 及其第三方库计算基本初等函数和初等函数的值、绘制图形、结合计算和图形判断其性质.

第 2 单元,极限与连续,包括数列极限的概念,函数极限的概念,无穷小量与无穷大量的概念、性质及其关系,极限的性质与四则运算,两个重要极限,函数连续的概念,初等函数的连续性,闭区间上连续函数的性质,间断点的概念,运用Python 及其第三方库计算函数极限的值和绘制图形,并且结合图形判断它们的极限值.

第 3 单元,导数与微分,包括导数的物理意义和几何意义,导数的概念,可导与连续的关系,导数的四则运算法则及其应用,基本初等函数的导数公式及其应用,复合函数、隐函数、对数函数及高阶导数等的求导方法,微分的几何意义,微分的概念,微分的基本公式、运算法则及其应用,运用 Python 及其第三方库计算函数的导数,计算函数曲线在某点处的斜率及其切线方程,绘制其图形,并且结合图形判断计算的准确性.

第 4 单元,导数的应用,包括罗尔定理、拉格朗日中值定理和柯西中值定理,洛必达法则,函数单调性的判别法,驻点的概念,函数极值的概念,函数极值的判别法,函数最值的概念,函数凹凸性的概念,函数凹凸性的判别法,拐点的概念,曲线渐近线的概念,描绘函数的图形,运用 Python 及其第三方库判断函数的单调性、极值、最值、凹凸性，绘制其图形，并且结合图形判断计算的准确性.

第 5 单元，不定积分及其应用，包括原函数的概念，不定积分的概念及性质，不定积分的基本公式及基本运算，换元法，分部积分法，微分方程的基础知识，运用 Python 及其第三方库计算函数的不定积分，绘制其图形，并且结合图形，判断计算的准确性.

第 6 单元，定积分及其应用，包括定积分的概念和性质，微积分的基本公式，计算定积分的所有方法，定积分在平面图形的应用，定积分在几何上的应用，运用 Python 及其第三方库计算定积分，计算两条曲线所围成的图形面积，计算旋转体的体积，绘制其图形，并且结合图形判断计算的准确性.

第 7 单元，矩阵与线性方程组，包括矩阵的概念和性质，矩阵的加法、减法、乘法、逆矩阵、初等行变换和矩阵的秩等相关的运算，行列式的概念，行列式的性质及其应用，行列式的计算方法，线性方程组的系数矩阵、未知数矩阵和常数矩阵的概念，非齐次线性方程组和齐次线性方程组的解法，运用 Python 及其第三方库计算矩阵的和、差、积、秩、逆等，求解线性方程组.

第 8 单元，应用案例，借助百度提供的开放人工智能平台，运用折线图和柱形图来体现数据.

本书的主要特色如下：

(1)结合计算机的相关专业介绍知识体系，体现计算机与高等数学的密切关系和相辅相成，有益于学生接受和学习；

(2)内容全面，图文并茂.本书知识体系比较完整，尽量减少纯文字的叙述、增加图形，降低理论的抽象性，提高图形的生动性，有益于帮助学生理解和想象；

(3)突出应用，实验内容丰富.本书配置了一些应用案例和实验内容，增加学生上机操作的机会，降低学生学习的难度，提高学生的实践能力；

(4)增加微课，包含相应的视频，讲解相关的概念、公式、例题和实验操作等；参考答案，包含相应的详细解答过程，有助于学生的学习、理解和巩固。

在本书的编写过程中，借鉴了许多教材的宝贵经验，在此，谨向这些作者表示诚挚的感谢！由于时间仓促，编者水平有限，书中难免有错误或不足之处，敬请读者批评指正！

编　者
2023 年 10 月

《计算机数学》相关教学资源

CONTENTS | 目 录

第1单元

函　数

学习导航

函数是学习计算机数学的一个重要知识点,是后续知识点的基础.学生需了解、理解和掌握以下内容.

- 了解函数的概念,了解函数的表示方法,了解定义域和值域的概念;
- 理解函数的两个要素,掌握函数定义域和值域的判断及计算;
- 了解函数的表示方法;
- 掌握基本初等函数的类型,熟练掌握基本初等函数的性质——有界性、奇偶性、单调性和周期性,并且能够准确地画出各类基本初等函数的图形;
- 理解初等函数的概念,理解分段函数的概念,理解反函数的概念;
- 理解复合函数的概念,并且熟练掌握其复合过程;
- 掌握 Python 环境的搭建,掌握 Python 第三方库的安装;
- 熟练掌握运用 Python 及其第三方库计算基本初等函数和初等函数的值的方法,并且能够熟练、准确地绘制其图形,结合计算和图形判断其性质.

学习内容

1.1　函　数

函数,在中学的数学学习中,已有涉及基本的知识和应用.现在所使用的概念"函数"是 300 多年前引入的,1673 年首次由德国著名的数学家莱布尼茨(Leibniz)提出.

函数

1.1.1　函数的概念

在学习函数的概念之前,先理解两个概念:常量和变量.

常量:在某一事物的变化过程中,保持不变的、不发生变化的、只取一个固定值的量,称它为常量.

例如:圆周率 π、自然常数 e 是永远不变的量;某个医院的医生人数、某个单位的员工人数,在一段时间内保持不变.

变量:在某一事物的变化过程中,随着过程的变化而变化的、可以取不同数值的量,称它为变量.

例如:运行过程中火箭的速度;一天中太阳所照射到的植物的表面温度.

定义 1.1 设 x 和 y 是两个变量,若当变量 x 在非空数集 D 内任取一数值时,变量 y 依照某一规则 f 总有一个确定的数值与之对应,则称变量 y 为变量 x 的**函数**,记作 $y=f(x)$. 这里,x 称为**自变量**,y 称为**因变量**或**函数**. 其中 f 是函数符号,它表示 y 与 x 的对应法则. 有时函数符号也可以用其他字母来表示,如 $y=g(x)$ 或 $y=\varphi(x)$.

定义域:集合 D 称为函数的定义域,或自变量 x 的取值范围.

值域:相应的 y 的值的集合称为函数的值域.

当自变量 x 在其定义域内取某个确定的值 x_0 时,因变量 y 根据函数关系 $y=f(x)$ 所对应的值 y_0,称为当 $x=x_0$ 时的函数值,记作 $y|_{x=x_0}$ 或 $f(x_0)$.

函数的定义域和对应关系 f 称为函数的两个要素.

两个函数相同的充分必要条件是这两个函数的两个要素完全相同.

例 1 求下列函数的定义域:

(1) $f(x)=2x^4-3x^2+6$; (2) $f(x)=\cos^2 x-1$;

(3) $f(x)=\dfrac{1}{x^2-2x+1}$; (4) $f(x)=\sqrt{x^2-9}$;

(5) $f(x)=\arcsin x+\ln(2x+1)$.

解 (1) 在多项式中,自变量可以取任何值,即定义域为:$D=(-\infty,+\infty)$.

(2) 在三角函数的余弦函数中,自变量可以取任何值,即定义域为:$D=(-\infty,+\infty)$.

(3) 在分式中,分母不能为零,即 $x^2-2x+1\neq 0$,所以得到定义域为:
$$D=(-\infty,1)\bigcup(1,+\infty).$$

(4) 在偶次根式中,被开方式必须大于或等于零,即 $x^2-9\geqslant 0$,所以得到定义域为:
$$D=(-\infty,-3]\bigcup[3,+\infty).$$

(5) 在反正弦函数和对数函数中,自变量 x 满足 $\begin{cases} -1\leqslant x\leqslant 1 \\ 2x+1>0 \end{cases}$,所以得到定义域为:$D=\left(-\dfrac{1}{2},1\right]$.

例 2 下列哪些函数与函数 $y=x^2$ 是相同的函数?

(1) $y=(\sqrt{x})^4$; (2) $y=\dfrac{x^3}{x}$;

(3) $y=\sqrt{x^4}$.

解 只有(3)$y=\sqrt{x^4}$ 与 $y=x^2$ 是相同的函数. 其他函数都与 $y=x^2$ 不同,原因是函数(1)和(2)的定义域与函数 $y=x^2$ 的定义域不同.

1.1.2 函数的表示法

函数的表示方法主要有以下三种:解析法、列表法、图像法.

解析法:是表示函数最常用的方法.它用一个等式来表示两个变量之间的函数关系.

列表法:通过表格,列出自变量与对应的函数值来表示函数关系的方法.

图像法:运用图像表示两个变量之间的函数关系的方法.

1.2 函数的特性

1.2.1 函数的有界性

定义 1.2 设函数 $y=f(x)$ 在集合 D 上有定义,如果存在一个正数 M,对于所有的 $x\in D$,总有 $|f(x)|\leqslant M$,那么称函数 $f(x)$ 在 D 上是有界的;如果不存在这样的正数 M,那么称函数 $f(x)$ 在 D 上是无界的.

说明 (1)当一个函数 $y=f(x)$ 在 (a,b) 内有界时,正数 M 的值不是唯一的.

例如:$y=\cos x$ 在区间 $(-\infty,+\infty)$ 内是有界的,有 $|\cos x|\leqslant 1$,M 的值可以是 $M=1$,也可以是 $M=2$.

(2)有界性与区间是有密切关系的.

例如:$y=\ln x$ 在区间 $(1,2)$ 内是有界的,但在区间 $(0,1)$ 内却是无界的.

1.2.2 函数的奇偶性

定义 1.3 设函数 $y=f(x)$ 的定义域 D 关于原点对称,对于任意 $x\in D$,如果:

函数的奇偶性

(1) $f(-x)=-f(x)$ 成立,则称函数 $y=f(x)$ 是**奇函数**,它的图形关于原点对称;

(2) $f(-x)=f(x)$ 成立,则称函数 $y=f(x)$ 是**偶函数**,它的图形关于 y 轴对称.

例 1 判断下列函数的奇偶性:

(1) $f(x)=2x^4-3x^2+6$;   (2) $f(x)=3x^2+\cos x$;

(3) $f(x)=\dfrac{\cos x}{2x}$;   (4) $f(x)=\dfrac{\sin x}{2x}$.

解 (1)$x\in \mathbf{R}$,$f(-x)=2(-x)^4-3(-x)^2+6=2x^4-3x^2+6=f(x)$,所以该函数为偶函数,如图 1-1 所示;

(2) $x\in \mathbf{R}$,$f(-x)=3(-x)^2+\cos(-x)=3x^2+\cos x=f(x)$,所以该函数为偶函数,如图 1-2 所示;

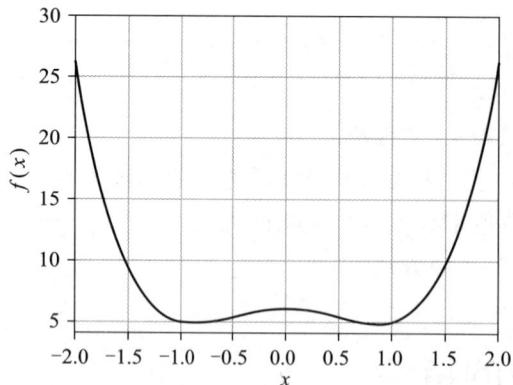

图 1-1　函数 $f(x)=2x^4-3x^2+6$ 的图形

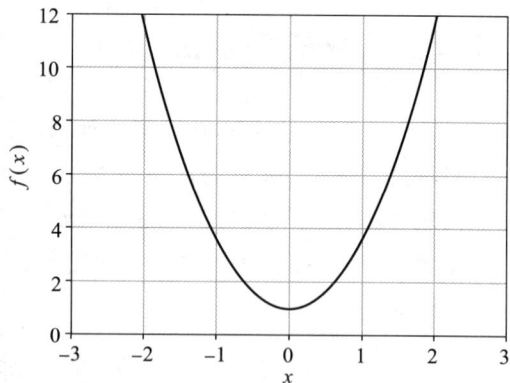

图 1-2　函数 $f(x)=3x^2+\cos x$ 的图形

（3）$x\in(-\infty,0)\bigcup(0,+\infty)$，$f(-x)=\dfrac{\cos(-x)}{-2x}=\dfrac{\cos x}{-2x}=-f(x)$，所以该函数为奇函数，如图 1-3 所示；

（4）$x\in(-\infty,0)\bigcup(0,+\infty)$，$f(-x)=\dfrac{\sin(-x)}{-2x}=\dfrac{-\sin x}{-2x}=f(x)$，所以该函数为偶函数，如图 1-4 所示.

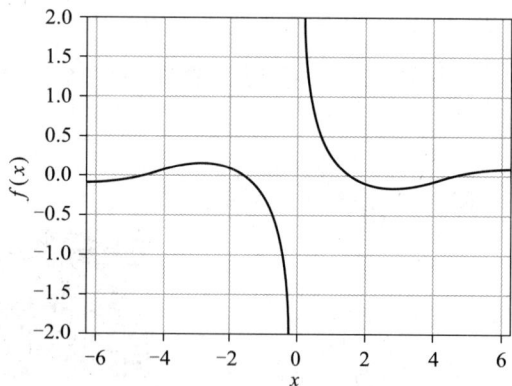

图 1-3　函数 $f(x)=\dfrac{\cos x}{2x}$ 的图形

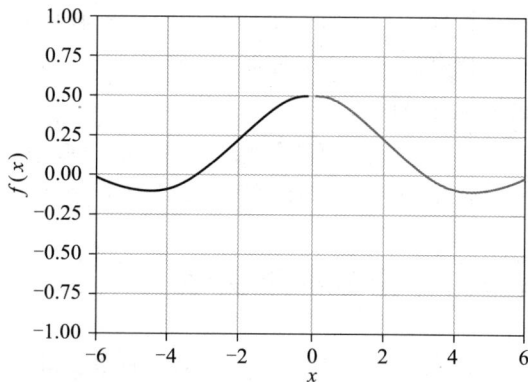

图 1-4　函数 $f(x)=\dfrac{\sin x}{2x}$ 的图形

1.2.3　函数的单调性

定义 1.4　设函数 $y=f(x)$ 在区间 (a,b) 内有定义，如果对于 (a,b) 内的任意两点 x_1 和 x_2，当 $x_1<x_2$ 时，

（1）有 $f(x_1)<f(x_2)$ 成立，那么称函数 $f(x)$ 在 (a,b) 内是单调增加的；

（2）有 $f(x_1)>f(x_2)$ 成立，那么称函数 $f(x)$ 在 (a,b) 内是单调减少的.

说明：函数的单调增加（或称为单调递增）、单调减少（或称为单调递减）统称为函数是单调的，从几何图形来看，在单调区间，递增函数的图形从左到右是上升趋势，递减函数的图形从左到右是下降趋势.

例如,函数 $y=3x^2$ 在区间 $[0,+\infty)$ 上单调增加,在区间 $(-\infty,0]$ 上是单调减少的,所以在区间 $(-\infty,+\infty)$ 内,函数 $y=3x^2$ 不是单调函数,如图 1-5 所示.

又如,函数 $y=2x^3$ 在 $(-\infty,+\infty)$ 内是单调增加的函数,如图 1-6 所示.

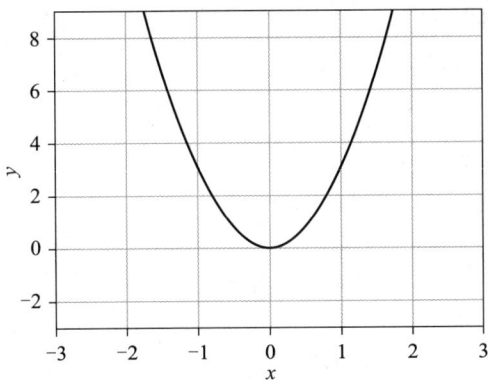

图 1-5　函数 $y=3x^2$ 的图形

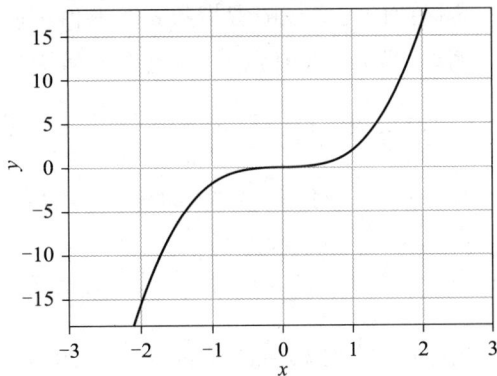

图 1-6　函数 $y=2x^3$ 的图形

1.2.4　函数的周期性

定义 1.5　设函数 $y=f(x)$ 在集合 D 上有定义,如果存在不为零的常数 T,对于 $x\in D$,使 $f(x+T)=f(x)$ 恒成立,那么称此函数为周期函数,常数 T 称为函数的周期.满足这个等式的最小正数 T 称为函数的最小正周期,简称周期.

例如: $y=\sin 2x$ 的周期为 π; $y=\tan 3x$ 的周期为 $\dfrac{\pi}{3}$.

1.3　基本初等函数

基本初等函数是指下列六类函数:

(1)常函数: $y=C$(C 为常数);

(2)幂函数: $y=x^a$(a 为常数);

(3)指数函数: $y=a^x$($a>0,a\neq 1$);

(4)对数函数: $y=\log_a x$($a>0,a\neq 1$);

(5)三角函数: $y=\sin x,\quad y=\cos x,$

$\qquad\qquad y=\tan x,\quad y=\cot x,$

$\qquad\qquad y=\sec x,\quad y=\csc x;$

(6)反三角函数: $y=\arcsin x,\quad y=\arccos x,$

$\qquad\qquad y=\arctan x,\quad y=\text{arccot } x.$

1.3.1　常函数 $y=C$(C 为常数)

定义域为 $(-\infty,+\infty)$,值域为 $\{C\}$,是偶函数.

1.3.2 幂函数 $y = x^{\alpha}$（α 为常数）

幂函数的定义域随着指数 α 的取值不同而不同.

例如，当 $\alpha = 3$ 时，$y = x^3$，其定义域为 $(-\infty, +\infty)$；

当 $\alpha = \dfrac{1}{3}$ 时，$y = x^{\frac{1}{3}}$，即 $y = \sqrt[3]{x}$ 的定义域为 $(-\infty, +\infty)$；

当 $\alpha = -\dfrac{1}{3}$ 时，$y = x^{-\frac{1}{3}}$，即 $y = \dfrac{1}{\sqrt[3]{x}}$ 的定义域为 $(-\infty, 0) \bigcup (0, +\infty)$；

当 $\alpha = \dfrac{1}{2}$ 时，$y = x^{\frac{1}{2}}$，即 $y = \sqrt{x}$ 的定义域为 $[0, +\infty)$，如图 1-7 所示；

当 $\alpha = -\dfrac{1}{2}$ 时，$y = x^{-\frac{1}{2}}$，即 $y = \dfrac{1}{\sqrt{x}}$ 的定义域为 $(0, +\infty)$，如图 1-8 所示.

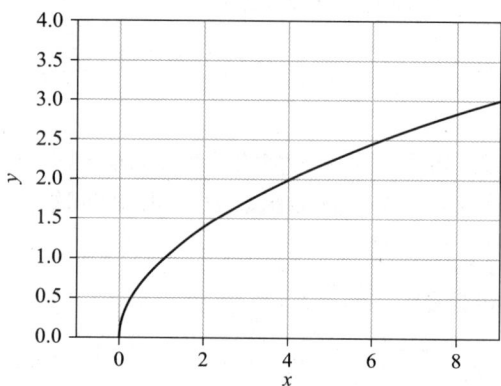

图 1-7 函数 $y = \sqrt{x}$ 的图形

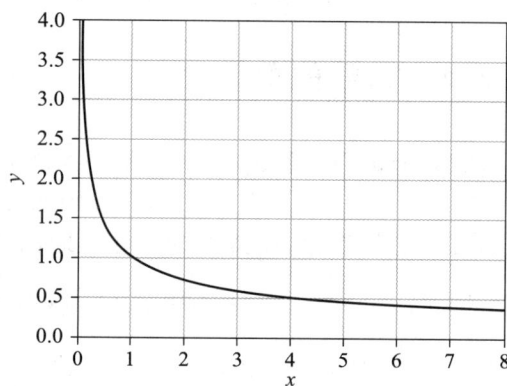

图 1-8 函数 $y = \dfrac{1}{\sqrt{x}}$ 的图形

1.3.3 指数函数 $y = a^x$（$a > 0, a \neq 1$）

指数函数的定义域为 $(-\infty, +\infty)$，值域为 $(0, +\infty)$.

不论 a 取何值，总有 $a^0 = 1$. 指数函数的曲线总在 x 轴上方且必经过点 $(0, 1)$.

当 $a > 1$ 时，$y = a^x$ 单调增加；当 $0 < a < 1$ 时，$y = a^x$ 单调减少.

常用的指数函数有 $y = e^x$.

1.3.4 对数函数 $y = \log_a x$（$a > 0, a \neq 1$）

对数函数 $y = \log_a x$ 是指数函数 $y = a^x$ 的反函数，其定义域为 $(0, +\infty)$，值域为 $(-\infty, +\infty)$.

对数函数 $y = \log_a x$ 的曲线总在 y 轴的右方且必经过点 $(1, 0)$.

当 $a > 1$ 时，$y = \log_a x$ 单调增加；当 $0 < a < 1$ 时，$y = \log_a x$ 单调减少.

常用的对数函数 $y = \log_e x$，称为自然对数函数，简记为 $y = \ln x$.

1.3.5 三角函数

常用的三角函数有 $y=\sin x$, $y=\cos x$, $y=\tan x$, $y=\cot x$, $y=\sec x$, $y=\csc x$.

正弦函数 $y=\sin x$ 与余弦函数 $y=\cos x$ 的定义域均为 $(-\infty,+\infty)$，均以 2π 为周期，值域都是闭区间 $[-1,1]$，所以它们都是有界函数. 正弦函数是奇函数，余弦函数是偶函数，如图 1-9 及图 1-10 所示.

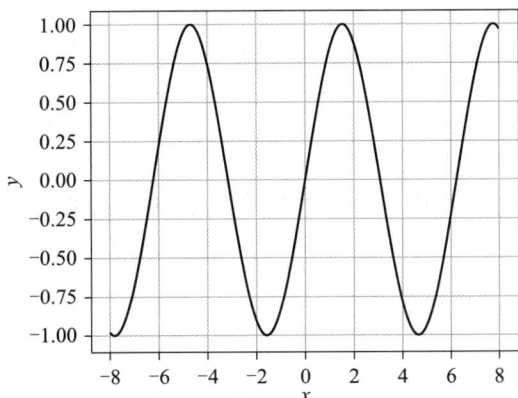

图 1-9　函数 $y=\sin x$ 的图形

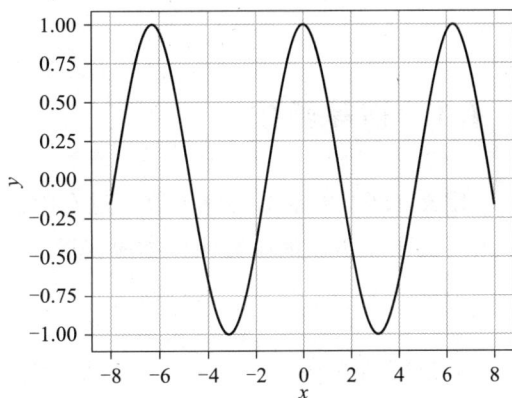

图 1-10　函数 $y=\cos x$ 的图形

正切函数 $y=\tan x$ 的定义域为 $\left\{x \mid x \neq k\pi+\dfrac{\pi}{2}, k \in \mathbf{Z}\right\}$，值域为 $(-\infty,+\infty)$，周期为 π，且为奇函数，如图 1-11 所示.

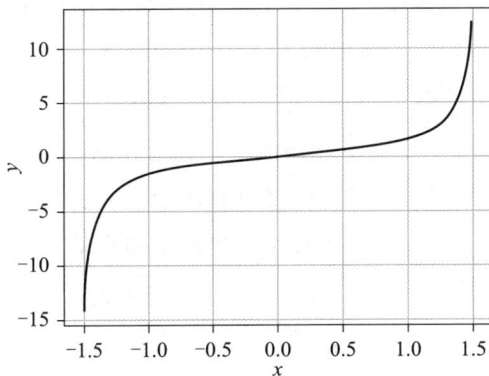

图 1-11　函数 $y=\tan x$ 的图形

余切函数 $y=\cot x$ 的定义域为 $\{x \mid x \neq k\pi, k \in \mathbf{Z}\}$，值域为 $(-\infty,+\infty)$，周期为 π，且为奇函数.

此外，正割函数 $y=\sec x$ 和余割函数 $y=\csc x$ 分别为余弦函数和正弦函数的倒函数，即

$$\sec x = \frac{1}{\cos x}, \quad \csc x = \frac{1}{\sin x}$$

所以,它们都是以 2π 为周期的函数,并且在开区间 $\left(0, \frac{\pi}{2}\right)$ 内都是无界函数,总有 $\sec x \geqslant 1$ 及 $\csc x \geqslant 1$.

1.4 初等函数和复合函数等其他函数

1.4.1 初等函数

定义 1.6 由基本初等函数经过有限次的四则运算及有限次的复合而成并且只能用一个解析式子来表示的函数叫作初等函数.

例如:$y = x^3 + x^2 + 2x + 1$ 和 $y = \sqrt{x^3 - \sin x}$ 都是初等函数,

而分段函数 $y = \begin{cases} 1, & x \geqslant 0 \\ -1, & x < 0 \end{cases}$,不是初等函数.

1.4.2 复合函数

定义 1.7 设 y 是 u 的函数,$y = f(u)$;u 是 x 的函数,$u = \varphi(x)$. 如果 $u = \varphi(x)$ 的值域或其部分包含在 $y = f(u)$ 的定义域中,则 y 通过中间变量 u 构成 x 的函数,称为 x 的复合函数,记作 $y = f[\varphi(x)]$. 其中,x 称为**自变量**,u 称为**中间变量**.

说明:(1)不是任何两个函数都可以构成一个复合函数.

例如:$y = \ln t, t = x - \sqrt{x^2 + 1}$ 就不能构成一个复合函数.

(2)复合函数可以有一个中间变量,也可以有多个中间变量.

(3)复合函数的合成和分解,通常是对于简单函数而言的.

例 1 已知 $y = 3\sqrt{u}, u = 2x^2 + 1$,将 y 表示成 x 的函数.

解 将 $u = 2x^2 + 1$ 代入 $y = 3\sqrt{u}$,可得 $y = 3\sqrt{2x^2 + 1}$.

例 2 已知 $y = 2\ln u, u = v^3, v = \sin x$,将 y 表示成 x 的函数.

解 将 $v = \sin x$ 代入 $u = v^3$ 得 $u = (\sin x)^3$,再将 $u = (\sin x)^3$ 代入 $y = 2\ln u$ 可得 $y = 2\ln(\sin x)^3 = 6\ln(\sin x)$.

例 3 分解下列复合函数,写出此函数是由哪些简单函数复合而成的:

(1) $y = 2\log_3(x^2 - 4)$;   (2) $y = 3\cos e^{-x}$.

解 (1)取 $u = x^2 - 4$,则 $y = 2\log_3(x^2 - 4)$ 由 $y = 2\log_3 u, u = x^2 - 4$ 复合而成;

(2)$y = 3\cos e^{-x}$ 可以看成是由 $y = 3\cos u, u = e^v, v = -x$ 三个函数复合而成.

1.4.3　分段函数

如果某一函数 $y=f(x)$ 在它的定义域内的不同区间(或不同点)上有不相同的表达式,那么称此函数为分段函数.

例 4　函数 $f(x)=|x|=\begin{cases}x,x\geqslant 0\\-x,x<0\end{cases}$ 是分段函数,

定义域 $x\in\mathbf{R}$,值域 $y\in(-\infty,+\infty)$,图形如图 1-12 所示.

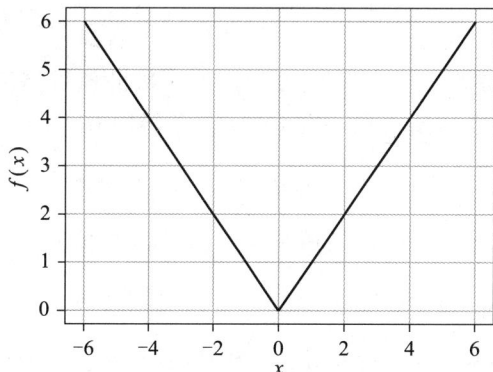

图 1-12　函数 $f(x)=|x|$ 的图形

例 5　已知函数 $f(x)=\begin{cases}1+\sin x,x\geqslant 0,\\2x-1,x<0,\end{cases}$

计算:$f(0),f(-\pi),f(1)$ 及函数的定义域.

解　因为 $x=0$ 对应的函数式是 $y=1+\sin x$,则 $f(0)=1+\sin 0=1$;

$x=-\pi$ 对应的函数式是 $y=2x-1$,则 $f(-\pi)=-2\pi-1$;

$x=1$ 对应的函数式是 $y=1+\sin x$,则 $f(1)=1+\sin 1$;

该函数的定义域为 $x\in\mathbf{R}$.

绘制图形,如图 1-13 所示.

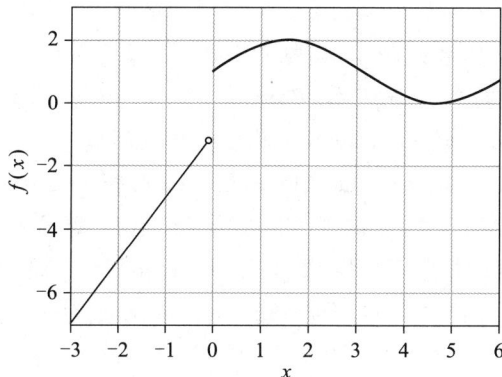

图 1-13　分段函数 $f(x)$ 的图形

1.4.4　反函数

定义 1.8　设函数 $y=f(x)$ 是 x 的函数,其值域为 M,如果对于 M 中的每一个 y 值,都有唯一确定的且满足 $y=f(x)$ 的 x 值与之对应,则得到一个定义在 M 上的以 y 为自变量、x 为因变量的新函数,我们称之为 $y=f(x)$ 的反函数,记作 $x=f^{-1}(y)$.

通常用 x 表示自变量,用 y 表示函数,因此,一般情况下,把反函数 $x=f^{-1}(y)$ 改写为 $y=f^{-1}(x)$.

互为反函数的函数间具有如下性质:

(1) 函数 $y=f(x)$ 与反函数 $y=f^{-1}(x)$ 的图形关于直线 $y=x$ 对称.

(2) 原函数的定义域是反函数的值域;反之,原函数的值域是反函数的定义域.

反三角函数是三角函数的反函数,常用的反三角函数有:

(1) 反正弦函数:$y=\arcsin x$,定义域为 $x\in[-1,1]$,值域为 $y\in\left[-\dfrac{\pi}{2},\dfrac{\pi}{2}\right]$.

(2) 反余弦函数:$y=\arccos x$,定义域为 $x\in[-1,1]$,值域为 $y\in[0,\pi]$.

(3) 反正切函数:$y=\arctan x$,定义域为 $x\in\mathbf{R}$,值域为 $y\in\left(-\dfrac{\pi}{2},\dfrac{\pi}{2}\right)$.

(4) 反余切函数:$y=\operatorname{arccot} x$,定义域为 $x\in\mathbf{R}$,值域为 $y\in(0,\pi)$.

1.5　实　　验

1.5.1　搭建 Python 开发环境及安装第三方库

1. 搭建 Python 开发环境

Python 是一种面向对象、开源、免费、功能强大的程序设计语言,提供了丰富和强大的标准库,还提供了大量的第三方库.第三方库的功能涉及人工智能、数据分析与处理、Web 应用开发等领域.

Python 提供了不同操作系统版本,包括 Windows 操作系统版本、Linux 操作系统版本、Mac 操作系统版本及其他操作系统版本.Python 常用的开发环境有:Python 自带的集成开发环境、Pycharm 集成开发环境和 Anaconda3 集成开发环境.

Python 自带的 IDLE(Integrated Development and Learning Environment)是集成开发环境.它是一种交互式的开发环境,提供了交互式运行、程序编写和运行等功能.读者可以登录 Python 的官方网站下载并进行安装.下面以在 Windows 中搭建 Python 开发环境为例.图 1-14 为 Python 官方网站的首页.Python 的下载网址为:https://www.python.org/downloads/.

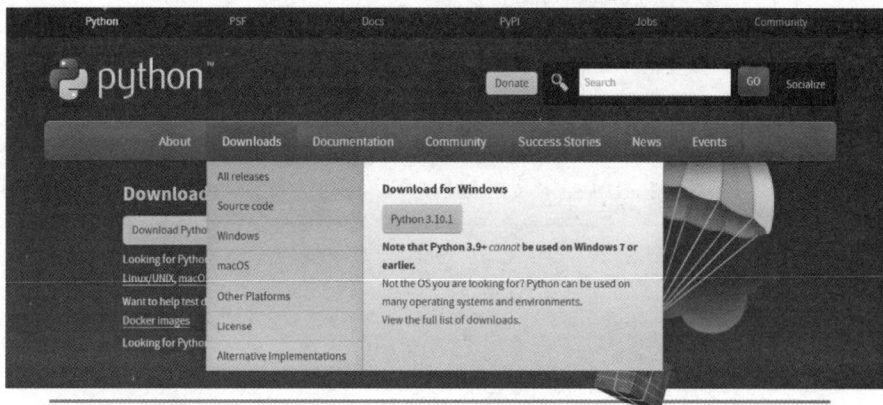

图 1-14 Python 官方网站的首页

根据 Windows 的操作系统选择合适版本的 Python 压缩包进行下载、安装. 图 1-15 显示的是适配不同位数 Windows 操作系统的 Python 压缩包.

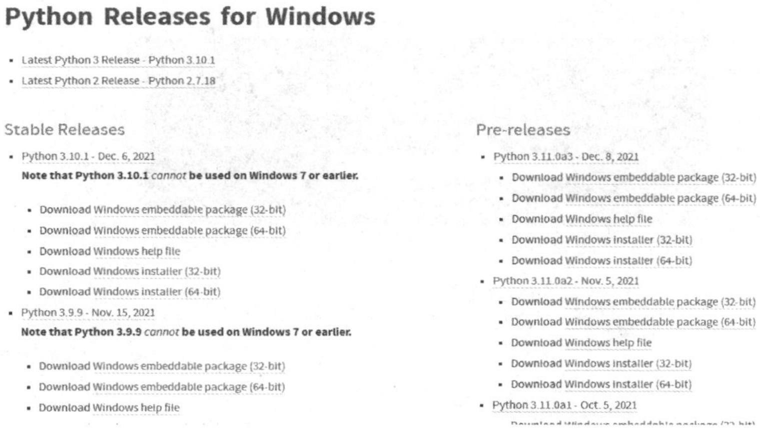

图 1-15 Python 各个版本的压缩包

按照相应的步骤安装完 Python 后,按"开始—所有程序—Python—IDLE"启动 Python IDLE 的编程环境. 如图 1-16 所示.

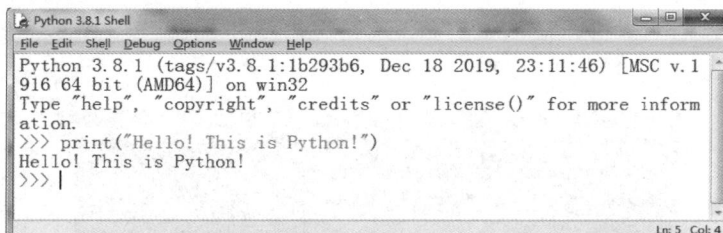

图 1-16 Python 3.8.1 Shell 的运行界面

如果程序比较复杂,可以使用 Python 3.8.1 Shell 窗口的"File"菜单来创建文件并且执行. 如图 1-17 所示.

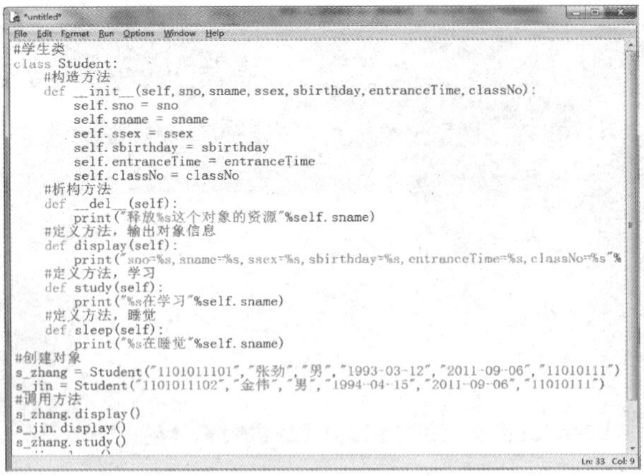

图 1-17 Python 3.8.1 Shell 的窗口

2. 安装第三方库 Numpy、Matplotlib 和 Sympy

Python 第三方库的官方网站：http://pypi.org. 如图 1-18 所示.

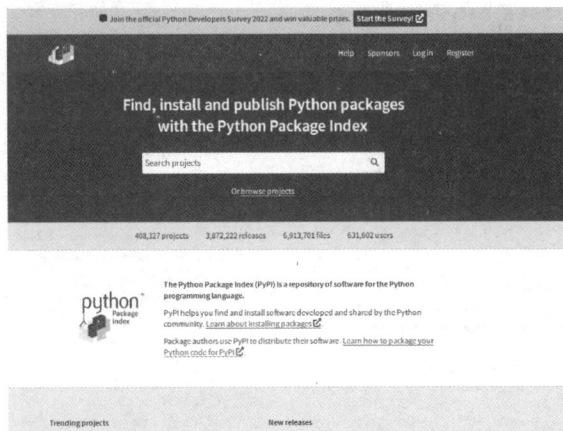

图 1-18 pypi 的首页

pip 是 Python 的包管理工具，在 Python 开发中必不可少. 该工具提供了对 Python 第三方库的查找、下载、安装、卸载的功能.

可以在 cmd 命令行中通过"pip --version"命令来判断是否已安装 Python 及其版本. 如图 1-19 所示.

图 1-19 查看已安装的 Python 版本

可以在 cmd 命令行中通过"pip list"命令来判断已安装哪些第三方库及其版本. 如图 1-20所示.

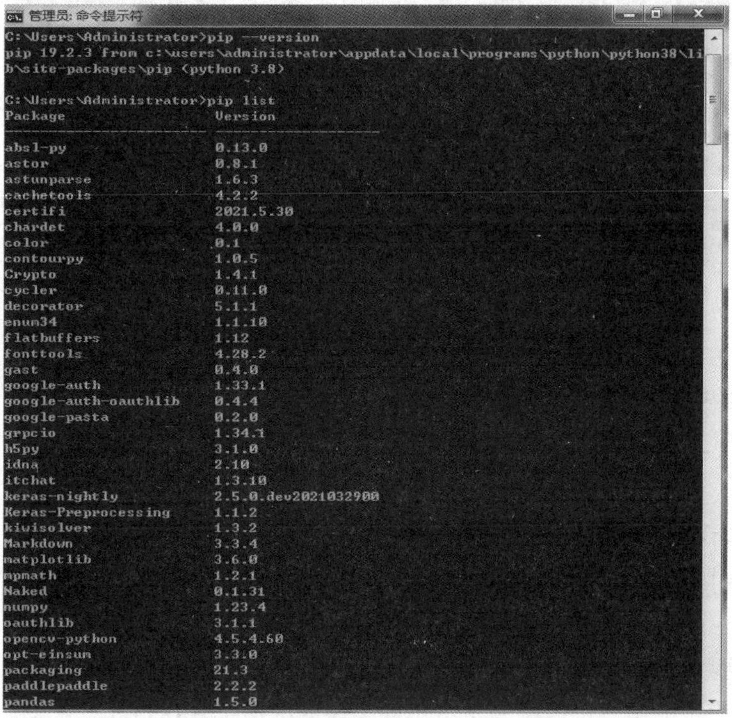

图 1-20　查看已安装的第三方库及其版本

安装第三方库有两种方法:在线和离线. 建议使用在线的方法. 安装第三方库的命令为:pip install ＜PackageName＞.

比如,安装 Sympy,输入"pip install sympy". 在网络连接的情况下,就会开始自动安装. 如图 1-21 所示.

安装 python 的第三方库 sympy

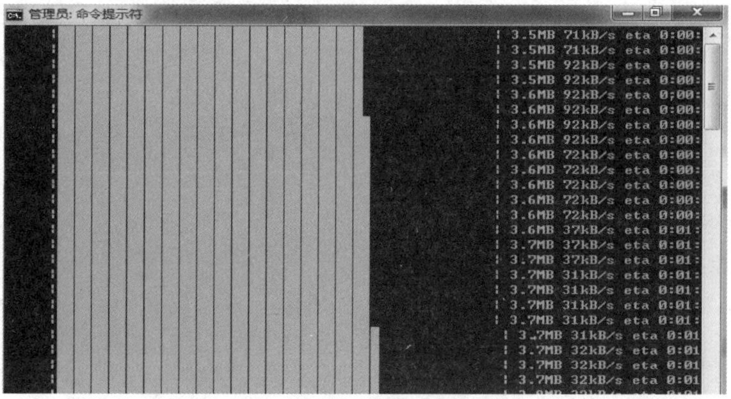

图 1-21　安装第三方库 Sympy 的界面

自动安装完,会在安装界面显示"Successfully installed sympy-1. 11. 1",如图 1-22所示.

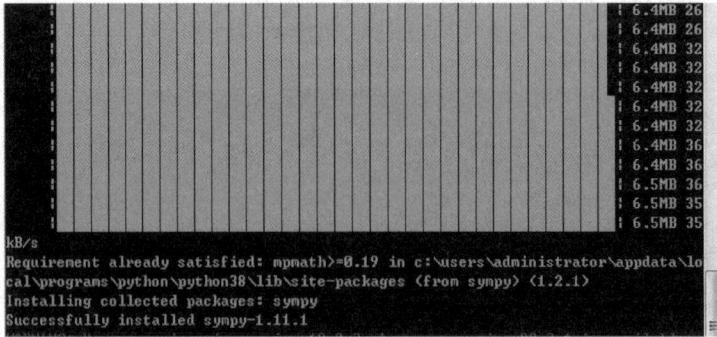

图 1-22　已成功安装完第三方库 Sympy 的界面

1.5.2　计算(基本)初等函数的值,并绘制其图形,结合计算和图形判断其性质

1. 了解第三方库 Numpy 和 Matplotlib

Numpy 标准库中的 arange() 函数和 Matplotlib 标准库中的 plot() 绘图函数是常用函数.plot(x,y):如果 x 和 y 为长度相等的数组,则绘制以 x,y 分别为横坐标、纵坐标的二维曲线.plot()是绘制二维曲线的函数,但在使用此函数之前,需先定义曲线上每一点的 x 及 y 的坐标.运用 Matplotlib 库中的函数可以绘制更多不同类型的图形.常用的有以下函数.

plt. figure():创建空白画布、绘图;

plot. show():在显示器上面显示;

plot. legend():显示图例;

plot. plot(x,y1,x,y2):输出两条曲线;

plt. grid(True):绘制网格线;

round(number,num_digits):四舍五入.

2. 计算 (基本) 初等函数的值

例 1　计算 $y = \sin\dfrac{\pi}{2}$ 的值.

```
# 导入 math 标准库
from math import pi
# 调用 math 标准库中的 sin () 函数和 pi 值
print(sin (pi/2))
# 运行结果如下:
1.0
```

例 2　已知球半径 $r = 2$,计算球的体积 $V = \dfrac{4}{3}\pi r^3$.

```
from math import pi
```

```
r = 2
V = 4/3 * pi * r * * 3
print("V = ",V)
#运行结果如下：
V = 33.51
```

3.绘制（基本）初等函数的图形并且判断其性质

例 3　分别绘制函数 $y = x^2$ 和 $y = x^3$ 的图形,并且判断它们的性质.

```
import  matplotlib
import  matplotlib.pyplot  as  plt
from  numpy  import  *
x = arange( - 3,3,0.1)
y = x * * 2
#创建一个空白画布
plt.figure()
#绘制函数曲线
plt.plot(x,y)
#设置 x 轴、y 轴的取值范围
plt.xlim( - 3,3)
plt.ylim( - 3,9)
plt.grid(True)          #显示网格线
plt.show()              #显示绘图
```

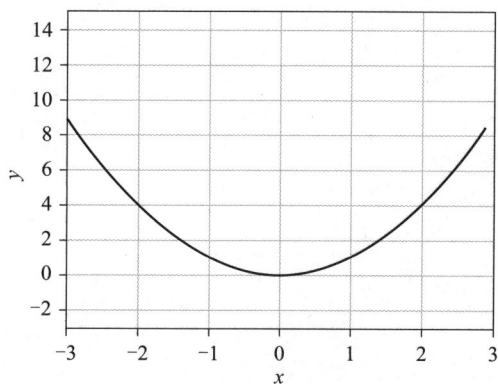

运用 python 绘制（基本）初等函数的图形并且判断其性质

图 1-23　函数 $y = x^2$ 的图形

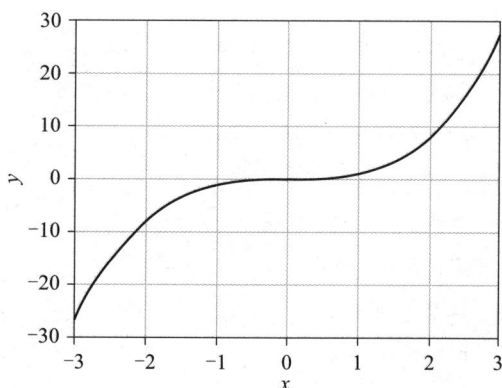

图 1-24　函数 $y = x^3$ 的图形

从图形(图 1-23、图 1-24)可以判断：

函数 $y = x^2$ 是偶函数;有两个单调区间,在区间 $(-\infty,0)$ 上是单调减少的,在区间 $(0, +\infty)$ 上是单调增加的;

函数 $y=x^3$ 是奇函数;只有一个单调区间,在整个定义域,即在区间$(-\infty,+\infty)$内是单调增加的.

例 4 绘制函数 $y=\dfrac{1}{x}$ 的图形,并且判断它的性质.

```
import  matplotlib
import  matplotlib.pyplot  as  plt
from  numpy  import  *
x = arange( - 6,6,0.01)
y = x * * ( - 1)
#创建一个空白画布
plt.figure()
#绘制函数曲线
plt.plot(x,y)
#设置 x 轴、y 轴的取值范围
plt.xlim( - 6,6)
plt.ylim( - 10,10)
plt.grid(True)
plt.show()
```

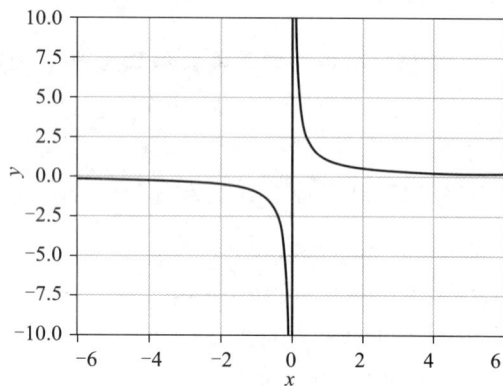

图 1-25　函数 $y=\dfrac{1}{x}$ 的图形

从图形(图 1-25)可以判断:

函数 $y=\dfrac{1}{x}$ 是奇函数;在区间$(-\infty,0)$上是单调减少的,在区间$(0,+\infty)$上也是单调减少的.

例 5 分别绘制函数 $y=3^x$ 和 $y=0.2^x$ 的图形,并且判断它们的性质.

```
import  matplotlib
import  matplotlib.pyplot  as  plt
from  numpy  import  *
x = arange( - 6,6,0.01)
y = 3 * * x   #y = 0.2 * * x
#创建一个空白画布
plt.figure()
#绘制函数曲线
plt.plot(x,y)
#设置 x 轴、y 轴的取值范围
plt.xlim( - 6,6)
plt.ylim( - 3,20)
plt.grid(True)
plt.show()
```

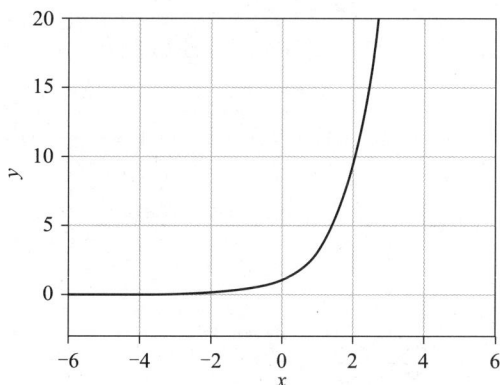

图 1-26　函数 $y=3^x$ 的图形

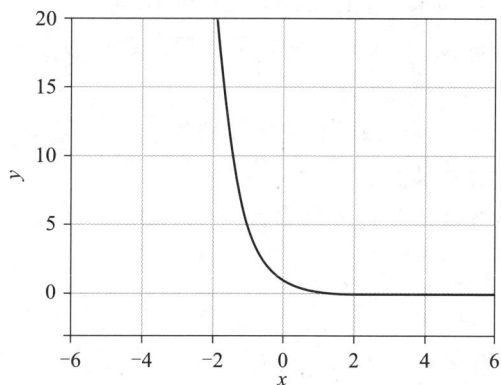

图 1-27　函数 $y=0.2^x$ 的图形

从图（图 1-26、图 1-27）可以判断：

函数 $y=3^x$ 是非奇非偶函数；只有一个单调区间，在整个定义域，即在区间 $(-\infty,+\infty)$ 内是单调增加的；

函数 $y=0.2^x$ 是非奇非偶函数；只有一个单调区间，在整个定义域，即在区间 $(-\infty,+\infty)$ 内是单调减少的.

例 6　分别绘制函数 $y=\log_2 x$ 和 $y=\log_{0.3} x$ 的图形，并且判断它们的性质.

```
import matplotlib.pyplot as plt
from numpy import *
x = arange(-3,7,0.01)
y = log2(x)
#创建一个空白画布
plt.figure()
#绘制函数曲线
plt.plot(x,y)
plt.grid(True)
plt.show()
```

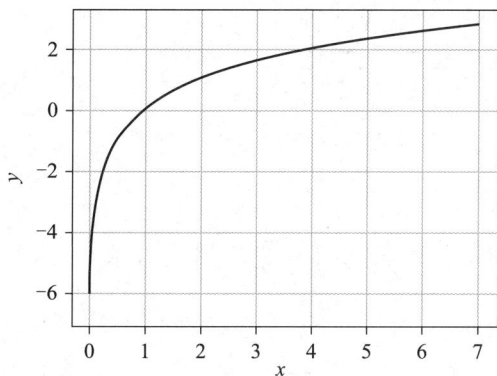

图 1-28　函数 $y=\log_2 x$ 的图形

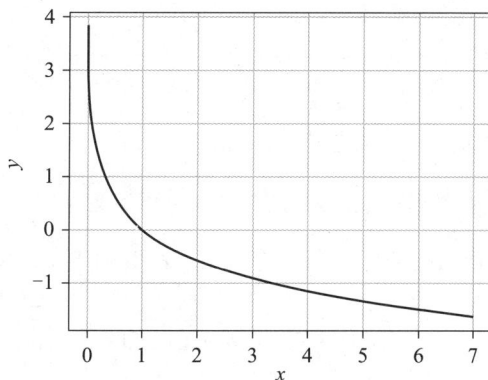

图 1-29　函数 $y=\log_{0.3} x$ 的图形

从图形(图 1-28、图 1-29)可以判断：

函数 $y=\log_2 x$ 是非奇非偶函数；只有一个单调区间，在整个定义域，即在区间 $(0,+\infty)$ 内是单调增加的；

函数 $y=\log_{0.3} x$ 是非奇非偶函数；只有一个单调区间，在整个定义域，即在区间 $(0,+\infty)$ 内是单调减少的.

例 7 分别绘制函数 $y=0.5\sin x$ 和 $y=2\cos x$ 的图形，并且判断它们的性质.

```
import  matplotlib
import  matplotlib.pyplot  as  plt
from  numpy  import  *
x = arange( - 2 * pi,2 * pi,0.001)
y = 0.5 * sin(x)
#创建一个空白画布
plt.figure()
#绘制函数曲线
plt.plot(x,y)
#设置 x 轴、y 轴的取值范围
plt.xlim( - 2 * pi,2 * pi)
plt.ylim( - 1,1)
plt.grid(True)              #显示网格线
plt.show()                  #显示绘图
```

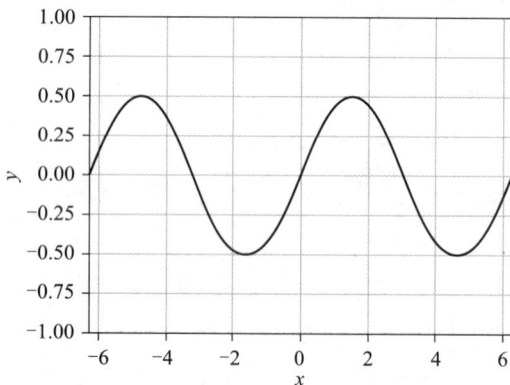

图 1-30　函数 $y=0.5\sin x$ 的图形

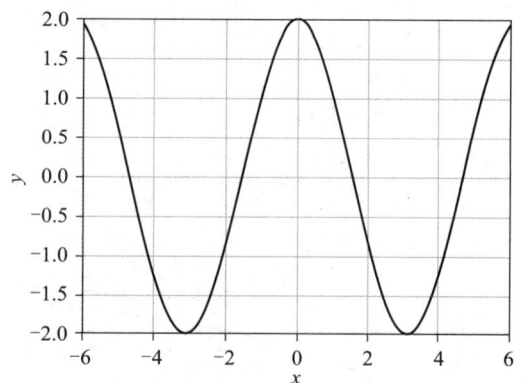

图 1-31　函数 $y=2\cos x$ 的图形

从图形(图 1-30、图 1-31)可以判断：

函数 $y=0.5\sin x$ 是奇函数，并且是以 2π 为周期的函数；在 $\left(-\dfrac{\pi}{2},\dfrac{3\pi}{2}\right)$ 上有单调性，在区间 $\left(-\dfrac{\pi}{2},\dfrac{\pi}{2}\right)$ 上单调增加，在区间 $\left(\dfrac{\pi}{2},\dfrac{3\pi}{2}\right)$ 上单调减少；

函数 $y=2\cos x$ 是偶函数，并且是以 2π 为周期的函数；在 $(-\pi,\pi)$ 上有单调性，在区间 $(0,\pi)$ 上单调减少，在区间 $(-\pi,0)$ 上单调增加.

单元小结

本单元主要学习函数的概念、函数的四个特性;学习六类基本初等函数、初等函数、复合函数、分段函数等其他函数的概念及其性质;搭建 Pyhton 的开发环境及安装第三方库;运用编程语言 Pyhton 计算(基本)初等函数的值,并且绘制其图形,结合计算和图形判断它们的性质.

一、函数

1. 概念

常量:在某一事物的变化过程中,保持不变的、不发生变化的、只取一个固定值的量,称它为常量.

变量:在某一事物的变化过程中,随着过程的变化而变化的、可以取不同数值的量,称它为变量.

函数:设 x 和 y 是两个变量,若当变量 x 在非空数集 D 内任取一数值时,变量 y 依照某一规则 f 总有一个确定的数值与之对应,则称变量 y 为变量 x 的函数,记作 $y=f(x)$.这里,x 称为**自变量**,y 称为**因变量**或**函数**.其中 f 是函数符号,它表示 y 与 x 的对应法则.

定义域:集合 D 称为函数的定义域,或自变量 x 的取值范围.

值域:相应的 y 的值的集合称为函数的值域.

2. 函数的表示法

函数的表示方法主要有以下三种:解析法、列表法、图像法.

解析法:是表示函数最常用的方法.它用一个等式来表示两个变量之间的函数关系.

列表法:通过表格,列出自变量与对应的函数值来表示函数关系的方法.

图像法:运用图像表示两个变量之间的函数关系的方法.

3. 函数的特性

有界性、奇偶性、单调性和周期性.

4. 基本初等函数

基本初等函数是指下列六类函数:

(1)常函数:$y=C$(C 为常数);

(2)幂函数:$y=x^a$(a 为常数);

(3)指数函数:$y=a^x$($a>0,a\neq1$);

(4)对数函数:$y=\log_a x$($a>0,a\neq1$);

(5)三角函数:$y=\sin x$, $y=\cos x$,

$\qquad\qquad\quad y=\tan x$, $y=\cot x$,

$\qquad\qquad\quad y=\sec x$, $y=\csc x$;

(6)反三角函数:$y=\arcsin x$, $y=\arccos x$,

$\qquad\qquad\qquad y=\arctan x$, $y=\text{arccot } x$.

5. 初等函数

由基本初等函数经过有限次的四则运算及有限次的复合而成并且只能用一个解析式子来表示的函数叫作初等函数.

6. 复合函数

设 y 是 u 的函数, $y=f(u)$; u 是 x 的函数, $u=\varphi(x)$. 如果 $u=\varphi(x)$ 的值域或其部分包含在 $y=f(u)$ 的定义域中, 则 y 通过中间变量 u 构成 x 的函数, 称为 x 的复合函数, 记作 $y=f[\varphi(x)]$. 其中, x 称为**自变量**, u 称为**中间变量**.

7. 分段函数

如果某一函数 $y=f(x)$ 在它的定义域内的不同区间(或不同点)上有不相同的表达式, 那么称此函数为分段函数.

8. 反函数

设函数 $y=f(x)$ 是 x 的函数, 其值域为 M, 如果对于 M 中的每一个 y 值, 都有唯一确定的且满足 $y=f(x)$ 的 x 值与之对应, 则得到一个定义在 M 上的以 y 为自变量、x 为因变量的新函数, 我们称之为 $y=f(x)$ 的反函数, 一般情况下, 写为 $y=f^{-1}(x)$.

二、搭建 Python 开发环境及安装第三方库, 并计算、绘制图形

(1) 搭建 Python 开发环境, 安装第三方库;
(2) 计算(基本)初等函数的值, 并绘制其图形, 结合计算和图形判断它们的性质.

知识扩展

祖冲之的简介

祖冲之(429—500 年), 字文远, 南北朝时期著名的数学家和天文学家. 他的籍贯是范阳郡道县(今河北省涞水县), 出生于丹阳郡建康县(今江苏南京).

在数学方面, 祖冲之的最大成就是计算圆周率 π. 科学家刘徽开创了探索圆周率的精确方法, 在此基础上, 祖冲之首次将圆周率精算到小数第七位, 也就是在 3.1415926 和 3.1415927 之间, 是当时世界上最精确的纪录. 这个纪录, 直到 1427 年才被打破, 保持了大约一千年.

"专功数术, 搜拣古今", 祖冲之考察了大量的文献、记录和资料等等, 并且亲自进行精密的测量和仔细的推算. 他先在朝廷的学术研究机关华林学省做研究工作, 后在总明观任职, 这样, 他就能够接触到大量的天文、历法和术算等方面的国家藏书, 为他进行科学研究、借鉴与拓展等等创造了先决条件.

在古代, 圆周率的应用已涉及许多领域, 只要与圆相关的所有问题, 都需要运用圆周率来推算, 特别是在天文、历法等方面. 祖冲之在圆周率方面的研究, 满足了当时生产实践的需要, 促进了生产和科学的技术发展.

在天文学、历法等方面, 祖冲之精心编写的《大明历》为后世的天文研究提供了正确的方法,是当时最先进的历法.他还有许多重要的著作,比如《安边论》《述异记》《历议》《缀术》等等.其中,《缀术》五卷是著名的《算经十书》的组成部分.《缀术》的理论非常深奥,计算非常精密,是当时数学理论书籍中最难的一本,即使学问很高的学者也不容易理解它的内容.

祖冲之在《缀术》中提出了"开差幂"和"开差立"的问题,分别是指运用二次代数方程和三次方程求解正根的问题.比如,有两个已知量——长方形的面积和长宽的差,要求运用开平方的方法求出长方形的两个未知量——长和宽;又如,已知长方体的长宽高的差和体积,要求运用开立方的办法求出长方体的边长;再如,已知圆柱体或球体的体积,要求出它们的半径或直径.《缀术》曾经流传到许多国家,比如日本、朝鲜.在这两个国家的一些古代教育制度、书目等资料中,都有记载过《缀术》.

在我国天文学史上,祖冲之第一次提出"交点月",也就是月亮相继两次通过黄道、白道的同一交点的时间.交食(包含日食和月食)都是在黄白交点附近发生.对于日月食的预报,祖冲之的交点月长度具有十分重要的意义.

对于水、土、木、火、金五大行星,祖冲之也进行了研究,特别是对五大行星在天空中运行的轨道和运行一周所需的时间,进行了观测和推算,得出了更精确的五星会合周期.

在机械方面,祖冲之改良了水碓磨,把水碓和水磨结合起来进行改进,提高了生产效率.祖冲之还设计制造过千里船、指南车和定时器等等.

祖冲之在数学和天文学等方面都做出了卓越贡献,是一位杰出的数学家和天文学家.

综合练习1

一、选择题

1.下列函数中既是奇函数又是单调增加函数的是( ).

A. $f(x)=\cos^3 x$
B. $f(x)=x^3+1$
C. $f(x)=x^3+x$
D. $f(x)=x^3-x$

2.函数 $y=\ln(x-1)$ 的定义域是( ).

A. $(1,+\infty)$
B. $[1,+\infty)$
C. $(0,1)$
D. $(0,-1)$

3.函数 $y=\sin 2x+1$ 的周期为( ).

A. $T=\pi$
B. $T=2\pi$
C. $T=\dfrac{\pi}{2}$
D. $T=\dfrac{3\pi}{2}$

4.函数 $y=\dfrac{e^x+e^{-x}}{2}$ 的奇偶性是( ).

A. 奇函数
B. 偶函数
C. 既奇又偶函数
D. 非奇非偶函数

5.函数 $y=\cos x-1$( ).

A. 无界
B. 有周期性
C. 是奇函数
D. 无单调性

二、填空题

1. 表示函数的主要方法有：_____；

2. 函数的特性主要有：_____；

3. 设 $f(x+1)=x^2+e^x+2$，则 $f(x)=$ _____；

4. 函数 $y=\sqrt{x-1}+\sqrt{2-x}$ 的定义域是 _____；

5. 函数 $y=x^3$ 在区间 $(-3,0)$ 上的单调性为 _____；

6. 函数 $y=2^{\sin x}$ 是由 _____ 复合而成的.

三、计算题

1. 求下列函数的定义域：

(1) $y=\dfrac{1}{x^2-x}$；

(2) $y=\ln(x-2)$；

(3) $y=\sqrt{x^2-4}$；

(4) $y=\ln\sqrt{x^2-1}$；

(5) $y=\arccos(2x+1)$；

(6) $y=\sqrt{1-\sin^2 x}$；

(7) $y=\dfrac{\ln x}{\sqrt{x-1}}$.

2. 判断下列函数的奇偶性：

(1) $y=3x^3-4x^2+3$；

(2) $y=(x^2-1)\cos x$；

(3) $y=x-\sin x$；

(4) $y=\dfrac{1+e^x}{1-e^x}$.

3. 求下列函数的最小正周期：

(1) $y=0.2\sin x-\pi$；

(2) $y=3\cos(x+\pi)$；

(3) $y=\cot(2x+\pi)$；

(4) $y=\tan(1-3x)$.

4. 求下列函数的反函数，并写出反函数的定义域和值域：

(1) $y=x^2+3$；

(2) $y=\log_3(x+1)$.

5. 写出下列复合函数是由哪些简单函数复合而成：

(1) $y=(3-2x^2)^3$；

(2) $y=\sin(x^3-2)$；

(3) $y=\cos^2(x+1)$；

(4) $y=\ln(3x-1)$；

(5) $y=\arcsin[\ln(x^2+2)]$.

第2单元

极限与连续

学习导航

极限概念是微积分学的重要基本概念之一,后续学习的连续、导数、不定积分和定积分等概念都是用极限来定义的.学生需了解、理解和掌握以下内容.

- 理解数列极限的概念,会判断数列是收敛或是发散,并且能够熟练、准确地判断出收敛数列的极限;
- 理解函数极限的概念,理解函数左极限和右极限的概念,并且会运用定义判断函数是否存在极限;
- 理解无穷小量与无穷大量的概念、性质及其关系,理解无穷小量的低阶、等价和高阶等概念;
- 掌握极限的性质与四则运算,并且能够熟练、准确地计算极限;
- 掌握两个重要极限,并且能够熟练、准确地计算与其及其变形式相关的极限;
- 理解、掌握连续函数的概念,并且能够熟练、准确地判断函数是否满足连续的条件,理解间断点的概念;
- 理解、掌握初等函数的连续性,掌握闭区间上连续函数的性质;
- 熟练掌握运用 Python 及其第三方库计算函数极限的值和绘制其图形的方法,并且结合图形,判断它们的极限值是否计算准确.

学习内容

2.1 极限的概念

在我们中小学的学习过程中,已涉及一些极限的运用.比如,圆的面积、圆的周长等与圆相关的计算;又如,正弦、余弦、正切、余切和反三角函数等与三角函数相关的计算;又如,以 e 为底的指数函数、以 e 为底的对数函数等等.这些与无理数 e、圆周率 π 等相关的运算被认为是极限的经典案例.

2.1.1 数列的极限

定义 2.1 数列是指按照一定规则排列的一列数,其一般形式是 $x_1, x_2, x_3, \cdots, x_n, \cdots$,记为 $\{x_n\}$. 其中,数列中的每一个数称为数列的项,x_1 称为数列的第一项,x_2 称为数列的第二项,x_n 称为数列的一般项或通项.

在中学,我们已学习了一些特殊的数列,比如等差数列、等比数列等等. 从数列的概念可以看出,数列是一种特殊的函数.

定义 2.2 当数列 $\{x_n\}$ 的项数 n 无限增大时,它的通项 x_n 无限接近于常数 A,则称 A 是 x_n 当 $n \to \infty$ 时的**极限**,记作 $\lim\limits_{n \to \infty} = A$ 或 $x_n \to A (n \to \infty)$. 此时,该数列被称为**收敛数列**.

如果不存在这样的常数 A,则称数列 $\{x_n\}$ 的极限 $\lim\limits_{n \to \infty} x_n$ 不存在或者此数列没有极限. 此时,该数列被称为**发散或不收敛**.

例 1 观察以下数列的变化趋势,判断它们是收敛数列或是发散数列;如果是收敛数列,指出它们的极限:

(1) $1, \dfrac{1}{2}, \dfrac{1}{3}, \dfrac{1}{4}, \cdots, \dfrac{1}{n}, \cdots$ 通项是 $x_n = \dfrac{1}{n}$;

(2) $1, \dfrac{1}{3}, \dfrac{1}{5}, \cdots, \dfrac{1}{2n-1}, \cdots$ 通项是 $x_n = \dfrac{1}{2n-1}$;

(3) $1, -1, 1, -1, \cdots, (-1)^{n+1}, \cdots$ 通项是 $x_n = (-1)^{n+1}$;

(4) $1000, 100, 10, 1, 0.1, 0.01, 0.001, \cdots, (0.1)^{n-4}, \cdots$ 通项是 $x_n = (0.1)^{n-4}$;

(5) $2, \dfrac{3}{2}, \dfrac{4}{3}, \cdots, \dfrac{n+1}{n}, \cdots$ 通项是 $x_n = 1 + \dfrac{1}{n}$;

(6) $1, \sqrt[3]{2}, \sqrt[3]{3}, \cdots, \sqrt[3]{n}, \cdots$ 通项是 $x_n = \sqrt[3]{n}$;

(7) $-1, 2, -3, 4, \cdots, (-1)^n n, \cdots$ 通项是 $x_n = (-1)^n n$;

(8) $\pi, \pi, \pi, \cdots, \pi, \cdots$ 通项是 $x_n = \pi$.

解 (1) 当 n 无限增大时,$\dfrac{1}{n}$ 无限接近于 0,故数列 $\left\{ \dfrac{1}{n} \right\}$ 的极限为 0;

(2) 当 n 无限增大时,$\dfrac{1}{2n-1}$ 无限接近于 0,故数列 $\left\{ \dfrac{1}{2n-1} \right\}$ 的极限为 0;

(3) 数列各项取值为 1 或 -1,不存在一个常数 A,使得当 n 无限增大时 $(-1)^{n+1}$ 与 A 无限接近,故数列 $\{(-1)^{n+1}\}$ 发散;

(4) 当 n 无限增大时,$(0.1)^{n-4}$ 无限接近于 0,故数列 $\{(0.1)^{n-4}\}$ 的极限为 0;

(5) 当 n 无限增大时,$\dfrac{n+1}{n}$ 无限接近于 1,故数列 $\left\{ \dfrac{n+1}{n} \right\}$ 的极限为 1;

(6) 随着 n 无限增大,$\sqrt[3]{n}$ 也无限增大,故数列 $\{\sqrt[3]{n}\}$ 发散,即不收敛;

(7) 当 n 无限增大时,不存在一个常数 A,使得 $(-1)^n n$ 与 A 无限接近,故数列 $\{(-1)^n n\}$ 发散,即不收敛;

(8) 这是常数数列,当 n 无限增大时,数列 $\{\pi\}$ 的项总是等于 π,因此,数列 $\{\pi\}$ 的极限为 π.

2.1.2 函数的极限

1. $x \to \infty$ 时函数的极限

观察函数 $y = \dfrac{1}{x}$，当 $x \to \infty$ 时，函数值的变化情况.

结合图形，如图 2-1 所示.

当 $x \to +\infty$ 时，函数值 $y = \dfrac{1}{x} \to 0$；

当 $x \to -\infty$ 时，函数值 $y = \dfrac{1}{x} \to 0$；

即，当 $x \to \infty$ 时，函数值 $y = \dfrac{1}{x} \to 0$.

定义 2.3 设当 x 的绝对值无限增大时，如果函数 $f(x)$ 趋近于一个常数 A，则称 A 为函数 $f(x)$ 当 $x \to \infty$ 时的极限. 记作 $\lim\limits_{x \to \infty} f(x) = A$ 或 $f(x) \to A(x \to \infty)$.

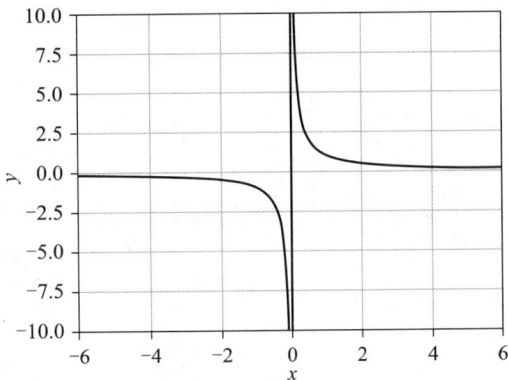

图 2-1 函数 $y = \dfrac{1}{x}$ 的图形

定义 2.4 设当 $x > 0$ 且无限增大时，如果函数 $f(x)$ 趋近于一个常数 A，则称 A 为函数 $f(x)$ 当 $x \to +\infty$ 时的极限. 记作 $\lim\limits_{x \to +\infty} f(x) = A$ 或 $f(x) \to A(x \to +\infty)$.

定义 2.5 设当 $x < 0$ 且 x 的绝对值无限增大时，如果函数 $f(x)$ 趋近于一个常数 A，则称 A 为函数 $f(x)$ 当 $x \to -\infty$ 时的极限. 记作 $\lim\limits_{x \to -\infty} f(x) = A$ 或 $f(x) \to A(x \to -\infty)$.

例 2 求极限：$(1) \lim\limits_{x \to \infty} \dfrac{1}{x^2}$；$(2) \lim\limits_{x \to +\infty} \left(\dfrac{1}{3}\right)^x$.

解 (1) 当 $x \to \infty$ 时，$\dfrac{1}{x^2} \to 0$，所以 $\lim\limits_{x \to \infty} \dfrac{1}{x^2} = 0$，如图 2-2 所示.

(2) 由指数函数底数 $a = \dfrac{1}{3}$ 且指数 $x \to +\infty$ 的性质得 $\lim\limits_{x \to +\infty} \left(\dfrac{1}{3}\right)^x = 0$，如图 2-3 所示.

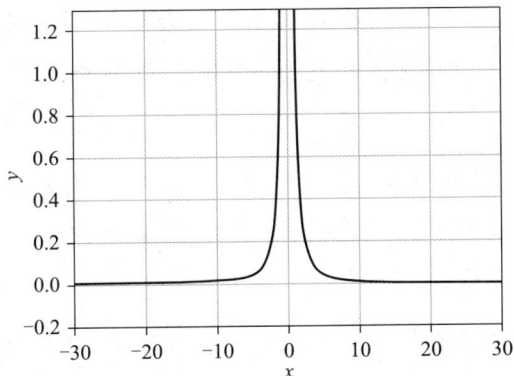

图 2-2 函数 $y = \dfrac{1}{x^2}$ 的图形

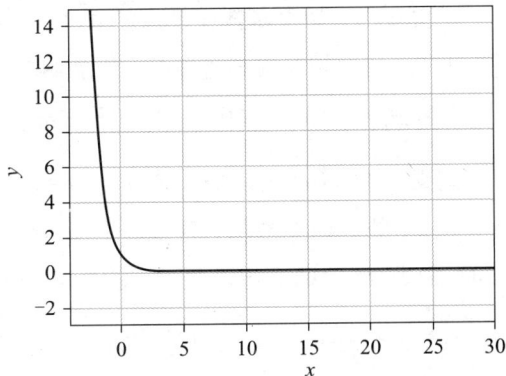

图 2-3 函数 $y = \left(\dfrac{1}{3}\right)^x$ 的图形

结论：$\lim\limits_{x \to \infty} f(x) = A \Leftrightarrow \lim\limits_{x \to -\infty} f(x) = \lim\limits_{x \to +\infty} f(x) = A$

2. $x \to x_0$ 时函数的极限

观察函数 $y = \dfrac{x^2-1}{x-1}$，当 $x \to 1$ 时，函数值的变化情况.

$x \to x_0$ 时，函数的极限

结合图形，如图 2-4 所示.

当 $x \to 1$ 时，函数值 $y = \dfrac{x^2-1}{x-1} \to 2$.

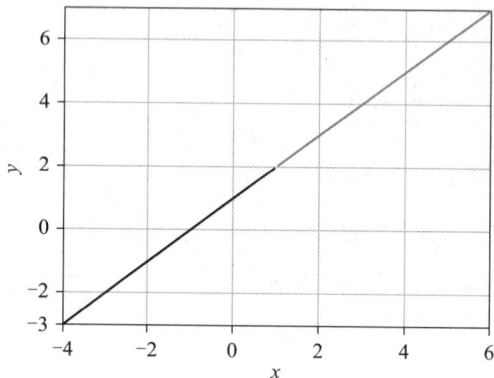

图 2-4　函数 $y = \dfrac{x^2-1}{x-1}$ 的图形

定义 2.6　如果函数 $y = f(x)$ 在点 x_0 的某个邻域(点 x_0 本身可以除外)内有定义，当 $x \to x_0$(但 $x \neq x_0$)时，函数 $f(x)$ 趋近于一个常数 A，则称当 $x \to x_0$ 时，$f(x)$ 以 A 为极限. 记作 $\lim\limits_{x \to x_0} f(x) = A$ 或 $f(x) \to A(x \to x_0)$，亦称当 $x \to x_0$ 时，$f(x)$ 的极限存在；否则称当 $x \to x_0$ 时，$f(x)$ 的极限不存在.

根据极限定义有：

(1) $\lim\limits_{x \to x_0} x = x_0$；　　　　　　　　　　　　(2) $\lim\limits_{x \to x_0} c = c$.

3. 左极限与右极限

定义 2.7　如果函数 $y = f(x)$ 在点 x_0 左侧的某个邻域(点 x_0 本身可以除外)内有定义，当 x 从 x_0 的左侧无限趋近于 x_0 时，相应的函数值 $f(x)$ 无限趋近于一个常数 A，则称当 $x \to x_0$ 时，函数 $f(x)$ 的左极限是 A. 记作 $\lim\limits_{x \to x_0^-} f(x) = A$ 或 $f(x) \to A(x \to x_0^-)$.

定义 2.8　如果函数 $y = f(x)$ 在点 x_0 右侧的某个邻域(点 x_0 本身可以除外)内有定义，当 x 从 x_0 的右侧无限趋近于 x_0 时，相应的函数值 $f(x)$ 无限趋近于一个常数 A，则称当 $x \to x_0$ 时，函数 $f(x)$ 的右极限是 A. 记作 $\lim\limits_{x \to x_0^+} f(x) = A$ 或 $f(x) \to A(x \to x_0^+)$.

结论：当 $x \to x_0$ 时，函数 $f(x)$ 以 A 为极限的充分必要条件是函数 $f(x)$ 在点 x_0 处左、右极限存在且等于 A，即

$$\lim\limits_{x \to x_0} f(x) = A \Leftrightarrow \lim\limits_{x \to x_0^-} f(x) = \lim\limits_{x \to x_0^+} f(x) = A.$$

例 3　若 $f(x)=\begin{cases}1+3x, & x\leqslant 0\\ 1-2x^3, & x>0\end{cases}$，则函数在 $x=0$ 处是否存在极限？

解　因为 $\lim\limits_{x\to 0^-}f(x)=\lim\limits_{x\to 0^-}(1+3x)=1$；

$$\lim\limits_{x\to 0^+}f(x)=\lim\limits_{x\to 0^+}(1-2x^3)=1;$$

即，当 $x\to 0$ 时，左、右极限都存在并且相等，所以 $\lim\limits_{x\to 0}f(x)=1$.

例 4　若 $f(x)=\begin{cases}1+2x, & x\leqslant 0\\ x^2, & x>0\end{cases}$，则函数在 $x=0$ 处是否存在极限？

解　因为 $\lim\limits_{x\to 0^-}f(x)=\lim\limits_{x\to 0^-}(1+2x)=1$；

$$\lim\limits_{x\to 0^+}f(x)=\lim\limits_{x\to 0^+}x^2=0;$$

$x\to 0$ 时，左、右极限都存在，但不相等，所以函数 $f(x)$ 在 0 点处的极限不存在.

2.2　极限的性质与运算法则

2.2.1　极限的性质

极限主要有以下三个性质：唯一性、局部有界性和局部保号性.

性质 1（唯一性）　若极限 $\lim f(x)$ 存在，则其极限值唯一.

性质 2（局部有界性）　若极限 $\lim\limits_{x\to x_0}f(x)$ 存在，则函数 $f(x)$ 在 x_0 的某个空心邻域内有界.

性质 3（局部保号性）　若 $\lim\limits_{x\to x_0}f(x)=A$，且 $A>0$（或 $A<0$），则在 x_0 的某个空心邻域内恒有 $f(x)>0$（或 $f(x)<0$）.

2.2.2　极限的运算法则

定理 2.1　若 $\lim f(x)=A$，$\lim g(x)=B$，则

(1) $\lim[f(x)\pm g(x)]=\lim f(x)\pm\lim g(x)=A\pm B$；

(2) $\lim[f(x)\cdot g(x)]=\lim f(x)\cdot\lim g(x)=A\cdot B$；

(3) 当 $\lim g(x)=B\neq 0$ 时，$\lim\dfrac{f(x)}{g(x)}=\dfrac{\lim f(x)}{\lim g(x)}=\dfrac{A}{B}$.

说明：① 自变量在同一变化过程中，$f(x)$ 和 $g(x)$ 的极限都存在；

② 运用商的极限的运算法则计算的前提条件是：分母的极限不能为零.

推论　设 $\lim f(x)$ 存在，C 为常数，n 为正整数，则有

(1) $\lim[C\cdot f(x)]=C\cdot\lim f(x)$；

(2) $\lim[f(x)]^n=[\lim f(x)]^n$.

1. $x \to x_0$

例 1　求 $\lim\limits_{x \to 1}(2x^3 + x^2 - 1)$.

解　$\lim\limits_{x \to 1}(2x^3 + x^2 - 1) = \lim\limits_{x \to 1}(2x^3) + \lim\limits_{x \to 1}(x^2) - \lim\limits_{x \to 1}1 = 2(\lim\limits_{x \to 1}x)^3 + (\lim\limits_{x \to 1}1)^2 - \lim\limits_{x \to 1}1$

$$= 2 \times 1^3 + 1^2 - 1 = 2.$$

例 2　求 $\lim\limits_{x \to 0}\dfrac{x^2 + 3x - 1}{x - 1}$

解　运用商的极限的运算法则,先判断分母的极限是否为 0;

由于分母极限 $\lim\limits_{x \to 0}(x - 1) = -1 \neq 0$,可以使用商的极限的运算法则,

则　$\lim\limits_{x \to 0}\dfrac{x^2 + 3x - 1}{x - 1} = \dfrac{\lim\limits_{x \to 0}(x^2 + 3x - 1)}{\lim\limits_{x \to 0}(x - 1)} = 1$.

例 3　求 $\lim\limits_{x \to -1}\dfrac{2x + 1}{x^2 - x - 2}$

解　运用商的极限的运算法则,先判断分母的极限是否为 0;

由于分母极限 $\lim\limits_{x \to -1}(x^2 - x - 2) = 0$,不能使用商的极限运算法则,

又由于分子极限 $\lim\limits_{x \to -1}(2x + 1) = -1 \neq 0$,

$$\lim\limits_{x \to -1}\dfrac{x^2 - x - 2}{2x + 1} = \dfrac{\lim\limits_{x \to -1}(x^2 - x - 2)}{\lim\limits_{x \to -1}(2x + 1)} = 0,$$

根据无穷大量与无穷小量互为倒数的关系,得:

$$\lim\limits_{x \to -1}\dfrac{2x + 1}{x^2 - x - 2} = \infty,$$

即,极限不存在。

例 4　求 $\lim\limits_{x \to 2}\dfrac{x^2 - x - 2}{x^2 - 4}$.

解　运用商的极限的运算法则,先判断分母和分子的极限是否为 0.

$\lim\limits_{x \to 2}(x^2 - x - 2) = 0$,又 $\lim\limits_{x \to 2}(x^2 - 4) = 0$.

当 $x \to 2$ 时,$x - 2 \neq 0$,所以

$$\lim\limits_{x \to 2}\dfrac{x^2 - x - 2}{x^2 - 4} = \lim\limits_{x \to 2}\dfrac{(x - 2)(x + 1)}{(x - 2)(x + 2)} = \lim\limits_{x \to 2}\dfrac{x + 1}{x + 2} = \dfrac{3}{4}.$$

一般地,分式求极限的方法:

(1) 分母不为零时,直接运用商的极限运算法则求极限;

(2) 分母为零、分子不为零时,其极限等于无穷大;

(3) 分母和分子的极限都为零时,属于"$\dfrac{0}{0}$"型未定式极限,先化简,再求极限。

例 5　求下列极限

(1) $\lim\limits_{x \to 0}\dfrac{x^2 + x}{2x^3 - 3x^2 + x}$;　　　　　　　　　　(2) $\lim\limits_{x \to 1}\dfrac{x - 1}{\sqrt{x} - 1}$.

解　(1) 极限属于"$\dfrac{0}{0}$"型未定式,分子、分母含有公因式 x,先化简,再求极限.

所以

$$\lim_{x\to 0}\frac{x^2+x}{2x^3-3x^2+x}=\lim_{x\to 0}\frac{x(x+1)}{x(2x^2-3x+1)}=\lim_{x\to 0}\frac{x+1}{2x^2-3x+1}=1;$$

(2) 极限属于"$\frac{0}{0}$"型未定式,分子、分母含有公因式 $\sqrt{x}-1$,先化简,再求极限.

所以

$$\lim_{x\to 1}\frac{x-1}{\sqrt{x}-1}=\lim_{x\to 1}\frac{(\sqrt{x}+1)(\sqrt{x}-1)}{\sqrt{x}-1}=\lim_{x\to 1}(\sqrt{x}+1)=2.$$

2. $x\to\infty$

例 6　求下列极限:

(1) $\displaystyle\lim_{x\to\infty}\frac{2x^3-3x^2+1}{3x^3+2x+5}$;　　(2)$\displaystyle\lim_{x\to\infty}\frac{2x^3-3x^2+1}{3x^5+2x+5}$;　　(3)$\displaystyle\lim_{x\to\infty}\frac{2x^4-3x^2+1}{3x^3+2x+5}$.

解　所求极限属于"$\frac{\infty}{\infty}$"型未定式,采用分子、分母同时除以 x 的最高次幂的方法求极限.

(1) $\displaystyle\lim_{x\to\infty}\frac{2x^3-3x^2+1}{3x^3+2x+5}=\lim_{x\to\infty}\frac{2-\dfrac{3}{x}+\dfrac{1}{x^3}}{3+\dfrac{2}{x^2}+\dfrac{5}{x^3}}=\frac{2-0+0}{3+0+0}=\frac{2}{3}$;

(2) $\displaystyle\lim_{x\to\infty}\frac{2x^3-3x^2+1}{3x^5+2x+5}=\lim_{x\to\infty}\frac{\dfrac{2}{x^2}-\dfrac{3}{x^3}+\dfrac{1}{x^5}}{3+\dfrac{2}{x^4}+\dfrac{5}{x^5}}=\frac{0-0+0}{3+0+0}=0$;

(3) $\displaystyle\lim_{x\to\infty}\frac{2x^4-3x^2+1}{3x^3+2x+5}=\lim_{x\to\infty}\frac{2-\dfrac{3}{x^2}+\dfrac{1}{x^4}}{\dfrac{3}{x}+\dfrac{2}{x^3}+\dfrac{5}{x^4}}=\infty.$

定理 2.2　若 $a_0\neq 0,b_0\neq 0,m,n$ 为正整数,则

$$\lim_{x\to\infty}\frac{(a_0x^n+a_1x^{n-1}+a_2x^{n-2}+\cdots+a_n)}{(b_0x^m+b_1x^{m-1}+b_2x^{m-2}+\cdots+b_m)}=\begin{cases}0,&m>n,\\ \cdots\cdots\cdots\cdots\\ \dfrac{a_0}{b_0},&m=n,\\ \cdots\cdots\cdots\cdots\\ \infty,&m<n.\end{cases}$$

例 7　求下列极限:

(1) $\displaystyle\lim_{x\to\infty}\frac{3x^2-1}{2x^3+1}$;　　(2)$\displaystyle\lim_{x\to\infty}\frac{2x^5+3x^4+1}{2-3x^5}$;　　(3)$\displaystyle\lim_{x\to\infty}\frac{3x^4+x+1}{5x^3+3x^2+2x+1}$

解　由定理 2.2 得:

(1)$\displaystyle\lim_{x\to\infty}\frac{3x^2-1}{2x^3+1}=0$;　　　　　　(2)$\displaystyle\lim_{x\to\infty}\frac{2x^5+3x^4+1}{2-3x^5}=\lim_{x\to\infty}\frac{2x^5+3x^4+1}{-3x^5+2}=-\frac{2}{3}$;

(3)$\displaystyle\lim_{x\to\infty}\frac{3x^4+x+1}{5x^3+3x^2+2x+1}=\infty.$

2.3　无穷小与无穷大

2.3.1　无穷小

无穷小

定义 2.9　当 $x \to x_0$（或 $x \to \infty$）时，如果函数 $y = f(x)$ 的极限为 0，则称当 $x \to x_0$（或 $x \to \infty$）时，$f(x)$ 是**无穷小量**，简称**无穷小**，记为 $\lim\limits_{x \to x_0} f(x) = 0$（或者 $\lim\limits_{x \to \infty} f(x) = 0$）.

例如，当 $x \to 0$ 时，$\sin x, \sqrt[3]{x}, x^3$ 都是无穷小；当 $x \to 1$ 时，$(x-1)^2, \sqrt{x-1}$ 都是无穷小.

定理 2.3　函数 $f(x)$ 以 A 为极限的充要条件是：无穷小量 α 可以表示成 $\alpha = f(x) - A$，即 $\lim\limits_{x \to x_0} f(x) = A \Leftrightarrow \alpha = f(x) - A$，其中 $\lim \alpha = 0$.

例 1　求 $\lim\limits_{x \to \infty} \dfrac{\sin x}{x}$.

解　由于 $y = \sin x$ 是有界函数，而 $\lim\limits_{x \to \infty} \dfrac{1}{x} = 0$，是无穷小；

则 $\lim\limits_{x \to \infty} \dfrac{\sin x}{x} = \lim\limits_{x \to \infty} \dfrac{1}{x} \cdot \lim \sin x = 0$.

结合图形，如图 2-5 所示.

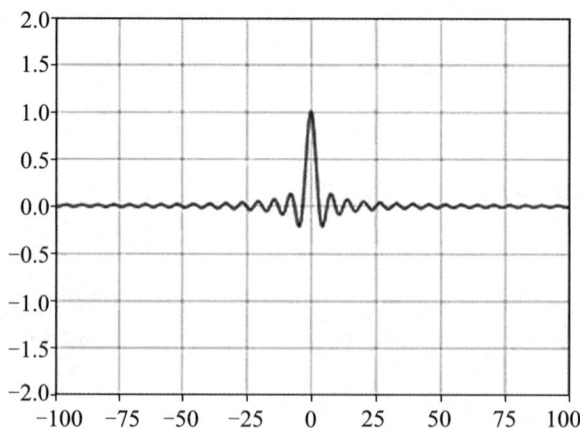

图 2-5　函数 $f(x) = \dfrac{\sin x}{x}$ 的图形

2.3.2　无穷大

定义 2.10　当 $x \to x_0$（或 $x \to \infty$）时，如果函数 $y = f(x)$ 的绝对值无限增大，则称当 $x \to x_0$（或 $x \to \infty$）时，$f(x)$ 是**无穷大量**，简称**无穷大**，记为 $\lim\limits_{x \to x_0} f(x) = \infty$（或者 $\lim\limits_{x \to \infty} f(x) = \infty$）.

例如，当 $x \to \infty$ 时，$x^2, x^3, \sqrt[3]{x}, \ln|x|$ 都是无穷大；

当 $x \to 1$ 时, $\dfrac{1}{x-1}$, $\dfrac{1}{\sqrt{x-1}}$, $\dfrac{1}{(x-1)^2}$ 都是无穷大.

定理 2.4　在同一变化过程中,无穷小与无穷大互为倒数关系.

例 2　求 $\lim\limits_{x \to -1} \dfrac{1}{x+1}$.

解　当 $x \to -1$ 时,分母的极限为 0,是无穷小,不能直接应用商的极限的运算法则计算;但是,根据定理 2.4:无穷小与无穷大互为倒数关系,可得:

$$\lim_{x \to -1} \frac{1}{x+1} = \infty.$$

结合图形,如图 2-6 所示.

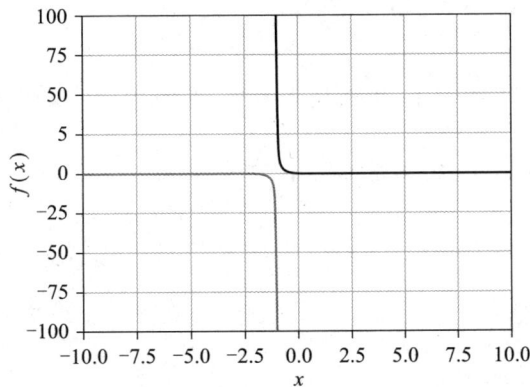

图 2-6　函数 $f(x) = \dfrac{1}{x+1}$ 的图形

例 3　讨论下列函数是无穷小或无穷大时 x 的变化过程.

(1) $y = \sqrt{x}$;　　　　　　　　　　(2) $y = \dfrac{1}{x^4}$;

(3) $y = \ln x \ (x > 0)$;　　　　　　　(4) $y = e^x$;

(5) $y = \dfrac{1}{x^3 - 1}$.

解　(1) 当 $x \to +\infty$ 时, $y = \sqrt{x} \to +\infty$,

当 $x \to 0$ 时, $y = \sqrt{x} \to 0$;

(2) 当 $x \to \infty$ 时, $y = \dfrac{1}{x^4} \to 0$,

当 $x \to 0$ 时, $y = \dfrac{1}{x^4} \to \infty$;

(3) 当 $x \to +\infty$ 时, $y = \ln x \to +\infty$,

当 $x \to 0$ 时, $y = \ln x \to -\infty$;

(4) 当 $x \to -\infty$ 时, $y = e^x \to 0$,

当 $x \to +\infty$ 时, $y = e^x \to +\infty$;

(5) 当 $x \to \infty$ 时，$y = \dfrac{1}{x^3-1} \to 0$，

当 $x \to 1$ 时，$y = \dfrac{1}{x^3-1} \to \infty$.

2.3.3 无穷小的性质

性质 1 有限个无穷小的代数和仍然是无穷小. 如 $\lim\limits_{x \to \infty}\left(\dfrac{1}{x} + \dfrac{1}{2x} + \dfrac{1}{3x}\right) = 0$.

注意：性质中无穷小的个数是有限个，才能成立；如果是无限个，则不一定成立. 如：

$$\lim_{n \to \infty}\underbrace{\left(\frac{1}{n} + \frac{1}{n} + \frac{1}{n} + \cdots + \frac{1}{n}\right)}_{n\text{个}} = 1$$

性质 2 有界变量乘以无穷小，仍然是无穷小. 如 $\lim\limits_{x \to \infty}\dfrac{1}{x} \cdot \cos^2 x = 0$.

性质 3 常数乘以无穷小，仍然是无穷小. 如 $2 \cdot \lim\limits_{x \to \infty}\dfrac{1}{x} = 0$.

性质 4 无穷小乘以无穷小，仍然是无穷小. 如 $\lim\limits_{x \to \infty}\left(\dfrac{1}{x^2} \cdot \dfrac{1}{x^4}\right) = 0$.

例 4 求 $\lim\limits_{x \to 0} x^2 \cos \dfrac{1}{x}$.

解 由于 $\left|\cos \dfrac{1}{x}\right| \leqslant 1$，所以 $\cos \dfrac{1}{x}$ 是有界变量，且当 $x \to 0$ 时，x^2 是无穷小，

根据性质 2，乘积 $x^2 \cos \dfrac{1}{x}$ 是无穷小. 即 $\lim\limits_{x \to 0} x^2 \cos \dfrac{1}{x} = 0$.

结合图形，如图 2-7 所示.

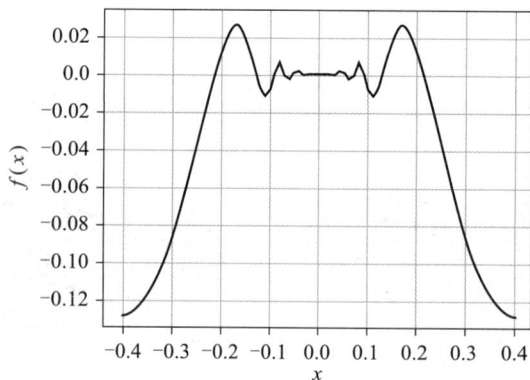

图 2-7 函数 $f(x) = x^2 \cos \dfrac{1}{x}$ 的图形

2.3.4 无穷小的阶

两个无穷小的和、差、积仍然是无穷小，但是，它们的商却不一定是无穷小.

例如,当 $x \to \infty$ 时,设 $\alpha = \dfrac{2}{x}, \beta = \dfrac{3}{x}, \gamma = \dfrac{1}{x^2}$,这三个都是无穷小,

但是,$\lim\limits_{x \to \infty} \dfrac{\alpha}{\beta} = \lim\limits_{x \to \infty} \dfrac{\frac{2}{x}}{\frac{3}{x}} = \dfrac{2}{3}$;

$$\lim\limits_{x \to \infty} \dfrac{\beta}{\gamma} = \lim\limits_{x \to \infty} \dfrac{\frac{3}{x}}{\frac{1}{x^2}} = \infty;$$

$$\lim\limits_{x \to \infty} \dfrac{\gamma}{\alpha} = \lim\limits_{x \to \infty} \dfrac{\frac{1}{x^2}}{\frac{2}{x}} = \lim\limits_{x \to \infty} \dfrac{1}{2x} = 0.$$

可见两个无穷小的商,可以是常数,也可以是无穷小,也可以是无穷大.

定义 2.11 设 α, β 是同一变化过程中两个无穷小,

(1) 若 $\lim \dfrac{\alpha}{\beta} = 0$,则称 α 为比 β 高阶的无穷小,也称 β 为比 α 低阶的无穷小;

(2) 若 $\lim \dfrac{\alpha}{\beta} = c$($c$ 是不等于零的常数),则称 α 与 β 是同阶无穷小;若 $c = 1$,则称 α 与 β 是等价无穷小.

由定义知,当 $x \to \infty$ 时,$\dfrac{1}{x^2}$ 是比 $\dfrac{1}{x}$、$\dfrac{2}{x}$ 高阶的无穷小,而 $\dfrac{1}{x}$ 与 $\dfrac{2}{x}$ 是同阶无穷小.

例 5 当 $x \to 9$ 时,比较无穷小 $x - 9$ 和 $\sqrt{x} - 3$ 的阶.

解 由于 $\lim\limits_{x \to 9} \dfrac{x - 9}{\sqrt{x} - 3} = \lim\limits_{x \to 9} \dfrac{(\sqrt{x} + 3)(\sqrt{x} - 3)}{\sqrt{x} - 3} = \lim\limits_{x \to 9} (\sqrt{x} + 3) = 6$;

所以 $x \to 9$ 时,$x - 9$ 与 $\sqrt{x} - 3$ 是同阶的无穷小.

2.4 两个重要极限

2.4.1 第一个重要极限

$$\lim\limits_{x \to 0} \dfrac{\sin x}{x} = 1$$

这是一个重要的极限,通过它可以计算出许多含有三角函数的"$\dfrac{0}{0}$"型未定式的极限.通过图形,如图 2-8 所示,可以看出,当 $x \to 0$ 时,函数 $\dfrac{\sin x}{x} \to 1$.

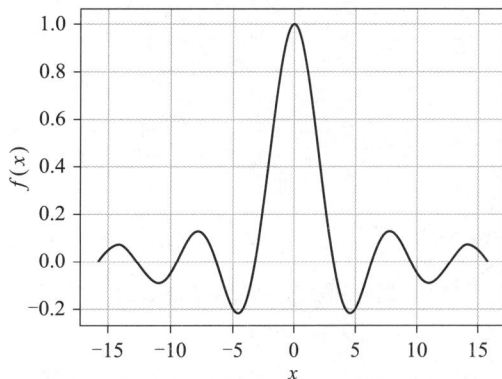

图 2-8 函数 $f(x) = \dfrac{\sin x}{x}$ 的图形

第一个重要极限有一些相应的变形形式,如:$\lim\limits_{x \to \infty}\left(x\sin\dfrac{1}{x}\right)=\lim\limits_{\frac{1}{x} \to 0}\dfrac{\sin\dfrac{1}{x}}{\dfrac{1}{x}}=1$.

例 1　求 $\lim\limits_{x \to 0}\dfrac{\sin 3x}{x}$.

解　$\lim\limits_{x \to 0}\dfrac{\sin 3x}{x}=\lim\limits_{x \to 0}\left(\dfrac{\sin 3x}{3x} \cdot 3\right)=3\lim\limits_{3x \to 0}\dfrac{\sin 3x}{3x}=3$

例 2　求 $\lim\limits_{x \to 0}\dfrac{\tan x}{x}$.

解　$\lim\limits_{x \to 0}\dfrac{\tan x}{x}=\lim\limits_{x \to 0}\left(\dfrac{\sin x}{\cos x} \cdot \dfrac{1}{x}\right)=\lim\limits_{x \to 0}\left(\dfrac{\sin x}{x} \cdot \dfrac{1}{\cos x}\right)$

$\qquad\qquad=\lim\limits_{x \to 0}\dfrac{\sin x}{x} \cdot \lim\limits_{x \to 0}\dfrac{1}{\cos x}=1$

例 3　求 $\lim\limits_{x \to 0}\dfrac{\cos x-1}{2x^2}$.

解　$\lim\limits_{x \to 0}\dfrac{\cos x-1}{2x^2}=-\dfrac{1}{2}\lim\limits_{x \to 0}\dfrac{2\sin^2\dfrac{x}{2}}{x^2}=-\dfrac{1}{2}\lim\limits_{x \to 0}\dfrac{2\sin^2\dfrac{x}{2}}{4 \cdot \dfrac{x^2}{4}}=-\dfrac{1}{4}\lim\limits_{x \to 0}\left(\dfrac{\sin\dfrac{x}{2}}{\dfrac{x}{2}}\right)^2=-\dfrac{1}{4}$.

2.4.2　第二个重要极限

$$\lim\limits_{x \to \infty}\left(1+\dfrac{1}{x}\right)^x=\mathrm{e}.$$

这是一个重要极限,如图 2-9 所示.

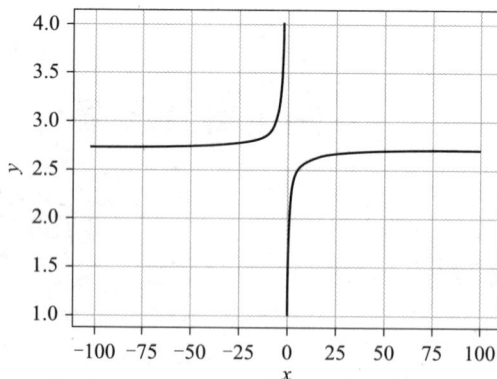

图 2-9　函数 $y=\left(1+\dfrac{1}{x}\right)^x$ 的图形

常数 e 是无理数,e$=2.718281828459045\cdots$,用于指数函数 $y=\mathrm{e}^x$ 和自然对数 $y=\log_{\mathrm{e}}x=\ln x$ 等等.

第二个重要极限有一些相应的变形形式,如 $\lim\limits_{x \to 0}(1+x)^{\frac{1}{x}}=\mathrm{e}$.

例 4 求 $\lim\limits_{x\to 0}(1+3x)^{\frac{1}{x}}$.

解 令 $t=3x$, 当 $x\to 0$ 时, $t\to 0$, 则

$$\lim_{x\to 0}(1+t)^{\frac{1}{x}}=\lim_{t\to 0}(1+t)^{\frac{3}{t}}=\lim_{t\to 0}[(1+t)^{\frac{1}{t}}]^3=\mathrm{e}^3.$$

例 5 求 $\lim\limits_{x\to\infty}\left(1-\dfrac{3}{x}\right)^x$.

解 令 $-\dfrac{3}{x}=t$, 当 $x\to\infty$ 时, $t\to 0$, 则

$$\lim_{x\to\infty}\left(1-\frac{3}{x}\right)^x=\lim_{t\to 0}(1+t)^{-\frac{3}{t}}=\lim_{t\to 0}[(1+t)^{\frac{1}{t}}]^{(-3)}=\mathrm{e}^{-3}.$$

例 6 求 $\lim\limits_{x\to 0}\dfrac{\ln(1+3x)}{2x}$

解
$$\lim_{x\to 0}\frac{\ln(1+3x)}{2x}=\frac{1}{2}\lim_{x\to 0}\frac{\ln(1+3x)}{x}=\frac{1}{2}\lim_{x\to 0}\left[\frac{1}{x}\ln(1+3x)\right]$$

$$=\frac{1}{2}\lim_{x\to 0}\ln(1+3x)^{\frac{1}{x}}=\frac{1}{2}\lim_{x\to 0}\ln[(1+3x)^{\frac{1}{3x}}]^3=\frac{1}{2}\ln\mathrm{e}^3=\frac{3}{2}.$$

2.5 函数的连续性

在生产、生活中有许多连续变化现象, 如温度的变化、植物的生长、动车的速度和运动路程等等. 在数学中, 这些现象可看作是连续的, 体现在几何的坐标平面上是一条连绵不断的曲线. 函数的连续性, 既是与函数极限密切相关的知识, 又是学习函数微积分的重要基础知识.

2.5.1 连续函数的概念

1. 函数的增量

函数 $y=f(x)$ 在 x_0 的某个邻域有定义, 当自变量从初值 x_0 变化到 x 时, 称 $\Delta x=x-x_0$ 为自变量 x 的增量或者改变量, 函数 y 的值从 $f(x_0)$ 相应地变化到 $f(x_0+\Delta x)$, 即 $\Delta y=f(x)-f(x_0)=f(x_0+\Delta x)-f(x_0)$, Δy 称为函数 y 的增量.

增量 Δx 可以是正值也可以是负值.

2. 函数在点 x_0 连续

定义 2.12 设函数 $y=f(x)$ 在点 x_0 的某邻域内有定义, 如果 $\Delta x=x-x_0\to 0$ 时, 对应的函数增量 $\Delta y=f(x_0+\Delta x)-f(x_0)\to 0$, 即 $\lim\limits_{\Delta x\to 0}\Delta y=0$, 那么, 称函数 $y=f(x)$ 在点 x_0 连续.

函数 $y=f(x)$ 在点 x_0 连续, 也可表示成 $\lim\limits_{x\to x_0}f(x)=f(x_0)$, 即函数 $y=f(x)$ 在点 x_0 处的极限等于它的函数值. 点 x_0 称为函数 $y=f(x)$ 的连续点. 否则, 称为间断点.

例 1 判断函数 $f(x)=x^2-1$ 在点 $x_0=1$ 处是否连续.

解 结合图形,如图 2-10 所示.

函数 $f(x)=x^2-1$ 的定义域是 $D=(-\infty,+\infty)$,$x_0=1\in D$,

而且,$f(1)=1-1=0$,$\lim\limits_{x\to 1}f(x)=0=f(1)$.

因此,函数 $f(x)=x^2-1$ 在点 $x_0=1$ 处连续.

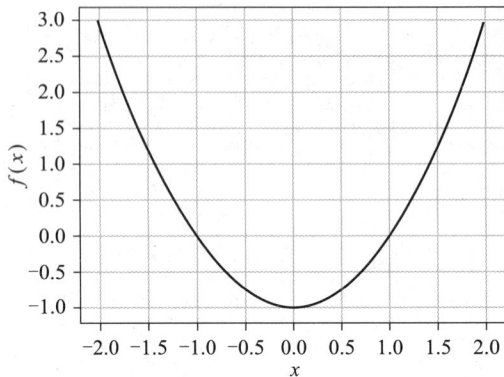

图 2-10 函数 $f(x)=x^2-1$ 的图形

函数有左极限和右极限的概念,连续也有相应的左连续和右连续的概念.

定义 2.13 如果函数 $y=f(x)$ 在点 x_0 的某左邻域内有定义,而且 $\lim\limits_{x\to x_0^-}f(x)=f(x_0)$ 成立,那么称函数 $y=f(x)$ 在点 x_0 左连续;如果函数 $y=f(x)$ 在点 x_0 的某右邻域内有定义,而且 $\lim\limits_{x\to x_0^+}f(x)=f(x_0)$ 成立,那么称函数 $y=f(x)$ 在点 x_0 右连续.

定理 2.5 函数 $y=f(x)$ 在点 x_0 处连续的充要条件是:$y=f(x)$ 在点 x_0 处既是左连续,又是右连续. 即 $\lim\limits_{x\to x_0^-}f(x)=\lim\limits_{x\to x_0^+}f(x)=\lim\limits_{x\to x_0}f(x)$.

例 2 判断函数 $f(x)=\begin{cases}3x, & x\geqslant 0 \\ 1-\cos x, & x<0\end{cases}$ 在 $x=0$ 点处是否连续.

解 由于 $\lim\limits_{x\to 0^+}f(x)=\lim\limits_{x\to 0^+}3x=0$,$\lim\limits_{x\to 0^-}f(x)=\lim\limits_{x\to 0^-}(1-\cos x)=0$,

又 $f(0)=0$,所以 $\lim\limits_{x\to 0}f(x)=0=f(0)$,结合图形,如图 2-11 所示.

因此,函数在 $x=0$ 点连续.

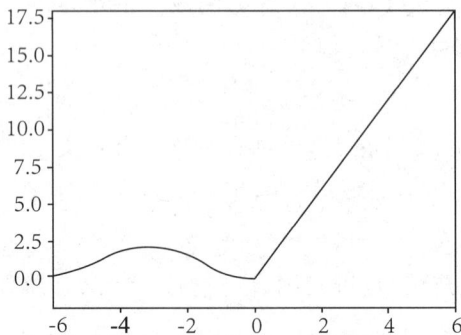

图 2-11 函数 $f(x)$ 的图形

例 3　判断函数 $f(x)=\begin{cases} x+1, & x\geqslant0 \\ x-1, & x<0 \end{cases}$

在 $x=0$ 处是否连续.

解　由于 $\lim\limits_{x\to0^+}f(x)=\lim\limits_{x\to0^+}(x+1)=1$,

$\lim\limits_{x\to0^-}f(x)=\lim\limits_{x\to0^-}(x-1)=-1$;

但是, $\lim\limits_{x\to0^+}f(x)\neq\lim\limits_{x\to0^-}f(x)$.

因此,函数在 $x=0$ 点不连续.结合图形,

如图 2-12 所示.

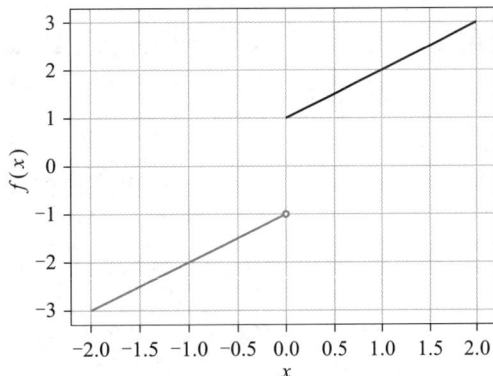

图 2-12　函数 $f(x)$ 的图形

例 4　判断函数 $f(x)=\begin{cases} x^2+1, & x<1 \\ 0, & x=1 \\ 2x^2, & x>1 \end{cases}$

在 $x=1$ 处是否连续?

解　因为左极限 $\lim\limits_{x\to1^-}f(x)=\lim\limits_{x\to1^-}(x^2+1)=2$,右极限 $\lim\limits_{x\to1^+}f(x)=\lim\limits_{x\to1^+}2x^2=2$,

又 $f(1)=0$,则 $\lim\limits_{x\to1}f(x)=2\neq f(1)$,所以函数在 $x=1$ 处不连续.

2.5.2　初等函数的连续性

根据基本初等函数的性质,可以得出:**基本初等函数在其定义区间内都是连续的.**

定理 2.6　一切初等函数在其定义区间内都是连续的.

根据基本初等函数的连续性、初等函数的定义以及上述定理,可以得出:

在计算初等函数在其定义区间内的某一点极限时,其极限必定存在且等于该点的函数值.

如 $\lim\limits_{x\to2}\dfrac{x+3}{5-2x^2}=\dfrac{2+3}{5-8}=-\dfrac{5}{3}=f(2)$,因为函数 $f(x)=\dfrac{x+3}{5-2x^2}$ 是初等函数;

又如 $\lim\limits_{x\to1}\mathrm{e}^{1-x}=\mathrm{e}^0=1=f(1)$,因为函数 $f(x)=\mathrm{e}^{1-x}$ 是初等函数.

2.6　实　　验

本单元的实验是:计算函数极限的值和绘制其图形,并且结合图形,判断它们的极限值

计算是否正确.

2.6.1　了解第三方库 Sympy

Python 的 Sympy 标准库是一个数学符号库,包括求极限、导数、微分、积分和线性方程

组等多种数学运算,为 Python 提供了强大的数学运算支持.运用 Sympy 库中的函数进行符

号运算之前,必须先声明(或初始化)Sympy 的符号,Sympy 才能识别该符号.求极限的常用

函数是:limit(f,x,a),limit(f,x,a,dir="+")等.

2.6.2 计算函数极限的值,绘制它们的图形,并结合图形判断计算的准确性

例1 计算函数 $y = \dfrac{\sin x}{x}$ 在 $x \to 0$ 时的极限,并且绘制其图形.

运用 *python* 计算函数极限的值,并且绘制其图形

```
#导入 sympy 标准库
from sympy import *
#函数 symbols('x₁ x₂ x₃ xₙ')用于初始化变量
x = symbols('x')
#可以是单个变量,也可以是多个变量.变量 x₁ x₂ x₃ xₙ之间用空格隔开
y = sin(x)/x
#计算函数 y = sin(x)/x 在 x→0 时的极限
print(limit(y,x,0))
#绘制函数 y = sin(x)/x 的图形,如图 2-8 所示.
import matplotlib.pyplot as plt
from numpy import *
x = arange(-5*pi,5*pi,0.01)
y = sin(x)/x
plt.figure()
plt.plot(x,y)
plt.grid(True)
plt.show()
```

从图形(图 2-8)可以判断,当 $x \to 0$ 时,函数 $y = \dfrac{\sin x}{x}$ 的极限值是 1,与计算的值一样.

例2 计算函数 $y = \sin x + \cos x + 1$ 在 $x \to 0$ 时的极限,并且绘制其图形.

```
#计算函数 y = sinx + cosx + 1 在 x→0 时的极限值
from sympy import *
x = symbols('x')
y = sin(x) + cos(x) + 1
print("极限值为:",limit(y,x,0))
#运行结果如下:
```

```
极限值为: 2
>>>
```

```
#绘制函数 y = sinx + cosx + 1 的图形,如图 2-13 所示.
import matplotlib.pyplot as plt
from numpy import *
x = arange(-6,6,0.01)
y = sin(x) + cos(x) + 1
plt.figure()
```

```
plt.plot(x,y)
plt.axis([−6,6,−2,3])
plt.grid(True)
plt.show()
```

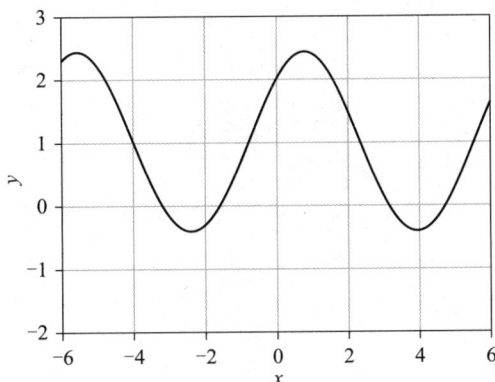

图 2-13   函数 $y=\sin x+\cos x+1$ 的图形

从图形(图 2-13)可以判断,当 $x \to 0$ 时,函数 $y=\sin x+\cos x+1$ 的极限值是 2,与计算的值一样.

例 3   计算函数 $y=\left(1+\dfrac{1}{x}\right)^{x}$ 在 $x \to \infty$ 时的极限,并且绘制其图形.

```
# 绘制函数 y = (1 + 1/x)ˣ在 x→∞时的图形,如图 2-9 所示,并且计算其极限值.
import matplotlib.pyplot as plt
from numpy import *
x1 = arange(−100,−2,0.01)
x2 = arange(0,100,0.01)
y1 = (1 + 1/x1) ** x1
y2 = (1 + 1/x2) ** x2
plt.figure()
plt.plot(x1,y1,x2,y2)
plt.grid(True)
plt.show()
from sympy import *
x = symbols('x')
y = (1 + 1/x) ** x
print("当 x→−∞时,极限值为:",limit(y,x,−oo))
print("当 x→+∞时,极限值为:",limit(y,x,oo))
```

从图形(图 2-9)可以判断,当 $x \to -\infty$ 时,函数 $y=\left(1+\dfrac{1}{x}\right)^{x}$ 的极限值是 e;当 $x \to +\infty$

时,函数 $y=\left(1+\dfrac{1}{x}\right)^{x}$ 的极限值是 e.

例 4   计算函数 $y=x\sin\dfrac{1}{x}$ 在 $x \to 0$ 时的极限,并且绘制其图形.

```
import matplotlib.pyplot as plt
```

```
from numpy import *
x1 = arange(0,0.1,0.001)
x2 = arange( - 0.1,0,0.001)
y2 = (x2)/sin(1/x2)
y1 = (x1)/sin(1/x1)
plt.figure()
plt.plot(x1,y1,x2,y2)
plt.xlim( - 0.1,0.1)
plt.ylim( - 0.2,0.2)
plt.grid(True)
plt.show()
from sympy import *
x = symbols('x')
y = x * sin (1/x)
print("极限值为:",limit(y,x,0))
```

极限值为： 0

绘制图形,如图 2-14 所示,从图形可以判断,当 $x \to 0$ 时,函数 $y = x\sin\dfrac{1}{x}$ 的极限值是 0,与计算的值一样.

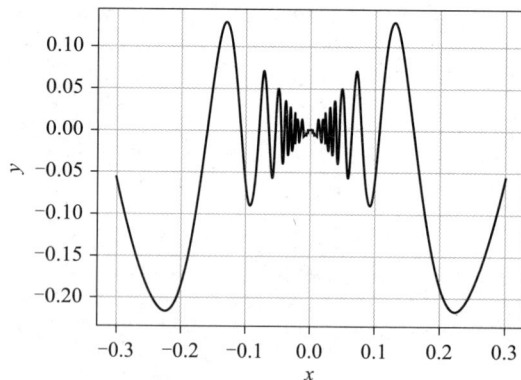

图 2-14　函数 $y = x\sin\dfrac{1}{x}$ 的图形

例 5　计算函数 $y = \dfrac{1-\cos x}{x^2}$ 在 $x \to 0$ 时的极限,并且绘制其图形.

```
from sympy import *
x = symbols('x')
y = (1 - cos (x))/(x * * 2)
print(limit(y,x,0))
```

极限值为： 1/2

```
import  matplotlib.pyplot  as  plt
from numpy import *
x = arange( - 3,3,0.001)
```

```
x1 = arange( - 3,0,0.001)
x2 = arange(0,3,0.001)
y1 = (1 - cos(x1))/(x1 * * 2)
y2 = (1 - cos(x2))/(x2 * * 2)
plt.figure()
plt.plot(x1,y1,x2,y2)
plt.xlim( - 3,3)
plt.ylim(0,0.6)
plt.grid(True)
```

绘制图形,如图 2-15 所示,从图形可以判断,当 $x \to 0$ 时,函数 $y = \dfrac{1 - \cos x}{x^2}$ 的极限值是

0.5,与计算的值一样.

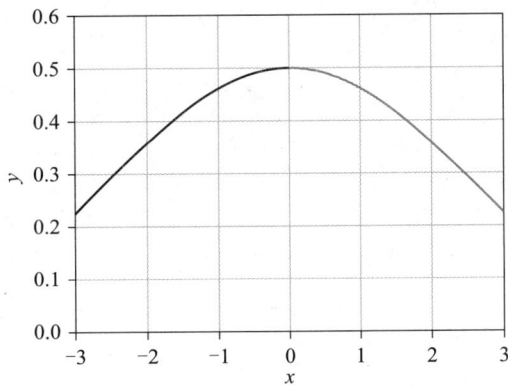

图 2-15　函数 $y = \dfrac{1 - \cos x}{x^2}$ 的图形

例 6　计算函数 $y = \dfrac{\tan x - \sin x}{x^3}$ 在 $x \to 0$ 时的极限,并且绘制其图形.

```
from sympy import *
x = symbols('x')
y = (tan(x) - sin(x))/(x * * 3)
print(limit(y,x,0))
```

极限值为：　1/2

```
import matplotlib.pyplot as plt
from numpy import *
x = arange( - 1,1,0.1)
y = (tan(x) - sin(x))/(x * * 3)
plt.figure()
plt.plot(x,y)
plt.grid(True)
plt.show()
```

绘制图形,如图 2-16 所示,从图形可以判断,当 $x \to 0$ 时,函数 $y = \dfrac{\tan x - \sin x}{x^3}$ 的极限值

是 0.5,与计算的值一样.

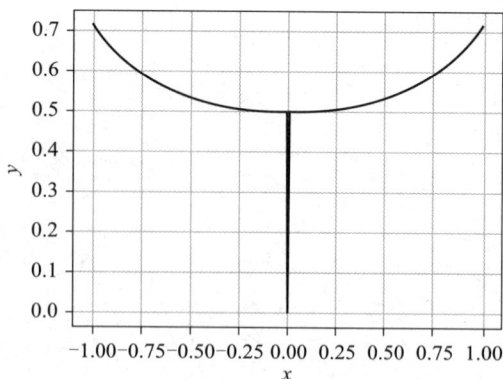

图 2-16　函数 $y=\dfrac{\tan x-\sin x}{x^3}$ 的图形

例 7　计算函数 $y=x\cos\dfrac{1}{x}$ 在 $x\rightarrow0$ 时的极限,并且绘制其图形.

```
from sympy import *
x = symbols('x')
y = x * cos (1/x)
print("极限值为:",limit(y,x,0))
```

极限值为：　0

```
import  matplotlib.pyplot  as  plt
from numpy import *
x = arange( - 0.3,0.3,0.001)
y = x * cos(1/x)
plt.figure()
plt.plot(x,y)
plt.grid(True)
plt.show()
```

绘制图形,如图 2-17 所示,从图形可以判断,当 $x\rightarrow0$ 时,函数 $y=x\cos\dfrac{1}{x}$ 的极限值是 0,与计算的值一样.

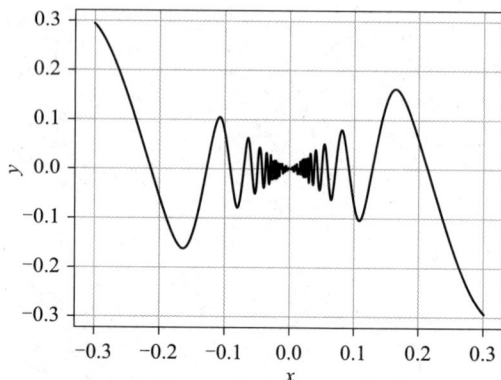

图 2-17　函数 $y=x\cos\dfrac{1}{x}$ 的图形

例 8 计算函数 $y = x^2 \sin \dfrac{1}{x}$ 在 $x \to 0$ 时的极限,并且绘制其图形.

```
from sympy import *
x = symbols('x')
y = x * * 2 * sin(1/x)
print("极限值为:",limit(y,x,0))
```

极限值为: 0

```
import matplotlib.pyplot as plt
from numpy import *
x = arange( - 0.4,0.4,0.001)
y = x * * 2 * sin (1/x)
plt.figure()
plt.plot(x,y)
plt.grid(True)
plt.show()
```

绘制图形,如图 2-18 所示,从图形可以判断,当 $x \to 0$ 时,函数 $y = x^2 \sin \dfrac{1}{x}$ 的极限值是 0,与计算的值一样.

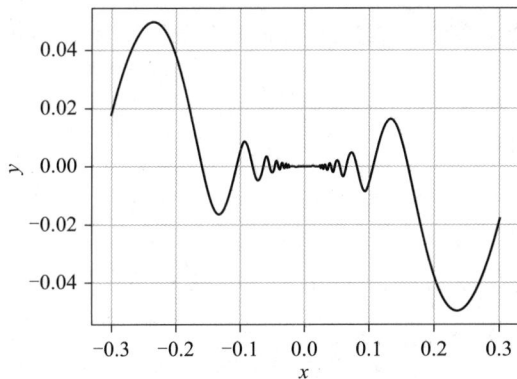

图 2-18 函数 $y = x^2 \sin \dfrac{1}{x}$ 的图形

单元小结

本单元主要学习函数的极限与连续的概念及其相关的定理、性质和应用.

一、极限

1. 极限的概念

数列极限、函数极限的定义,函数在 x_0 点处的左极限与右极限的定义.

极限存在的充要条件：

（1）$\lim\limits_{x \to x_0} f(x) = A \Leftrightarrow \lim\limits_{x \to x_0^-} f(x) = \lim\limits_{x \to x_0^+} f(x) = A$；

（2）$\lim\limits_{x \to \infty} f(x) = A \Leftrightarrow \lim\limits_{x \to -\infty} f(x) = \lim\limits_{x \to +\infty} f(x) = A$.

2. 无穷小与无穷大

（1）无穷小与无穷大的定义；

（2）无穷小与无穷大的倒数关系：函数在某一变化过程中，

$$\lim f(x) = 0 \Leftrightarrow \lim \frac{1}{f(x)} = \infty；$$

（3）无穷小的性质

① 有限个无穷小的代数和，仍然是无穷小；

② 有界变量乘以无穷小，仍然是无穷小；

③ 常数乘以无穷小，仍然是无穷小；

④ 无穷小乘以无穷小，仍然是无穷小.

（4）无穷小的阶

设 α, β 是同一变化过程中的两个无穷小量，

若 $\lim \dfrac{\alpha}{\beta} = 0$，则称 α 是比 β 高阶的无穷小量，也称 β 是比 α 低阶的无穷小量.

若 $\lim \dfrac{\alpha}{\beta} = c$（$c$ 是不等于零的常数），则称 α 与 β 是同阶无穷小量；若 $c = 1$，则称 α 与 β 是等价无穷小量.

3. 极限的性质与四则运算

定理 1 若 $\lim f(x) = A, \lim g(x) = B$，则

（1）$\lim[f(x) \pm g(x)] = \lim f(x) \pm \lim g(x) = A \pm B$；

（2）$\lim[f(x) \cdot g(x)] = \lim f(x) \cdot \lim g(x) = A \cdot B$；

（3）当 $\lim g(x) = B \neq 0$ 时，$\lim \dfrac{f(x)}{g(x)} = \dfrac{\lim f(x)}{\lim g(x)} = \dfrac{A}{B}$.

推论 设 $\lim f(x)$ 存在，C 为常数，n 为正整数，则有

（1）$\lim[C \cdot f(x)] = C \cdot \lim f(x)$；

（2）$\lim [f(x)]^n = [\lim f(x)]^n$.

4. 极限的运算方法

定理 若 $a_0 \neq 0, b_0 \neq 0, m, n$ 为正整数，则

$$\lim_{x \to \infty} \frac{(a_0 x^n + a_1 x^{n-1} + a_2 x^{n-2} + \cdots + a_n)}{(b_0 x^m + b_1 x^{m-1} + b_2 x^{m-2} + \cdots + b_m)} = \begin{cases} 0, & m > n, \\ \dfrac{a_0}{b_0}, & m = n, \\ \infty, & m < n. \end{cases}$$

第一个重要极限 $\lim\limits_{x \to 0} \dfrac{\sin x}{x} = 1$，及其变形形式 $\lim\limits_{x \to \infty} x \sin \dfrac{1}{x} = 1$

第一个重要极限的推广 $\lim\limits_{\mu(x) \to 0} \dfrac{\sin \mu(x)}{\mu(x)} = 1$

第二个重要极限 $\lim\limits_{x \to \infty}\left(1 + \dfrac{1}{x}\right)^x = e$，及其变形形式 $\lim\limits_{x \to 0}(1 + x)^{\frac{1}{x}} = e$

二、连续

1. 函数在点 x_0 连续的定义

设函数 $y = f(x)$ 在点 x_0 的某邻域内有定义，如果 $\lim\limits_{x \to x_0} f(x) = f(x_0)$ 成立，那么称函数 $y = f(x)$ 在点 x_0 连续．

定理　函数 $y = f(x)$ 在点 x_0 处连续的充要条件是：$y = f(x)$ 在点 x_0 处既是左连续，又是右连续，即 $\lim\limits_{x \to x_0^-} f(x) = \lim\limits_{x \to x_0^+} f(x) = \lim\limits_{x \to x_0} f(x)$．

2. 初等函数的连续性

一切初等函数在其定义区间内都是连续的．

知识扩展

华罗庚的简介

华罗庚(1910—1985)是国际数学大师，是"中国解析数论学派"的创始人，是在矩阵几何学、中国解析数论、自守函数论、典型群等多方面研究的创始人和开拓者，是中国科学院院士，被誉为"人民数学家""中国数学之神""中国现代数学之父"，为中国数学和世界数学的发展做出了卓越贡献．

华罗庚出生于一个小商人家庭，他初中毕业后却因为家庭贫困无法继续升学，不得不辍学．在他十八岁时，不幸患了伤寒症，不得不卧床休息．由于卧床时间太长，导致他的左腿瘫痪．但是，他身残志坚，不悲观，不气馁，顽强地发奋自学．

华罗庚在清华大学的数学系当助理员时边工作边学习．他只用了一年的时间，就把当时数学系的大学课程都学完．在英国剑桥留学期间，他集中精力研究了堆垒素数论，而且就华林问题、奇数哥德巴赫问题和他利问题等问题发表了 18 篇论文，得出了著名的"华氏定理"．

1938 年，华罗庚回国后，继续科学研究、探索，取得了令世界瞩目的显著成绩．他早年研究领域的解析数论，在质数分布问题与哥德巴赫猜想等方面做出了巨大贡献．在多复变函数论、矩阵几何学等方面，他的卓越贡献影响到了世界数学的发展．在多复变函数论、典型群等方面，他的研究比西方数学界的研究领先了十多年．华罗庚是中国的人才，是难以比拟的天才．他开创了中国数学学派，并且带领数学界达到了世界一流水平，而且还培养出了许多优秀的青年，比如陈景润、王元、陆启铿、万哲先、龚升等．

华罗庚一生留下了十部巨著，发表了一百五十多篇学术论文，出版了十一本数学科普著作和九部数学著作．十部巨著如下：《堆垒素数论》、《多复变函数论中的典型域的调和分析》、《指数和的估价及其在数论中的应用》、《数论导引》、《从单位圆谈起》、《典型群》(与万哲先合著)、《数论在近似分析中的应用》(与王元合著)、《优选学》、《计划经济范围最优化的数学理论》和《二阶两个自变数两个未知函数的常系数线性偏微分方程组》(与他人合著). 其中, 有八部被国外翻译出版, 被认为是 20 世纪数学的经典著作.

华罗庚先后当选为中央研究院院士、中国科学院院士、美国科学院外籍院士、第三世界科学院院士和德国巴伐利亚科学院院士. 被授予香港中文大学、法国南锡大学与美国伊利诺伊大学荣誉博士.

华罗庚取得了辉煌的成就, 是一位伟大的、爱国的数学家.

综合练习 2

一、选择题

1. 数列 $x_n = \dfrac{1+2+3+\cdots+n}{n^2}$ 的极限是( ).

A. 1   B. -1 C. $\dfrac{1}{2}$ D. 不存在极限

2. 函数 $f(x)$ 在点 x_0 处极限存在是函数在该点处连续的( ).

A. 必要条件   B. 充分条件   C. 充分必要条件   D. 无关条件

3. $\lim\limits_{x\to\infty} \dfrac{2x^3+1}{3x^5+x-2} = ($).

A. 0   B. ∞ C. $\dfrac{3}{2}$ D. $\dfrac{2}{3}$

4. 曲线 $y=e^x$ 在点 $x=0$ 处的切线方程为( ).

A. $y=x-1$ B. $y=x+1$ C. $y=ex+1$ D. $y=ex-1$

5. 如果 $f(x) = \begin{cases} x+1, & x<1 \\ 2x, & x\geqslant 1 \end{cases}$, 则函数在 $x=1$ 处( ).

A. 无定义   B. 极限不存在

C. 极限存在但不连续   D. 连续

6. 若 $f(x) = \begin{cases} 1+2x, & x\leqslant 0 \\ x^2-1, & x>0 \end{cases}$, 则函数在 $x=0$ 点处( ).

A. 无定义   B. 极限不存在

C. 极限存在但不连续   D. 连续

二、填空题

1. $\lim\limits_{x\to\infty}(-1)^{n+1}\cdot\dfrac{1}{n} = $ _____.

2. $\lim\limits_{x\to 0} x\cdot\sin\dfrac{1}{x} = $ _____.

3. $\lim\limits_{x\to\infty}\dfrac{1}{x}\cdot\sin x=$ _____.

4. $\lim\limits_{x\to\infty}\left(1-\dfrac{1}{x}\right)^{x}=$ _____.

5. 曲线 $y=\cos x$ 在点$(0,1)$处的切线方程是 _____.

6. 函数 $f(x)=\dfrac{1}{x-1}$ 的间断点是 _____.

三、计算题

1. 计算下列数列极限：

(1) $\lim\limits_{n\to\infty}\left[\dfrac{1}{1\times2}+\dfrac{1}{2\times3}+\cdots+\dfrac{1}{n(n+1)}\right]$；

(2) $\lim\limits_{n\to\infty}\dfrac{(n+1)(n+2)(n+3)}{n^{2}}$；

(3) $\lim\limits_{n\to\infty}\sqrt{n}(\sqrt{n+2}-\sqrt{n})$.

2. 计算下列极限：

(1) $\lim\limits_{x\to3}\dfrac{x+1}{x-1}$；
(2) $\lim\limits_{x\to1}\dfrac{x^{2}+1}{x^{2}+3x+2}$；

(3) $\lim\limits_{x\to\infty}\dfrac{x^{2}-x+2}{3-2x^{3}}$；
(4) $\lim\limits_{x\to\infty}(\dfrac{1}{x^{2}}-\dfrac{1}{x}+2)$；

(5) $\lim\limits_{x\to\infty}\dfrac{x^{4}+x+3}{x^{2}-2}$；
(6) $\lim\limits_{x\to\infty}\dfrac{2x^{2}-3x+1}{x^{2}+5}$；

(7) $\lim\limits_{x\to0}\dfrac{x^{2}-3x+2}{x^{2}-1}$；
(8) $\lim\limits_{x\to1}\dfrac{x^{3}-x^{2}+x-1}{x^{3}-1}$；

(9) $\lim\limits_{x\to-1}\dfrac{x^{4}-2x^{2}+1}{x^{4}-1}$；
(10) $\lim\limits_{x\to0}\dfrac{x+x^{2}-2x^{3}}{3x-x^{2}}$；

(11) $\lim\limits_{x\to0}x\cos\dfrac{1}{x}$；
(12) $\lim\limits_{x\to0}\dfrac{x}{\tan2x}$；

(13) $\lim\limits_{x\to0}\dfrac{\cos x+x}{\cos x-x}$；
(14) $\lim\limits_{x\to0}\dfrac{x^{2}-2}{x+1}$；

(15) $\lim\limits_{x\to2}\dfrac{x^{2}-3x+2}{x^{2}-4}$；
(16) $\lim\limits_{x\to0}\left(1-\dfrac{x}{2}\right)^{\frac{1}{x}}$；

(17) $\lim\limits_{x\to\infty}\left(1-\dfrac{2}{x}\right)^{3x}$；
(18) $\lim\limits_{x\to0}\dfrac{\cos x-1}{x}$；

(19) $\lim\limits_{x\to0}\dfrac{\sin x-\tan x}{3x}$；
(20) $\lim\limits_{x\to0}\dfrac{\ln(x+1)}{2x}$.

3. 判断函数 $f(x)=\begin{cases}2x+1,&x\geqslant0\\2x-1,&x<0\end{cases}$ 在 $x=0$ 点处是否连续，并且绘制图形，结合其图形进行判断.

4. 求函数 $f(x)=\begin{cases}x+1,&x\leqslant1\\3-x,&x>1\end{cases}$，在 $x=1$ 点处的左、右极限，计算 $\lim\limits_{x\to1}f(x)$、$\lim\limits_{x\to-1}f(x)$的值，并且绘制图形，结合其图形进行判断.

5. 如果函数 $f(x) = \begin{cases} (1+2x)^{\frac{1}{x}}, & x \neq 0 \\ a, & x = 0 \end{cases}$ 在点 $x = 0$ 处连续,那么 a 取何值? 然后,绘制图形,结合其图形进行验证.

6. 判断函数 $f(x) = \begin{cases} x^2 - 1, & x < 0, \\ x, & 0 \leqslant x \leqslant 1 \\ 1, & x > 1, \end{cases}$ 在 $x = 0, x = 1$ 处是否连续? 如果连续,写出函数的连续区间,并且绘制图形,结合其图形进行判断.

7. 求下列函数的间断点:

(1) $y = \dfrac{1}{x+1}$;

(2) $y = \dfrac{1}{x} \cos x$;

(3) $y = \dfrac{x-1}{x^2 + x - 2}$.

第3单元

导数与微分

学习导航

本单元主要学习导数与微分的相关知识.导数是微分学中最重要的内容,是由英国数学家牛顿和德国数学家莱布尼茨分别在研究力学和几何学的过程中建立的.导数和微分是微分学的基础又是重要的知识,微分学是微积分的重要组成部分.微分学是后续学习积分的重要内容.学生需了解、理解和掌握以下内容.

- 了解导数的物理意义和几何意义;
- 理解导数的概念;理解左导数和右导数的概念;
- 理解可导与连续的关系;
- 理解、掌握导数的四则运算法则及其应用;
- 理解、掌握基本初等函数的导数公式及其应用;
- 理解、掌握复合函数、隐函数、对数函数及高阶导数等求导方法;
- 了解微分的几何意义;理解微分的概念;
- 理解、掌握微分的基本公式、运算法则及其应用;
- 熟练、掌握、运用 Python 及其第三方库计算函数的导数、计算函数曲线在某点处的斜率及其切线方程,绘制其图形,并且结合图形,判断其准确性.

学习内容

3.1 导数的概念

3.1.1 导数的意义

1. 物理意义——变速直线运动的瞬时速度

在中小学的物理学习中,已涉及"速度"的知识."速度"的概念,通常是指位移对于时间的变化率.与速度相关的概念还有:瞬时速度、加速度等等.

如果物体做变速直线运动,它所移动的路程 s 是时间 t 的函数,记为 $S = S(t)$,物体在

$[t_0, t_0 + \Delta t]$时间内的平均速度为

$$\overline{v} = \frac{\Delta S}{\Delta t} = \frac{S(t_0 + \Delta t) - S(t_0)}{\Delta t}$$

如果时间变化量 Δt 很小,可以用 $\overline{v}$ 近似地表示物体在 t_0 时刻的速度,而且 Δt 越小,$\overline{v}$ 就越接近物体在 t_0 时刻的瞬时速度. 这说明,时刻 t_0 的瞬时速度可以表示为:当 $\Delta t \to 0$ 时,路程变化量 ΔS 与时间变化量 Δt 之比的极限,即,

$$v(t_0) = \lim_{\Delta t \to 0} \frac{\Delta S}{\Delta t} = \lim_{\Delta t \to 0} \frac{S(t_0 + \Delta t) - S(t_0)}{\Delta t}.$$

如果这个极限 $\lim\limits_{\Delta t \to 0} \dfrac{\Delta S}{\Delta t}$ 存在,就可以用它来定义变速直线运动物体在 t_0 时刻的瞬时速度.

2. 几何意义——曲线切线的斜率

设平面曲线 C 的方程为 $y = f(x)$,$M(x_0, f(x_0))$ 为其上一点,如图 3-1 所示,在点 M 附近取曲线 C 上另一点 $N(x_0 + \Delta x, f(x_0 + \Delta x))$,连结两点得割线 MN,设其倾斜角为 β,则割线 MN 的斜率为:

$$\tan \varphi = \frac{\Delta y}{\Delta x} = \frac{f(x_0 + \Delta x) - f(x_0)}{\Delta x}$$

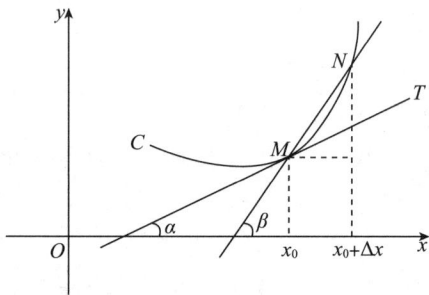

图 3-1　函数 $y = f(x)$ 的图形

当点 N 沿曲线 C 趋向于点 M 时,割线 MN 的极限位置存在,即点 M 处的切线存在,此刻 $\Delta x \to 0$,$\beta \to \alpha$,割线的斜率就趋向于切线的斜率,即切线的斜率为:

$$\tan \alpha = \lim_{\Delta x \to 0} \tan \beta = \lim_{\Delta x \to 0} \frac{f(x_0 + \Delta x) - f(x_0)}{\Delta x}.$$

这个式子说明,函数 $y = f(x)$ 在点 x_0 处的导数 $f'(x_0)$ 就是曲线 $y = f(x)$ 在点 $M(x_0, f(x_0))$ 处的切线斜率. 即 $k = f'(x_0)$.

如果函数 $y = f(x)$ 在点 x_0 处的导数为无穷大,这时曲线 $y = f(x)$ 的割线以垂直于 x 轴的直线 $x = x_0$ 为极限位置,即曲线 $y = f(x)$ 在点 $M(x_0, f(x_0))$ 处具有垂直于 x 轴的切线 $x = x_0$.

由导数的几何意义及直线的点斜式方程,可求出连续曲线 $y = f(x)$ 在点 $M(x_0, y_0)$ 处的切线方程.

(1) 若 $f'(x_0)$ 存在,则切线方程为

$$y - y_0 = f'(x_0)(x - x_0) \tag{3-1}$$

特别地，当 $f'(x_0)=0$ 时，切线平行于 x 轴，切线方程为

$$y=y_0.$$

（2）若 $f'(x_0)=\infty$，则切线垂直于 x 轴，即 $\alpha=\dfrac{\pi}{2}$，其方程为

$$x=x_0.$$

过切点 $M(x_0,y_0)$ 且与切线垂直的直线，称为曲线 $y=f(x)$ 在点 $M(x_0,y_0)$ 处的法线. 当 $f'(x_0)\neq 0$ 时，法线方程为

$$y-y_0=-\frac{1}{f'(x_0)}(x-x_0) \tag{3-2}$$

例 1　求曲线 $y=2x^3$ 在点 $(1,1)$ 处的切线与法线方程.

解　$y'=6x^2$，根据导数的几何意义可知，所求切线的斜率 k_1 和法线斜率 k_2 分别为

$$k_1=y'\Big|_{x=1}=6x^2\Big|_{x=1}=6,\ k_2=-\frac{1}{6}$$

于是所求切线的方程为

$$y-1=6(x-1),\ \text{即}\ 6x-y-5=0.$$

法线方程为

$$y-1=-\frac{1}{6}(x-1),\ \text{即}\ x+6y-7=0.$$

计算曲线在某点处
的切线方程和法线
方程

3.1.2　导数的概念

定义 3.1　设函数 $y=f(x)$ 在点 x_0 的某个邻域内有定义，当自变量 x 变化到 x_0 的变化量 $\Delta x(\Delta x\neq 0$，点 $x_0+\Delta x$ 仍在该邻域内)，函数 $y=f(x)$ 相应的变化量 $\Delta y=f(x_0+\Delta x)-f(x_0)$，如果极限 $\lim\limits_{\Delta x\to 0}\dfrac{\Delta y}{\Delta x}=\lim\limits_{\Delta x\to 0}\dfrac{f(x_0+\Delta x)-f(x_0)}{\Delta x}$ 存在，则称此极限为函数 $y=f(x)$ 在点 x_0 处的导数，记作 $f'(x_0)$，即

$$f'(x_0)=\lim_{\Delta x\to 0}\frac{\Delta y}{\Delta x}=\lim_{\Delta x\to 0}\frac{f(x_0+\Delta x)-f(x_0)}{\Delta x} \tag{3-3}$$

此时，亦称函数 $y=f(x)$ 在点 x_0 处可导或导数存在.

导数的符号还可以记为 $y'\big|_{x=x_0}$，$\dfrac{\mathrm{d}y}{\mathrm{d}x}\Big|_{x=x_0}$，$\dfrac{\mathrm{d}f(x)}{\mathrm{d}x}\Big|_{x=x_0}$.

如果极限 $\lim\limits_{\Delta x\to 0}\dfrac{\Delta y}{\Delta x}$ 不存在，则称函数 $y=f(x)$ 在 x_0 处不可导（或导数不存在）；如果极限 $\lim\limits_{\Delta x\to 0}\dfrac{\Delta y}{\Delta x}=\infty$，导数是不存在的，为叙述方便起见，也称函数 $y=f(x)$ 在点 x_0 处的导数为无穷大.

根据导数的定义，做变速直线运动的物体在 t_0 时刻的瞬时速度 $v(t_0)$，就是路程函数 $S(t)$ 在点 t_0 处对时间 t 的导数，即

$$v(t_0)=\frac{\mathrm{d}S}{\mathrm{d}t}\Big|_{t=t_0}.$$

如果记 $x_0+\Delta x=x$，则 $\Delta x=x-x_0$，从而当 $\Delta x\to 0$ 时，有 $x\to x_0$，因此 (3-3) 式可改成

$$f'(x_0) = \lim_{x \to x_0} \frac{f(x) - f(x_0)}{x - x_0} \tag{3-4}$$

导数定义的两种表示法,可根据具体情况来选用.

一般地,运用导数的定义求函数的导数有三个步骤:

(1) 计算变化量 $\Delta y = f(x_0 + \Delta x) - f(x_0)$;

(2) 计算比值 $\dfrac{\Delta y}{\Delta x} = \dfrac{f(x_0 + \Delta x) - f(x_0)}{\Delta x}$;

(3) 计算极限 $y' = \lim\limits_{\Delta x \to 0} \dfrac{\Delta y}{\Delta x} = \lim\limits_{\Delta x \to 0} \dfrac{f(x_0 + \Delta x) - f(x_0)}{\Delta x}$.

初学时可按照这三个步骤求导数,熟练掌握后可以三步并成一步.

定义 3.2 如果函数 $y = f(x)$ 在区间 (a,b) 内每一点 x 处都可导,则称函数 $y = f(x)$ 是在区间 (a,b) 内可导. 此时,对于区间 (a,b) 内每一个确定的 x 值,都有一个确定的导数值 $f'(x)$ 与之对应,这样就定义了一个新的函数,称之为函数 $y = f(x)$ 的导函数(或简称为导数),记为 $f'(x)$,y',$\dfrac{\mathrm{d}y}{\mathrm{d}x}$ 或 $\dfrac{\mathrm{d}f(x)}{\mathrm{d}x}$,即

$$f'(x) = \lim_{\Delta x \to 0} \frac{f(x + \Delta x) - f(x)}{\Delta x} \tag{3-5}$$

显然,函数 $y = f(x)$ 在点 x_0 处的导数 $f'(x_0)$ 就是导函数 $f'(x)$ 在点 x_0 处的函数值,即

$$f'(x_0) = f'(x)\big|_{x = x_0}.$$

3.1.3 基本初等函数的导数

由导数的定义,求函数 $y = f(x)$ 的导函数的一般步骤如下:

(1) 计算变化量:$\Delta y = f(x + \Delta x) - f(x)$;

(2) 计算比值:$\dfrac{\Delta y}{\Delta x} = \dfrac{f(x + \Delta x) - f(x)}{\Delta x}$;

(3) 计算极限:$y' = \lim\limits_{\Delta x \to 0} \dfrac{\Delta y}{\Delta x} = \lim\limits_{\Delta x \to 0} \dfrac{f(x + \Delta x) - f(x)}{\Delta x}$.

同样的,三个步骤可以并成一步.下面利用导数的定义推导几个基本初等函数的导数公式:

1. 常数函数的导数:$(C)' = 0$.

解 设函数 $y = C$,C 为常数,则

$$\lim_{\Delta x \to 0} \frac{\Delta y}{\Delta x} = \lim_{\Delta x \to 0} \frac{C - C}{\Delta x} = 0 ,$$

所以,$(C)' = 0$.

2. 幂函数的导数:$(x^n)' = nx^{n-1}$ (n 为正整数).

解 设函数 $y = x^n$,n 为正整数,则

$$\lim_{\Delta x \to 0} \frac{\Delta y}{\Delta x} = \lim_{\Delta x \to 0} \frac{(x + \Delta x)^n - x^n}{\Delta x}$$

$$= \lim_{\Delta x \to 0} \frac{x^n + nx^{n-1}(\Delta x) + \frac{n(n-1)}{2!}x^{n-2}(\Delta x)^2 + \cdots + (\Delta x)^n - x^n}{\Delta x}$$

$$=\lim_{\Delta x \to 0}\left[nx^{n-1}+\frac{n(n-1)}{2!}x^{n-2}(\Delta x)+\cdots+(\Delta x)^{n-1}\right]=nx^{n-1},$$

所以，$(x^n)'=nx^{n-1}$　（n 为正整数）.

相同的方法还可以证明以下函数的导数公式，请读者证明.

3. 正弦函数和余弦函数的导数：$(\sin x)'=\cos x,(\cos x)'=-\sin x$.

4. 指数函数的导数：$(a^x)'=a^x\ln a,(e^x)'=e^x$.

5. 对数函数的导数：$(\log_a x)'=\dfrac{1}{x\ln a},(\ln x)'=\dfrac{1}{x}$.

例 2　求下列函数的导数：

(1) $y=x^2$；　(2) $y=2\sin x$；　(3) $y=e^x+\cos x$；　(4) $y=\log_3 x$.

解：(1) $y'=2x$；　　　　　　　　　(2) $y'=2\cos x$；

(3) $y'=e^x-\sin x$；　　　　　　　(4) $y'=\dfrac{1}{x\ln 3}$.

例 3　求下列函数的导数：

(1) $y=3^x$；　(2) $y=\sqrt{x}$；　(3) $y=\dfrac{\sqrt[3]{x}}{\sqrt{x}}$；　(4) $y=\ln 3$.

解：(1) $y'=3^x\ln 3$；

(2) $y'=(x^{\frac{1}{2}})'=\dfrac{1}{2}x^{\frac{1}{2}-1}=\dfrac{1}{2}x^{-\frac{1}{2}}=\dfrac{1}{2\sqrt{x}}$；

(3) $y'=(x^{\frac{1}{3}-\frac{1}{2}})'=-\dfrac{1}{6}x^{-\frac{1}{6}-1}=-\dfrac{1}{6}x^{-\frac{7}{6}}$；

(4) $y'=0$（因为 $\ln 3$ 是一个常数）.

3.1.4　左导数与右导数

导数来自于极限，极限有左极限和右极限，导数也有相应的左导数和右导数.

定义 3.3　如果极限 $\lim\limits_{\Delta x \to 0^-}\dfrac{f(x_0+\Delta x)-f(x_0)}{\Delta x}$ 和 $\lim\limits_{\Delta x \to 0^+}\dfrac{f(x_0+\Delta x)-f(x_0)}{\Delta x}$ 存在，则分别称 $f(x)$ 在点 x_0 处左可导和右可导，其极限值分别称为函数 $f(x)$ 在点 x_0 处的左导数和右导数，分别记为 $f'_-(x_0)$ 和 $f'_+(x_0)$.

$$f'_-(x_0)=\lim_{\Delta x \to 0^-}\frac{f(x_0+\Delta x)-f(x_0)}{\Delta x}=\lim_{x \to x_0^-}\frac{f(x)-f(x_0)}{x-x_0} \tag{3-6}$$

$$f'_+(x_0)=\lim_{\Delta x \to 0^+}\frac{f(x_0+\Delta x)-f(x_0)}{\Delta x}=\lim_{x \to x_0^+}\frac{f(x)-f(x_0)}{x-x_0} \tag{3-7}$$

定理 3.1　函数 $y=f(x)$ 在点 x_0 处可导的充要条件是：左导数 $f'_-(x_0)$ 和右导数 $f'_+(x_0)$ 都存在且相等.

例 4　求函数 $f(x)=|x|=\begin{cases}x, & x\geqslant 0 \\ -x, & x<0\end{cases}$ 在 $x=0$ 处的左导数和右导数，并且绘制其图形，结合图形判断：该函数在 $x=0$ 处是否可导.

解 函数 $y=|x|=\begin{cases}x, & x\geqslant 0, \\ -x, & x<0,\end{cases}$ 在 $x=0$ 处函数的变化量为

$$\Delta y=|0+\Delta x|-0=|\Delta x|=\begin{cases}\Delta x, & \Delta x\geqslant 0, \\ -\Delta x, & \Delta x<0,\end{cases}$$

因此

$$\text{左导数 } f'_{-}(0)=\lim_{\Delta x\to 0^{-}}\frac{\Delta y}{\Delta x}=\lim_{\Delta x\to 0^{-}}\frac{-\Delta x}{\Delta x}=-1,$$

$$\text{右导数 } f'_{+}(0)=\lim_{\Delta x\to 0^{+}}\frac{\Delta y}{\Delta x}=\lim_{\Delta x\to 0^{+}}\frac{\Delta x}{\Delta x}=1,$$

由于 $f'_{-}(0)\neq f'_{+}(0)$，所以函数 $y=|x|$ 在点 $x=0$ 处不可导.

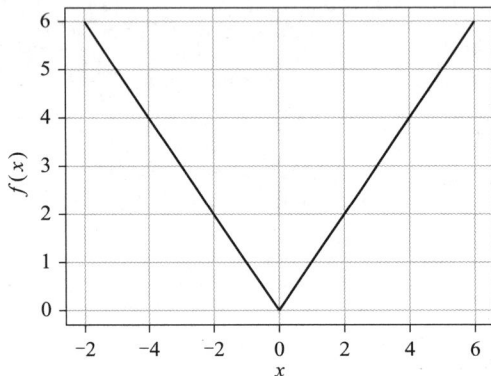

图 3-2　函数 $f(x)=|x|$ 的图形

3.1.5　可导与连续的关系

定理 3.2　若函数 $y=f(x)$ 在点 x_0 处可导,则此函数在点 x_0 处必连续.

证明　设函数 $y=f(x)$ 在点 x_0 处可导,即

$$\lim_{\Delta x\to 0}\frac{\Delta y}{\Delta x}=f'(x_0)$$

则

$$\lim_{\Delta x\to 0}\Delta y=\lim_{\Delta x\to 0}\left(\frac{\Delta y}{\Delta x}\cdot \Delta x\right)=\lim_{\Delta x\to 0}\frac{\Delta y}{\Delta x}\cdot \lim_{\Delta x\to 0}\Delta x=0$$

由函数连续的定义可知,函数 $y=f(x)$ 在点 x_0 处连续.

反之,如果函数 $y=f(x)$ 在点 x_0 处连续则函数在该点的导数不一定存在.

例如,函数 $y=|x|$ 在点 $x=0$ 处连续但不可导.

3.2　求导法则

根据导数的定义,可以推导出一些公式和法则.本节将介绍导数的四则运算法则、基本

初等函数的导数公式、复合函数的求导法、隐函数的求导法和对数函数的求导法等等.

3.2.1　导数的和、差、积、商的四则运算法则

定理 3.3　如果函数 $u(x)$ 及 $v(x)$ 都在点 x 处可导,则它们的和、差、积、商(除分母为零的点外)都在点 x 处可导,并且有

(1) $[u(x) \pm v(x)]' = u'(x) \pm v'(x)$;

(2) $[u(x)v(x)]' = u'(x)v(x) + u(x)v'(x)$;

(3) $\left[\dfrac{u(x)}{v(x)}\right]' = \dfrac{u'(x)v(x) - u(x)v'(x)}{v^2(x)}, (v(x) \neq 0)$.

推论 1　如果 $f_1(x), f_2(x) \cdots f_n(x)$ 均在点 x 处可导,则
$$[f_1(x) \pm f_2(x) \pm \cdots \pm f_n(x)]' = f'_1(x) \pm f'_2(x) \pm \cdots \pm f'_n(x).$$

推论 2　$[Cu(x)]' = Cu'(x)$　(C 为常数).

推论 3　$[u(x)v(x)w(x)]' = u'(x)v(x)w(x) + u(x)v'(x)w(x) + u(x)v(x)w'(x)$.

推论 4　$\left[\dfrac{1}{u(x)}\right]' = -\dfrac{u'(x)}{u^2(x)}$.

例 1　求下列函数的导数:

(1) $y = x^3 - 2\cos x + e^2$;　　　　　　(2) $y = 2\ln x + 3^x - \ln 10$.

解　(1) $y' = 3x^2 + 2\sin x$;　　　　　(2) $y' = \dfrac{2}{x} + 3^x \ln x$.

例 2　求下列函数的导数:

(1) $y = x\sin x + e^x \cos x$;　　　　　　(2) $y = \dfrac{1-x}{1+x}$.

解　(1) $y' = x'\sin x + x(\sin x)' + (e^x)'\cos x + e^x(\cos x)'$
$$= \sin x + x\cos x + e^x \cos x - e^x \sin x;$$

(2) $y' = \dfrac{(1-x)'(1+x) - (1-x)(1+x)'}{(1+x)^2} = \dfrac{(-1)(1+x) - (1-x)}{(1+x)^2}$

$$= -\dfrac{2}{(1+x)^2}$$

3.2.2　基本初等函数的导数公式

运用导数定义和商的求导法则可以推导出常数函数、幂函数、指数函数、对数函数、三角函数和反三角函数的导数公式,现将基本初等函数的导数公式归纳如下:

(1) $(c)' = 0$　　(c 为常数)

(2) $(x^\mu)' = \mu x^{\mu-1}$　　(μ 为任意实数)

(3) $(a^x)' = a^x \ln a (a > 0, a \neq 1)$

(4) $(e^x)' = e^x$

(5) $(\log_a x)' = \dfrac{1}{x \ln a}$　　($a > 0, a \neq 1$), $(x > 0)$

(6) $(\ln x)' = \dfrac{1}{x}, (x>0)$

(7) $(\sin x)' = \cos x$

(8) $(\cos x)' = -\sin x$

(9) $(\tan x)' = \sec^2 x$

(10) $(\cot x)' = -\csc^2 x$

(11) $(\sec x)' = \sec x \tan x$

(12) $(\csc x)' = -\csc x \cot x$

(13) $(\arcsin x)' = \dfrac{1}{\sqrt{1-x^2}} \quad (-1<x<1)$

(14) $(\arccos x)' = -\dfrac{1}{\sqrt{1-x^2}} \quad (-1<x<1)$

(15) $(\arctan x)' = \dfrac{1}{1+x^2}$

(16) $(\operatorname{arccot} x)' = -\dfrac{1}{1+x^2}$

3.2.3　复合函数的求导法

定理 3.4　设函数 $y=f[\varphi(x)]$ 是由函数 $y=f(u)$ 及 $u=\varphi(x)$ 复合而成. 如果函数 $u=\varphi(x)$ 在点 x 处可导, 且函数 $y=f(u)$ 在对应点 u 处可导, 则复合函数 $y=f[\varphi(x)]$ 在点 x 处也可导, 且

$$\frac{\mathrm{d}y}{\mathrm{d}x} = \frac{\mathrm{d}y}{\mathrm{d}u} \cdot \frac{\mathrm{d}u}{\mathrm{d}x}$$

上式也可写成

$$y'_x = y'_u \cdot u'_x \quad 或 \frac{\mathrm{d}y}{\mathrm{d}x} = f'(u) \cdot \varphi'(x)$$

上式说明, 求复合函数 $y=f[\varphi(x)]$ 对 x 的导数时, 可先分别求出 $y=f(u)$ 对 u 的导数 $\dfrac{\mathrm{d}y}{\mathrm{d}u}$ 和 $u=\varphi(x)$ 对 x 的导数 $\dfrac{\mathrm{d}u}{\mathrm{d}x}$, 然后相乘即得, 这个法则也称为复合函数求导的链式法则. 该法则可以推广到多个中间变量的情形. 例如, 设 $y=f(u), u=\varphi(v), v=\psi(x)$, 则复合函数 $y=f\{\varphi[\psi(x)]\}$ 对 x 的导数为

$$\frac{\mathrm{d}y}{\mathrm{d}x} = \frac{\mathrm{d}y}{\mathrm{d}u} \cdot \frac{\mathrm{d}u}{\mathrm{d}v} \cdot \frac{\mathrm{d}v}{\mathrm{d}x} 或 y'(x) = f'(u)\varphi'(v)\psi'(x)$$

例 3　求函数 $y=(3x-1)^2$ 的导数.

解　令 $u=3x-1$, 则 $y=u^2$,

$$\frac{\mathrm{d}y}{\mathrm{d}u} = 2u = 2(3x-1), \ \frac{\mathrm{d}u}{\mathrm{d}x} = 3$$

所以, $y' = \dfrac{\mathrm{d}y}{\mathrm{d}u} \cdot \dfrac{\mathrm{d}u}{\mathrm{d}x} = 6(3x-1)$.

例 4　求函数 $y=\mathrm{e}^{\sin 2x}$ 的导数.

解　函数 $y=\mathrm{e}^{\sin 2x}$ 可以看成由 $y=\mathrm{e}^{u}$, $u=\sin v$ 和 $v=2x$ 复合而成,则

$$\frac{\mathrm{d}y}{\mathrm{d}u}=\mathrm{e}^{u}=\mathrm{e}^{\sin v}=\mathrm{e}^{\sin 2x}, \ \frac{\mathrm{d}u}{\mathrm{d}v}=\cos v=\cos 2x, \frac{\mathrm{d}v}{\mathrm{d}x}=2,$$

所以, $y'=\dfrac{\mathrm{d}y}{\mathrm{d}u}\cdot\dfrac{\mathrm{d}u}{\mathrm{d}v}\cdot\dfrac{\mathrm{d}v}{\mathrm{d}x}=2\mathrm{e}^{\sin 2x}\cos 2x.$

从以上各例可以看出,求复合函数的导数时,关键是学会将复合函数先分解为几个基本初等函数,然后运用复合函数求导法则.对于复合函数的分解比较熟练后,中间变量可以省略.有些函数求导时,需要综合运用各种求导法则,对于某些函数,可以先化简再求导.

例 5　求函数 $y=\ln(x-\sqrt{x^2+1})$ 的导数.

解　$\begin{aligned}y'&=\left[\ln(x-\sqrt{x^2+1})\right]'=\frac{1}{x-\sqrt{x^2+1}}\cdot(x-\sqrt{x^2+1})'\\&=\frac{1}{x-\sqrt{x^2+1}}\cdot\left[1-\frac{1}{2\sqrt{x^2+1}}\cdot(x^2+1)'\right]\\&=\frac{1}{x-\sqrt{x^2+1}}\cdot\left[1-\frac{x}{\sqrt{x^2+1}}\right]\\&=-\frac{1}{\sqrt{x^2+1}}.\end{aligned}$

3.2.4　隐函数的求导法

表示函数的方法有三种,其中,用解析式来表示函数的方法即解析法是最常用的方法.解析法,又可以分为两类:显函数和隐函数.前面学习的函数 $y=f(x)$,称为显函数,函数 y 能够直接用自变量 x 来表示;而隐函数,是由程 $F(x,y)=0$ 所确定的,函数 y 与自变量 x 的关系隐含于此方程 $F(x,y)=0$ 中.

隐函数的求导法:将方程 $F(x,y)=0$ 两边同时对 x 求导,含有 y 的项,先对 y 求导,再乘以 y 对 x 的导数 y'(y 是 x 的函数,即 y 的函数就是 x 的复合函数,须结合复合函数的求导法则),得到含有 y' 的等式,然后,从所得关系式中解出 y'. y' 就是所要求的隐函数的导数.

例 6　求由方程 $x\mathrm{e}^{y}-y\mathrm{e}^{x}=y^{2}$ 所确定的隐函数 y 对 x 的导数 $\dfrac{\mathrm{d}y}{\mathrm{d}x}$.

解　将方程两边同时对 x 求导,即得

$$\mathrm{e}^{y}+x\mathrm{e}^{y}\cdot y'-y'\mathrm{e}^{x}-y\mathrm{e}^{x}=2y\cdot y'$$

从而

$$\frac{\mathrm{d}y}{\mathrm{d}x}=y'=\frac{\mathrm{e}^{y}-y\mathrm{e}^{x}}{\mathrm{e}^{x}-x\mathrm{e}^{y}+2y}$$

例 7　求椭圆 $\dfrac{x^2}{4}+\dfrac{y^2}{9}=1$ 在点 $\left(1,\dfrac{3}{2}\sqrt{3}\right)$ 处的切线方程.

解　由椭圆方程的两边分别对 x 求导,得

$$\frac{2x}{4}+\frac{2y}{9}\cdot\frac{\mathrm{d}y}{\mathrm{d}x}=0,$$

$$\frac{\mathrm{d}y}{\mathrm{d}x} = -\frac{9x}{4y},$$

根据导数的几何意义可知,所求切线的斜率为

$$\frac{\mathrm{d}y}{\mathrm{d}x}\bigg|_{(1,\frac{3}{2}\sqrt{3})} = -\frac{9x}{4y}\bigg|_{(1,\frac{3}{2}\sqrt{3})} = -\frac{\sqrt{3}}{2},$$

于是所求切线的方程为

$$y - \frac{3}{2}\sqrt{3} = -\frac{\sqrt{3}}{2}(x-1),$$

即

$$\sqrt{3}\,x + 2y - 4\sqrt{3} = 0.$$

3.2.5 对数的求导法

对于幂指函数 $y = [f(x)]^{g(x)}$(其中 $f(x) > 0$),此类型的求导,一般是,在 $y = f(x)$ 的两边取对数,然后运用隐函数求导法求出 $\frac{\mathrm{d}y}{\mathrm{d}x}$,这种方法称为对数求导法.

例 8 求 $y = x^x$ 的导数.

解 将函数两边取自然对数,得

$$\ln y = x\ln x$$

再将上式两边同时对 x 求导,得

$$\frac{1}{y} \cdot y' = \ln x + 1$$

于是

$$y' = y(\ln x + 1)$$

即

$$y' = x^x(\ln x + 1)$$

例 9 设 $y = (\sin x)^x\ (\sin x > 0)$,求 y'.

解 将函数两边取对数,得

$$\ln y = x\ln(\sin x)$$

由于 y 是 x 的函数,故 $\ln y$ 是 x 的复合函数,将上式两边对 x 求导,得

$$\frac{y'}{y} = \ln(\sin x) + x \cdot \frac{1}{\sin x} \cdot \cos x$$

$$\frac{y'}{y} = \ln(\sin x) + x \cdot \cot x$$

所以

$$y' = y[\ln(\sin x) + x \cdot \cot x]$$

即

$$y' = (\sin x)^x[\ln(\sin x) + x \cdot \cot x]$$

3.3　高阶导数

在变速直线运动中,路程 $S=S(t)$ 关于时间 t 的导数是物体的瞬时速度,即 $v=\dfrac{\mathrm{d}S(t)}{\mathrm{d}t}=S'(t)$,而瞬时加速度 a 是瞬时速度 v 关于时间 t 的导数,即 $a=\dfrac{\mathrm{d}v}{\mathrm{d}t}=(S')'$,于是,瞬时加速度 a 是路程 S 关于时间 t 的导数的导数,称为 S 关于 t 的二阶导数,记作 S'' 或 $\dfrac{\mathrm{d}^2 S}{\mathrm{d}t^2}$.

3.3.1　高阶导数的概念

对于一般函数的二阶导数可定义如下:

定义 3.4　如果函数 $y=f(x)$ 的导数 $f'(x)$ 在点 x 处可导,则称 $f'(x)$ 在点 x 处的导数为函数 $y=f(x)$ 在点 x 处的二阶导数,记作 y'',$f''(x)$ 或 $\dfrac{\mathrm{d}^2 y}{\mathrm{d}x^2}$,即

$$y''=(y')',\quad f''(x)=[f'(x)]' \ \text{或} \ \frac{\mathrm{d}^2 y}{\mathrm{d}x^2}=\frac{\mathrm{d}}{\mathrm{d}x}\left(\frac{\mathrm{d}y}{\mathrm{d}x}\right)$$

类似地,二阶导数 $f''(x)$ 的导数称为函数 $y=f(x)$ 的三阶导数,记为 y''',$f'''(x)$ 或 $\dfrac{\mathrm{d}^3 y}{\mathrm{d}x^3}$;

三阶导数 $f'''(x)$ 的导数称为函数 $y=f(x)$ 的四阶导数,记为 $y^{(4)}$,$f^{(4)}(x)$ 或 $\dfrac{\mathrm{d}^4 y}{\mathrm{d}x^4}$,…,

一般地,$(n-1)$ 阶导数 $f^{(n-1)}(x)$ 的导数称为函数 $y=f(x)$ 的 n 阶导数,记为

$$y^{(n)},f^{(n)}(x) \ \text{或} \ \frac{\mathrm{d}^n y}{\mathrm{d}x^n}.$$

相应地,把 $f(x)$ 的导数 $y'(x)$ 称为 $f(x)$ 的一阶导数.

二阶及二阶以上的导数统称为**高阶导数**.如果函数 $y=f(x)$ 的 n 阶导数存在,则称 $f(x)$ 为 n 阶可导.n 阶导数在点 $x=x_0$ 处的值记作

$$f^{(n)}(x_0),\ y^{(n)}\big|_{x=x_0},\ \frac{\mathrm{d}^n y}{\mathrm{d}x^n}\bigg|_{x=x_0}.$$

显然,求函数的高阶导数,就是利用前面学过的求导方法对函数逐次求导.一般可从低阶导数找规律,得到函数的 n 阶导数.

3.3.2　高阶导数的运算

例 1　求 $y=x^4-3x^3+1-\sin x$ 的三阶导数.

解　$y'=4x^3-9x^2-\cos x$,

$\quad\ \ y''=12x^2-18x+\sin x$,

$\quad\ \ y'''=24x-18+\cos x.$

例 2 求 $y = \cos 2x$ 的二阶导数 y''，并计算 $y''\left(\dfrac{\pi}{4}\right)$.

解 $y' = -2\sin 2x$，

$y'' = -4\cos 2x$，

$y''\left(\dfrac{\pi}{4}\right) = -4\cos\dfrac{\pi}{2} = 0.$

例 3 求函数 $y = e^{2x}$ 的 n 阶导数.

解 $y' = (e^{2x})' = 2e^{2x}$，

$y'' = (2e^{2x})' = 4e^{2x}$，

$y''' = (4e^{2x})' = 8e^{2x}$，

……

$y^{(n)} = 2^n e^{2x}.$

3.4 微分及其应用

3.4.1 微分的概念

导数描述了函数在点 x 处变化快慢的程度. 但在科学技术和经济问题中，我们往往还需要了解函数在某一点当自变量有一个微小改变量时，函数取得的相应改变量的大小. 一般说来，计算函数的改变量是比较困难的. 因此，希望能找到一个便于函数改变量计算的近似公式. 为此引出了微分的概念.

讨论，如果一块正方形金属薄片受温度变化影响，边长由 x_0 变到 $x_0 + \Delta x$，如图 3-3 所示，那么此薄片的面积改变了多少？

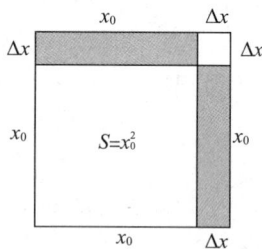

图 3-3 正方形金属薄片受温度影响的变化图形

设正方形金属薄片的面积为 S，面积的改变量为 ΔS，则

$$\Delta S = (x_0 + \Delta x)^2 - x_0^2 = 2x_0 \Delta x + (\Delta x)^2$$

ΔS 包括两部分，第一部分 $2x_0 \Delta x$ 是 Δx 的线性函数，$\lim\limits_{\Delta x \to 0} \dfrac{2x_0 \Delta x}{\Delta x} = 2x_0$，当 $\Delta x \to 0$ 时它是 Δx 的同阶无穷小；

第二部分为 $(\Delta x)^2$，$\lim\limits_{\Delta x \to 0} \dfrac{(\Delta x)^2}{\Delta x} = 0$，当 $\Delta x \to 0$ 时，$(\Delta x)^2$ 是较 Δx 高阶的无穷小，即 $(\Delta x)^2 = o(\Delta x)$（当 $\Delta x \to 0$）.

由此可见，当 $|\Delta x|$ 很小，第二部分比第一部分小得多，于是可忽略第二部分而得到近似公式：

$$\Delta S \approx 2x_0 \Delta x$$

由于 $S'(x_0) = (x^2)'\big|_{x = x_0} = 2x_0$，所以

$$\Delta S \approx S'(x_0) \Delta x$$

一般地，如果函数 $y = f(x)$ 可导，则有 $\lim\limits_{\Delta x \to 0} \dfrac{\Delta y}{\Delta x} = f'(x)$，

由无穷小量与极限的关系，有

$$\frac{\Delta y}{\Delta x} = f'(x) + \alpha \quad (\lim\limits_{\Delta x \to 0} \alpha = 0)$$

即函数的增量可以表示为 $\Delta y = f'(x)\Delta x + \alpha \Delta x$.

当 $|\Delta x|$ 很小，可以用 Δy 的线性主部 $f'(x)\Delta x$ 来近似代替 Δy，并称其为函数的微分.

定义 3.5　设函数 $y = f(x)$ 在点 x 处可导，则 $f'(x)\Delta x$ 称为函数 $y = f(x)$ 在点 x 处的微分，记为 $\mathrm{d}y$，即

$$\mathrm{d}y = f'(x)\Delta x.$$

如果令 $y = x$，则 $\mathrm{d}x = x'\Delta x = 1 \cdot \Delta x = \Delta x$，即 $\mathrm{d}x = \Delta x$. $\mathrm{d}x$ 叫做自变量的微分.

于是，函数的微分又可写为

$$\mathrm{d}y = f'(x)\mathrm{d}x.$$

即函数的微分等于函数的导数与自变量微分的乘积.

因此

$$\frac{\mathrm{d}y}{\mathrm{d}x} = f'(x).$$

即函数的导数等于函数的微分与自变量的微分之商. 所以，导数又称为**微商**. 由于求函数微分的问题可归结为求导数的问题，因此，求导数和求微分的方法都称作**微分法**.

例 1　求函数 $y = x^2 + 1$ 在 $x = 1$，$\Delta x = 0.01$ 时的增量 Δy 和微分 $\mathrm{d}y$.

解　函数 $y = x^2 + 1$ 在 $x = 1$，$\Delta x = 0.01$ 时的增量

$$\Delta y = f(1 + 0.01)^2 - f(1)^2 = [(1.01)^2 + 1] - (1^2 + 1) = 0.0201.$$

函数 $y = x^2 + 1$ 在 $x = 1$，$\Delta x = 0.01$ 的微分为

$$\mathrm{d}y\big|_{\substack{x=1 \\ \Delta x = 0.01}} = 2x\,\Delta x\big|_{\substack{x=1 \\ \Delta x = 0.01}} = 2 \times 1 \times 0.01 = 0.02.$$

例 2　求函数 $y = \mathrm{e}^x \sin x$ 的微分.

解　因为 $y' = \mathrm{e}^x \sin x + \mathrm{e}^x \cos x$，

所以，$\mathrm{d}y = \mathrm{e}^x(\sin x + \cos x)\mathrm{d}x$.

3.4.2　微分的几何意义

在直角坐标系中，函数 $y = f(x)$ 的图形是一条曲线. 如图 3-4 所示. 取曲线上一点 $M(x_0, y_0)$，过点 M 作曲线的切线 MT，切线与 x 轴的夹角为 α，则该切线的斜率为 $f'(x_0) =$

$\tan \alpha$，当自变量在点 x_0 处取得改变量 Δx 时，得到曲线处另外一点 $N(x_0+\Delta x, y_0+\Delta y)$，从图形可知

$$MQ = \Delta x, \quad NQ = \Delta y$$

而微分

$$dy = f'(x_0)\Delta x = \tan \alpha \cdot \Delta x = \frac{QP}{MQ} \cdot \Delta x = QP.$$

这个式子说明，当 Δy 是曲线 $y=f(x)$ 上纵坐标的改变量时，dy 就是曲线在该点切线上的纵坐标的改变量. 当 $|\Delta x|$ 很小时，$\Delta y \approx dy$，即 QN 可以用 QP 来近似代替，其误差 $|\Delta y - dy| = PN$ 是比 Δx 高阶的无穷小，这时，曲线 $\overset{\frown}{MN}$ 与切线 MT 非常接近，当 $\Delta x \to 0$ 时，在点 M 附近的曲线弧段 $\overset{\frown}{MN}$ 可用切线 MT 近似代替，即"以直代曲".

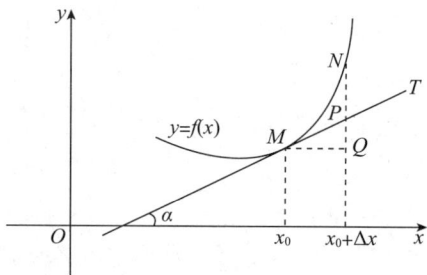

图 3-4　曲线与其切线的图形

3.4.3　微分的基本公式及运算法则

从表达式 $dy = f'(x)dx$ 可知：函数的微分 dy 与函数的导数 $f'(x)$ 之间的关系，说明了计算函数的微分时，可以先计算出函数的导数 $f'(x)$，再乘以自变量的微分 dx. 由求导公式或法则，可以得到相应的微分基本公式和运算法则.

1. 微分基本公式

(1) $d(C) = 0$　（C 为常数）

(2) $d(x^\mu) = \mu x^{\mu-1} dx$　（μ 为任意实数）

(3) $d(\log_a x) = \dfrac{1}{x \ln a} dx$　（$a>0, a \neq 1, x>0$）

(4) $d(\ln x) = \dfrac{1}{x} dx$

(5) $d(a^x) = a^x \ln a \, dx$

(6) $d(e^x) = e^x dx$

(7) $d(\sin x) = \cos x dx$

(8) $d(\cos x) = -\sin x dx$

(9) $d(\tan x) = \sec^2 x dx$

(10) $d(\cot x) = -\csc^2 x dx$

(11) $d(\sec x) = \sec x \tan x dx$

(12) $d(\csc x) = -\csc x \cdot \cot x dx$

(13) $d(\arcsin x) = \dfrac{1}{\sqrt{1-x^2}} dx$　（$-1<x<1$）

(14) $d(\arccos x) = -\dfrac{1}{\sqrt{1-x^2}} dx$　（$-1<x<1$）

(15) $d(\arctan x) = \dfrac{1}{1+x^2} dx$

(16) $d(\text{arccot } x) = -\dfrac{1}{1+x^2}dx$

2. 微分的运算法则

微分的四则运算法则

$$d(u \pm v) = du \pm dv$$

$$d(uv) = vdu + udv$$

$$d(cu) = c \cdot du \quad (c \text{ 为常数})$$

$$d\left(\dfrac{u}{v}\right) = \dfrac{vdu - udv}{v^2} \quad (v \neq 0)$$

例 3　求下列函数的微分.

(1) $y = x^3 \ln x$;　　　　　　　　　　(2) $y = \dfrac{1-x}{1+x}$.

解　(1) 因为 $y' = 3x^2 \ln x + x^2$;

所以,$dy = (3x^2 \ln x + x^2)dx$;

(2) 因为 $y' = \dfrac{(1-x)'(1+x) - (1-x)(1+x)'}{(1+x)^2} = \dfrac{(-1)(1+x) - (1-x)}{(1+x)^2}$

$$= -\dfrac{2}{(1+x)^2}$$

所以,$dy = -\dfrac{2}{(1+x)^2}dx$.

3. 微分形式的不变性

设函数 $y = f(u)$,$u = \varphi(x)$,则复合函数 $y = f[\varphi(x)]$ 的微分为

$$dy = y'dx = f'(u)\varphi'(x)dx.$$

由于 $\varphi'(x)dx = du$,所以,复合函数 $y = f[\varphi(x)]$ 的微分可表示为

$$dy = f'(u)du.$$

上式表明:不论 u 是自变量还是中间变量,函数 $y = f(u)$ 的微分形式都是一样的,这个性质称为微分形式的不变性.

不过,这里仅仅是形式不变,而实质内容是不同的. 当 u 是自变量时,$du = \Delta u$. 当 u 是中间变量时,一般说来,$du \neq \Delta u$,故 $dy \neq f'(u)\Delta u$. 这时就只能写 $dy = f'(u)du$.

利用微分形式的不变性,可以简化微分运算.

例 4　求函数 $y = \cos^3 x$ 的微分.

解　令 $u = \cos x$,则 $y = u^3$,

$$y' = 3u^2(\cos x)' = -3\sin x \cos^2 x,$$

所以,$dy = -3\sin x \cos^2 x dx$.

例 5　求函数 $y = \sin \ln(x^2 + 3)$ 的微分 dy.

解　$dy = [\sin \ln(x^2 + 3)]' \cdot dx$

$$= [\cos \ln(x^2 + 3)] \cdot [\ln(x^2 + 3)]' \cdot dx$$

$$= [\cos \ln(x^2 + 3)] \cdot \dfrac{1}{x^2 + 3} \cdot (x^2 + 3)' \cdot dx$$

$$=\left[\cos\ln(x^2+3)\right]\cdot\frac{1}{x^2+3}\cdot 2x\cdot \mathrm{d}x$$

$$=\frac{2x}{x^2+3}\cdot\cos\ln(x^2+3)\cdot \mathrm{d}x.$$

利用微分形式的不变性求隐函数的微分(或导数),只要对方程两边微分,得到含有 $\mathrm{d}x$、$\mathrm{d}y$ 的方程,从中解出 $\mathrm{d}y$(或解出 $\frac{\mathrm{d}y}{\mathrm{d}x}$)即可.

例 6　求由方程 $x\mathrm{e}^y-y\mathrm{e}^x=\mathrm{e}$ 所确定的隐函数 y 的微分 $\mathrm{d}y$ 及导数 $\frac{\mathrm{d}y}{\mathrm{d}x}$.

解　对方程两边微分,得

$$\mathrm{d}(x\mathrm{e}^y)-\mathrm{d}(y\mathrm{e}^x)=\mathrm{d}(\mathrm{e})$$

$$\mathrm{e}^y\mathrm{d}x+x\mathrm{d}(\mathrm{e}^y)-\mathrm{e}^x\mathrm{d}y-y\mathrm{d}(\mathrm{e}^x)=0$$

$$\mathrm{e}^y\mathrm{d}x+x\mathrm{e}^y\mathrm{d}y-\mathrm{e}^x\mathrm{d}y-y\mathrm{e}^x\mathrm{d}x=0$$

$$(x\mathrm{e}^y-\mathrm{e}^x)\mathrm{d}y=(y\mathrm{e}^x-\mathrm{e}^y)\mathrm{d}x$$

所以函数的微分为

$$\mathrm{d}y=\frac{y\mathrm{e}^x-\mathrm{e}^y}{x\mathrm{e}^y-\mathrm{e}^x}\mathrm{d}x$$

函数的导数为

$$\frac{\mathrm{d}y}{\mathrm{d}x}=\frac{y\mathrm{e}^x-\mathrm{e}^y}{x\mathrm{e}^y-\mathrm{e}^x}.$$

3.4.4　微分在近似计算中的应用

若函数 $y=f(x)$ 在点 x_0 处的导数 $f'(x_0)\neq 0$,那么当 $\Delta x\to 0$ 时,微分 $\mathrm{d}y$ 是函数改变量 Δy 的线性主部,因此,当 $|\Delta x|$ 很小时,可以用 $\mathrm{d}y$ 来近似代替 Δy,它们只相差一个比有 Δx 高阶的无穷小,并且 $|\Delta x|$ 越小,其近似程度越好. 一般地,$\mathrm{d}y$ 要比 Δy 容易计算,所以在实际计算中常常通过计算微分而得到函数的改变量的近似值. 即

$$\Delta y\approx\mathrm{d}y=f'(x_0)\Delta x$$

这个式子也可以写成

$$\Delta y=f(x_0+\Delta x)-f(x_0)\approx f'(x_0)\Delta x$$

或

$$f(x_0+\Delta x)\approx f(x_0)+f'(x_0)\Delta x$$

令 $x=x_0+\Delta x$,即 $\Delta x=x-x_0$,则

$$f(x)=f(x_0)+f'(x_0)(x-x_0)$$

若在点 x_0 处的函数值 $f(x_0)$ 与导数值 $f'(x_0)$ 都容易计算,则

(1) 可利用 $\Delta y\approx f'(x_0)\Delta x$ 式来近似计算 Δy;

(2) 可利用 $f(x_0+\Delta x)\approx f(x_0)+f'(x_0)\Delta x$ 式来近似计算 $f(x_0+\Delta x)$;

(3) 可用 $f(x)=f(x_0)+f'(x_0)(x-x_0)$ 式来近似计算 $f(x)$.

在实际应用中,经常遇到在 $|x|$ 很小时,用 x 的线性函数近似表示所给函数的情况. 取 $x_0=0$,则得

$$f(x)\approx f(0)+f'(0)x$$

于是,应用 $f(x)\approx f(0)+f'(0)x$ 可推导出以下几个常用的近似公式(假定 $|x|$ 的值

较小）：

(1) $\sin x \approx x$(x 的单位为弧度)

(2) $\tan x \approx x$(x 的单位为弧度)

(3) $e^x \approx 1 + x$

(4) $\ln(1+x) \approx x$

(5) $\arcsin x \approx x$

(6) $\arctan x \approx x$

(7) $(1+x)^\alpha \approx 1 + \alpha x$($\alpha$ 为实常数)

例 7　计算 $e^{0.004}$ 的近似值.

解　这里 $x = 0.004$，$|x|$ 相当小，运用近似公式 $e^x \approx 1 + x$

得
$$e^{0.004} \approx 1 + 0.004 = 1.004.$$

3.5　实　　验

本单元主要有以下实验内容：计算函数的导数；计算函数曲线在某点处的斜率及其切线方程；绘制其图形，并且结合图形，判断其准确性.

3.5.1　常用函数

在 Python 的 Sympy 标准库中，函数导数的常用函数为 diff()，其具体格式如下：

(1) diff(f,x)：函数 f 对变量 x 求一阶(偏)导数；

(2) diff(f,x,n)：函数 f 对变量 x 求 n 阶(偏)导数.

3.5.2　计算函数的导数，计算函数在某点处的切线方程，绘制其图形，并结合图形判断计算的准确性

例 1　计算函数 $y = x^2$ 在点 $\left(\dfrac{1}{2}, \dfrac{1}{4}\right)$ 处的切线方程，并且绘制其图形.

```
# 导入 sympy 标准库
from sympy import *


x = symbols('x')
y = x ** 2
# 计算导数
ds = diff(y,x)
print("导数 y' = ",ds)
```

```
dsz = ds.evalf(subs = {x: 0.5})
#计算函数在某点的导数值
print("函数在 x = 0.5 处的导数值为:",dsz)
#计算斜率
k = dsz
print("即函数在 x = 0.5 处的切线方程斜率为:k = ",k)
#计算切线方程
print("函数在 x = 0.5 处的切线方程为:y - 0.25 = {} * (x - 0.5)".format(k))
print("即,函数在 x = 0.5 处的切线方程为:y = x - 0.25")
#计算结果如下所示:
导数 y' = 2 * x
函数在 x = 0.5 处的导数值为 1,
函数在 x = 0.5 处的切线方程斜率为:k = 1
函数在 x = 0.5 处的切线方程为:y - 0.25 = 1 * (x - 0.5)
即,函数在 x = 0.5 处的切线方程为:y = x - 0.25
#绘制函数图形及其在某点的切线
import matplotlib.pyplot as plt
from numpy import *
x = arange( - 6,6,0.01)
y1 = x * * 2
y2 = x - 0.25
plt.figure()
plt.plot(x,y1,x,y2)
plt.grid(True)
plt.show()
```

运行程序,输出图形如图 3-5 所示,即在同一坐标系内绘制函数 $y = x^2$ 的图形和它在 $x = \dfrac{1}{2}$ 处的切线.

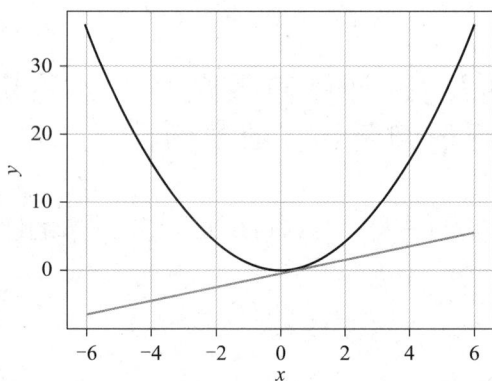

运用 python 绘制函数图形及其在某点处的切线

图 3-5　在同一坐标系内绘制函数 $y = x^2$ 的图形及其在 $x = \dfrac{1}{2}$ 处的切线

例 2　计算函数 $y = \sqrt{x}$ 在点 $(4,2)$ 处的切线方程,并且绘制其图形.

```
from sympy import *
x = symbols('x')
y = x * * (1/2)
print("导数 y' = ",ds)
```

```
dsz = ds.evalf(subs = {x:4})
#计算函数在某点的导数值
print("函数在 x = 4 处的导数值为:",dsz)
k = dsz
#计算斜率
print("即函数在 x = 4 处的切线方程斜率为:k = ",k)
#计算切线方程
print("函数在 x = 处的切线方程为:y - 2 = {} * (x - 4 )".format(k),"即为:y = 0.25x + 1")
#运行结果如下
```

```
导数y' = 0.5/x**0.5
函数在x=4处的导数值为： 0.25
即函数在x=4处的切线方程斜率为： k= 0.25
函数在x= 处的切线方程为：y- 2 =0.25*(x-4 ) 即为：y=0.25x+1
```

```
import matplotlib.pyplot as plt
from numpy import *


x = arange( - 2,10,0.001)
y1 = x * * 0.5
y2 = 0.25 * x + 1

plt.figure()
#绘制函数图形及其在某点的切线,如图 3-6 所示.
plt.plot(x,y1,x,y2)
plt.grid(True)
plt.show()
```

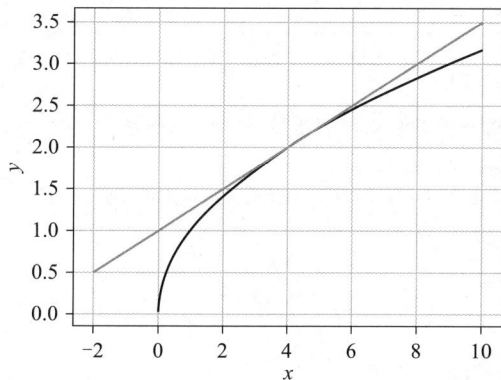

图 3-6　在同一坐标系内绘制函数 $y=\sqrt{x}$ 的图形及其在 $x=4$ 处的切线

例 3　计算函数 $y=x^3$ 在点 $(1,1)$ 处的切线方程,并且绘制其图形.

```
from sympy import *
x = symbols('x')
```

```
y = x * * 3
＃计算导数
ds = diff(y,x)
print("导数 y′= ",ds)
dsz = ds.evalf(subs = {x:1})
＃计算函数在某点的导数值
print("函数在 x = 4 处的导数值为:",round(dsz))
k = round(dsz)
＃计算斜率
print("即函数在 x = 1 处的切线方程斜率为:k = ",k)
＃计算切线方程
print("函数在 x =  处的切线方程为:y - 1 = {} * (x - 1)".format(k),"即为:y = 3x - 2")
```

```
导数y′= 3*x**2
函数在x=4处的导数值为： 3
即函数在x=1处的切线方程斜率为： k= 3
函数在x= 处的切线方程为：y- 1 =3*(x-1 ) 即为： y=3x-2
```

＃绘制函数图形及其在某点的切线,如图 3-7 所示.

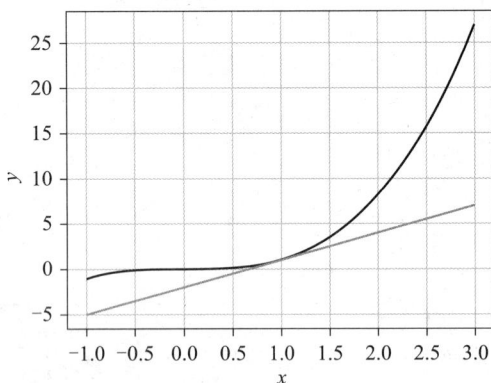

图 3-7　在同一坐标系内绘制函数 $y = x^3$ 的图形及其在 $x = 1$ 处的切线

例 4　已知 $y = 2e^x - x\sin x$,求 y 的一阶导数 y' 和二阶导数 y'',并计算的二阶导数 y'' 在 $x = 0$ 处的值;再画出该函数图形.

```
from sympy import *
x = symbols('x')
y = 2 * exp(x) - x * sin (x)
＃计算导数
ds1 = diff(y,x)
print("导数 y′= ",ds1)
ds2 = diff(y,x,2)
print("导数 y″= ",ds2)
dsz = ds2.evalf(subs = {x:0})
```

＃计算函数在某点的导数值

print("函数在 x = 0 处的导数值为：",round(dsz))

导数y' = -x*cos(x) + 2*exp(x) - sin(x)
导数y'' = x*sin(x) + 2*exp(x) - 2*cos(x)
函数在x=0处的导数值为： 0

＃绘制图形，如图 3-8 所示.

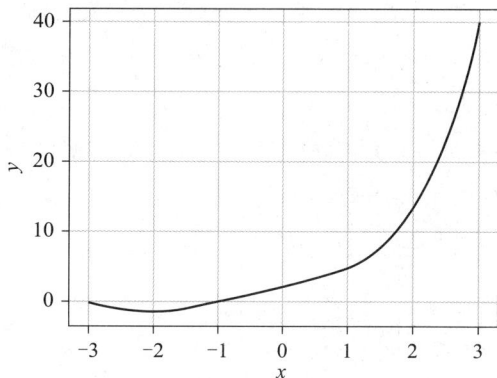

图 3-8　函数 $y=2e^x-x\sin x$ 的图形

单元小结

一、导数

1. 函数在点 x_0 处的导数

设函数 $y=f(x)$ 在点 x_0 的一个邻域内有定义，则

$$f'(x_0)=\lim_{\Delta x\to 0}\frac{\Delta y}{\Delta x}=\lim_{\Delta x\to 0}\frac{f(x_0+\Delta x)-f(x_0)}{\Delta x}\text{ 或 }f'(x_0)=\lim_{x\to x_0}\frac{f(x)-f(x_0)}{x-x_0}$$

2. 左导数与右导数

左导数：$f'_-(x_0)=\lim_{\Delta x\to 0^-}\frac{f(x_0+\Delta x)-f(x_0)}{\Delta x}$ 或 $f'_-(x_0)=\lim_{x\to x_0^-}\frac{f(x)-f(x_0)}{x-x_0}$

右导数 $f'_+(x_0)=\lim_{\Delta x\to 0^+}\frac{f(x_0+\Delta x)-f(x_0)}{\Delta x}$ 或 $f'_+(x_0)=\lim_{x\to x_0^+}\frac{f(x)-f(x_0)}{x-x_0}$

函数 $f(x)$ 在 x_0 处可导的充要条件是 $f(x)$ 在 x_0 处的左导数和右导数都存在且相等，即 $f'_-(x_0)=f'_+(x_0)=f'(x_0)$

3. 函数 $f(x)$ 的导函数

$$f'(x)=\lim_{\Delta x\to 0}\frac{\Delta y}{\Delta x}=\lim_{\Delta x\to 0}\frac{f(x+\Delta x)-f(x)}{\Delta x}$$

4. 导数的几何意义

函数 $f(x)$ 在点 x_0 处的导数 $f'(x_0)$ 表示曲线 $y=f(x)$ 在点 $M(x_0,f(x_0))$ 处的切线的斜率.

则曲线 $y=f(x)$ 在点 $M(x_0,f(x_0))$ 处的切线方程和法线方程分别为:

切线方程:$y-f(x_0)=f'(x_0)(x-x_0)$,

法线方程:$y-f(x_0)=-\dfrac{1}{f'(x_0)}(x-x_0)$.

函数 $f(x)$ 在点 x_0 处的导数 $f'(x_0)$ 就是导函数 $f'(x)$ 在点 x_0 处的函数值,即 $f'(x_0)=f'(x)|_{x=x_0}$,因此,要求函数 $f(x)$ 在点 x_0 处的导数 $f'(x_0)$,可先求导函数 $f'(x)$,再求导函数 $f'(x)$ 在点 x_0 处的函数值.

5. 根据导数定义计算函数 $y=f(x)$ 的导数 y' 的一般步骤

(1) 计算增量:$\Delta y=f(x+\Delta x)-f(x)$;

(2) 计算比值:$\dfrac{\Delta y}{\Delta x}=\dfrac{f(x+\Delta x)-f(x)}{\Delta x}$;

(3) 计算极限:$y'=\lim\limits_{\Delta x\to 0}\dfrac{\Delta y}{\Delta x}=\lim\limits_{\Delta x\to 0}\dfrac{f(x+\Delta x)-f(x)}{\Delta x}$.

6. 可导与连续的关系

如果函数 $y=f(x)$ 在 x_0 处可导,则 $y=f(x)$ 在 x_0 处连续,反之,不一定成立. 也就是说,可导是连续的充分条件,连续是可导的必要条件.

7. 基本初等函数的导数公式

(1) $(C)'=0$ (C 为常数)   (2) $(x^\mu)'=\mu x^{\mu-1}$(μ 为任意实数)

(3) $(a^x)'=a^x\ln a(a>0,a\neq 1)$ (4) $(e^x)'=e^x$

(5) $(\log_a^x)'=\dfrac{1}{x\ln a}(a>0,a\neq 1),(x>0)$ (6) $(\ln x)'=\dfrac{1}{x},(x>0)$

(7) $(\sin x)'=\cos x$ (8) $(\cos x)'=-\sin x$

(9) $(\tan x)'=\sec^2 x$ (10) $(\cot x)'=-\csc^2 x$

(11) $(\sec x)'=\sec x\tan x$ (12) $(\csc x)'=-\csc x\cot x$

(13) $(\arcsin x)'=\dfrac{1}{\sqrt{1-x^2}}(-1<x<1)$ (14) $(\arccos x)'=-\dfrac{1}{\sqrt{1-x^2}}(-1<x<1)$

(15) $(\arctan x)'=\dfrac{1}{1+x^2}$ (16) $(\text{arccot } x)'=-\dfrac{1}{1+x^2}$

8. 导数函数的四则运算法则

$[u(x)\pm v(x)]'=u'(x)\pm v'(x)$;

$[Cu(x)]'=Cu'(x)$;

$[u(x)v(x)]'=u'(x)v(x)+u(x)v'(x)$;

$\left[\dfrac{u(x)}{v(x)}\right]'=\dfrac{u'(x)v(x)-u(x)v'(x)}{v^2(x)}$.

9. 复合函数的求导法

设函数 $y=f[\varphi(x)]$ 是由函数 $y=f(u)$ 及 $u=\varphi(x)$ 复合而成. 若函数 $u=\varphi(x)$ 在点 x 处

可导,且函数 $y=f(u)$ 在对应点 u 处可导,则复合函数 $y=f[\varphi(x)]$ 在点 x 处也可导,且 $\dfrac{\mathrm{d}u}{\mathrm{d}x}=\dfrac{\mathrm{d}y}{\mathrm{d}u}\cdot\dfrac{\mathrm{d}u}{\mathrm{d}x}$.

这里请注意以下记号的意义:$[f(\varphi(x))]'$ 表示函数 y 对自变量 x 求导,$f'(\varphi(x))$ 表示函数 y 对中间变量 $\varphi(x)$ 求导.

该法则可以推广到任意有限次复合的情形.例如,设 $y=f(u)$,$u=\varphi(v)$,$v=\psi(x)$,则复合函数 $y=f\{\varphi[\psi(x)]\}$ 对 x 的导数为 $\dfrac{\mathrm{d}y}{\mathrm{d}x}=\dfrac{\mathrm{d}y}{\mathrm{d}u}\cdot\dfrac{\mathrm{d}u}{\mathrm{d}v}\cdot\dfrac{\mathrm{d}v}{\mathrm{d}x}$.

10. 隐函数求导法

将方程 $F(x,y)=0$ 两边同时对 x 求导,遇到含有 y 的项,先对 y 求导,再乘以 y 对 x 的导数 y',得到含有 y' 的等式,然后从所得关系式中解出 y',它就是所要求的隐函数的导数.也可以利用微分形式的不变性求隐函数的微分(或导数),只要对方程两边微分,得到含有 $\mathrm{d}x,\mathrm{d}y$ 的方程,从中解出 $\mathrm{d}y$(或解出 $\dfrac{\mathrm{d}y}{\mathrm{d}x}$)即可.

11. 对数求导法

$y=f(x)$ 的两边取对数,然后利用隐函数求导法求出 $\dfrac{\mathrm{d}y}{\mathrm{d}x}$,称这种方法为**对数求导法**.

这种方法适用于两种类型的函数的导数:一种是多个因子乘、除、乘方、开方所得到的函数,另一种是幂指函数 $y=[f(x)]^{g(x)}$(其中 $f(x)>0$).

12. 高阶导数

若函数 $y=f(x)$ 的导数 $f'(x)$ 在点 x 处可导,则称 $f'(x)$ 在点 x 处的导数为函数 $y=f(x)$ 在点 x 处的二阶导数,记作 y'',$f''(x)$ 或 $\dfrac{\mathrm{d}^2y}{\mathrm{d}x^2}$,即

$$y''=(y')', \quad f''(x)=[f'(x)]' \text{ 或 } \dfrac{\mathrm{d}^2y}{\mathrm{d}x^2}=\dfrac{\mathrm{d}}{\mathrm{d}x}\left(\dfrac{\mathrm{d}y}{\mathrm{d}x}\right)$$

以此类推,函数的 $(n-1)$ 阶导数 $f^{(n-1)}(x)$ 的导数称为函数 $y=f(x)$ 的 n 阶导数,记为

$$y^{(n)}, f^{(n)}(x) \text{ 或 } \dfrac{\mathrm{d}^ny}{\mathrm{d}x^n}.$$

二阶及二阶以上的导数统称为高阶导数.

二、函数的微分

1. 微分的定义

设函数 $y=f(x)$ 在点 x 处可导,则 $f'(x)\mathrm{d}x$ 称为函数 $y=f(x)$ 在点 x 处的微分,记为 $\mathrm{d}y$,即 $\mathrm{d}y=f'(x)\mathrm{d}x$.

2. 可导与可微的关系

函数 $y=f(x)$ 在点 x 处可微的充要条件是函数 $y=f(x)$ 在点 x 处可导,且 $\mathrm{d}y=f'(x)\mathrm{d}x$.

3. 微分的基本公式与四则运算法则

表达式 $\mathrm{d}y=f'(x)\mathrm{d}x$ 说明了函数的微分 $\mathrm{d}y$ 与函数的导数 $f'(x)$ 之间的关系,因此,由

基本初等函数的导数公式可以得到基本初等函数的微分公式,由导数的四则运算法则可以得到微分的四则运算法则.

4. 一阶微分形式的不变性

不论 u 是自变量还是中间变量,$dy = f'(u)du$ 总是成立的.这个性质称为一阶微分形式的不变性.

5. 微分的计算

方法 1:先计算出函数 $y = f(x)$ 的导数 $f'(x)$,再乘以自变量的微分 dx,就可以得到函数的微分 dy.

方法 2:直接运用基本初等函数的微分公式和微分的四则运算法则计算.

6. 微分在近似计算中的应用

(1)计算函数改变量的近似值 $\Delta y \approx dy = f'(x_0)\Delta x$.

(2)求点 x_0 附近函数值的近似值 $f(x_0 + \Delta x) \approx f(x_0) + f'(x_0)dx$.

(3)计算 $x = 0$ 附近函数值的近似值 $f(x) \approx f(0) + f'(0)x(|x|$ 很小时$)$.

7. 常用的近似计算公式

(1) $\sqrt[n]{1+x} \approx 1 + \dfrac{x}{n}$ (n 为正整数);   (2)$\sin x \approx x$ (x 的单位为弧度);

(3) $\tan x \approx x$(x 的单位为弧度);   (4)$e^x \approx 1 + x$;

(5) $\ln(1+x) \approx x$.

知识扩展

陈景润的简介

陈景润(1933 年 5 月 22 日—1996 年 3 月 19 日),福建省福州市闽侯县人,当代数学家,先后担任中国科学院数学研究所研究员和中国科学院院士,在解析数论的研究领域取得了多项重大成果,曾经获得何梁何利基金奖、国家自然科学奖一等奖和华罗庚数学奖等多项奖励.

1953 年,陈景润从厦门大学数学系毕业后,先在北京四中担任教师,后在厦门大学工作.对于数学论,陈景润有着浓厚的兴趣.虽然工作繁忙、时间紧张,但是,对数学科学的钻研,他却一直坚持着、不松懈,致力于研究皇冠上的明珠——"哥德巴赫猜想":"任何一个大于 2 的偶数均可表示两个素数之和",简称"1+1".他系统地学习了著名数学家华罗庚的所有有关数学的专著,学习了英语、俄语、德语和日语等多国语言,以便于阅读与数学相关的外国资料.

经过十多年的努力学习、刻苦钻研,在 1965 年 5 月,陈景润发表了论文《大偶数表示一个素数及一个不超过 2 个素数的乘积之和》(简称"1+2").此论文,受到世界的著名数学家、数学界的高度重视和称赞,被称为"陈氏定理".他在 1973 年的《中国科学》发表了"1+2"详细证明,引起了世界的巨大轰动,还被写进了许多国家的数论书中,比如:美国、日本、法国、英国等国家.此证明,对哥德巴赫猜想的研究做出了重大贡献.他所取得的成就,在"哥德巴赫猜想"的研究中,至今仍然保持在世界的领先水平.

综合练习 3

一、选择题

1. 设曲线 $y=x^2+4x-2$ 在点 $x=1$ 处的切线斜率为(　　).
A. 0　　　　　　B. 2　　　　　　C. 4　　　　　　D. 6

2. 曲线 $y=x^2+x-3$ 在点 $(1,-1)$ 处的切线方程是(　　).
A. $y=x-1$　　B. $y=3x-4$　　C. $y=x+1$　　D. $y=3x+4$

3. 下例式子正确的是(　　).
A. $(\sin 2x)'=2\cos 2x$　　　　B. $(\sin 2x)'=2\sin 2x$
C. $(10^{-x})'=10^{-x}$　　　　D. $(e^{-x})'=e^{-x}$

4. 设 $y=4(3x+1)^2$，则 $y'=$(　　).
A. $8(3x+1)$　　B. $24(3x+1)$　　C. $8(3x+1)^2$　　D. $4(3x+1)$

5. 设函数 $f(x)=\dfrac{2}{\sqrt{x}}$，则 $f'(1)=$(　　).
A. -1　　　　B. 1　　　　　C. 2　　　　　D. -2

6. 设 $f(x)=xe^x+10$，则 $f'(0)=$(　　).
A. 0　　　　　　B. 1　　　　　C. 2　　　　　D. 3

7. 设 $y=\sin(3x+2)$，则 $\dfrac{dy}{dx}=$(　　).
A. $3\sin(3x+2)$　　B. $3\cos(3x+2)$　　C. $\cos(3x+2)$　　D. $\sin(3x+2)$

8. 设函数 $y=\ln\cos x$，则 $y'=$(　　).
A. $\cot x$　　　B. $-\cot x$　　C. $\tan x$　　　D. $-\tan x$

9. 设函数 $y=-e^{-2x}$，则 $y'=$(　　).
A. $2e^{-2x}$　　B. $-2e^{-2x}$　　C. $4e^{-2x}$　　D. $-4e^{-2x}$

10. 设函数 $y=\cos^2 x$，则 $y''=$(　　).
A. $-2\cos 2x$　　B. $2\sin 2x$　　C. $-2\sin 2x$　　D. $2\cos 2x$

11. 设函数 $y=\cos 2x$，则 $y''=$(　　).
A. $-4\cos 2x$　　B. $4\sin 2x$　　C. $-4\sin 2x$　　D. $4\cos 2x$

12. 设函数 $f(x)=x^6+x^5+x^4+x^3+x^2+x+1$，则 $f'(0)=$(　　).
A. -1　　　　B. 1　　　　　C. 0　　　　　D. 2

13. 设 $y=5x^5+4x^4+3x^3+2x^2+x+1$，则 $y^{(10)}$ 的值为(　　).
A. 1　　　　　B. 2　　　　　C. 3　　　　　D. 0

二、填空题

1. 设 $y=3^x$，则 $y'=$ _____.

2. 设 $y=x^3$，则 $y'|_{x=-1}=$ _____.

3. 设 $f(x)=3x^2-1$，则 $f'(0)=$ _____.

4. 设 $y=e^x+x^e$，则 $y'=$ _____.

5. 设 $y = x + \ln x$，则 $y' = $ _____.

6. 设 $y = x\mathrm{e}^{-x}$，则 $y' = $ _____.

7. 设 $y = \sin(2x-1)$，则 $y' = $ _____.

8. 设 $y = \mathrm{e}^{x+1}$，则 $\mathrm{d}y = $ _____.

9. 设 $y = \sin 3x - 2x^2$，则 $\mathrm{d}y = $ _____.

10. 设 $f(x) = \sin^2 x$，则 $f''(x) = $ _____.

11. 设 $y = x^2\mathrm{e}^x$，则 $y'' = $ _____.

12. 设 $y = \ln(1-2x)$，则 $y'' = $ _____.

13. 曲线 $y = x^2 + x - 2$ 上点 P 处的切线斜率为 2，则点 P 的坐标是 _____.

三、计算题

1. 求下列曲线在指定点处的切线方程和法线方程：

(1) $y = \sin x$ 在点 $\left(\dfrac{\pi}{2}, 1\right)$ 处；　　　　(2) $y = \mathrm{e}^x$ 在点 $(0,1)$ 处；

(3) $y = \ln x$ 在点 $(1,0)$ 处.

2. 求下列函数的导数：

(1) $y = x^3 + 3^x + \ln x + \mathrm{e}^3$；　　　　(2) $y = \dfrac{1}{x^4}$；

(3) $y = \sqrt{x^2-1}$；　　　　(4) $y = \sqrt{x} - \dfrac{1}{x}$.

(5) $y = \dfrac{\cos x}{x}$；　　　　(6) $y = \dfrac{x+1}{x-1}$；

(7) $y = x\mathrm{e}^{x^2}$；　　　　(8) $y = \ln(x^2-a^2)$；

(9) $y = x\sin x + \cos x$；　　　　(10) $y = x^2 + x\arcsin x$；

(11) $y = \ln(\sin 2x)$；　　　　(12) $y = \ln(3x-1)$.

3. 求下列方程所确定的隐函数 y 的导数 $\dfrac{\mathrm{d}y}{\mathrm{d}x}$：

(1) $y^2 = xy - x^2 + 2y^3$；　　　　(2) $\mathrm{e}^{x-y} = xy$.

4. 求下列函数的二阶导数：

(1) $y = x\mathrm{e}^{-x}$；　　　　(2) $y = x\sin x$；

(3) $y = (3x-1)^{10}$；　　　　(4) $y = \log_3(x^2-1)$；

(5) $y = x^3 + \mathrm{e}^x$；　　　　(6) $y = (x^2-1)\cos x$.

5. 求下列函数的微分：

(1) $y = x^2 + 3^x - 2\ln 3$；　　　　(2) $y = \dfrac{x-1}{x+1}$；

(3) $y = x^3 - \cos x$；　　　　(4) $y = \tan(x^2+1)$；

(5) $y = \sin^2(3x+1)$；　　　　(6) $y = \mathrm{e}^{\sin x}$.

第4单元

导数的应用

学习导航

　　微分中值定理是微分学的基本定理.本单元以微分中值定理为基础,研究洛必达法则,再进一步研究函数的单调性、极值性和凹凸性及其应用.学生需了解、理解和掌握以下内容.
- 了解罗尔定理、拉格朗日中值定理和柯西中值定理;
- 掌握洛必达法则,能够熟练、准确地计算未定式的极限;
- 掌握函数单调性的判别法,理解驻点的概念,能够熟练、准确地判断函数的单调性;
- 理解函数极值的概念,掌握函数极值的判别法,能够熟练、准确地判断函数的极值;
- 理解函数最值的概念,能够熟练、准确地判断函数的最值;
- 理解函数凹凸性的概念,掌握函数凹凸性的判别法,理解拐点的概念,能够熟练、准确地判断函数的凹凸性;
- 理解曲线渐近线的概念,能够准确地计算出其水平渐近线、垂直渐近线和斜渐近线,并且能够描绘出函数的图形;
- 熟练、掌握、运用 Python 及其第三方库判断函数的单调性、判断函数的极值和最值、判断函数的凹凸性,绘制其图形,并且结合图形,判断其准确性.

学习内容

4.1　微分中值定理及洛必达法则

4.1.1　微分中值定理

1. 罗尔（Rolle）定理

定理 4.1　若函数 $f(x)$ 满足下列条件:
(1) 在闭区间 $[a,b]$ 上连续;
(2) 在开区间 (a,b) 内可导;
(3) $f(a)=f(b)$,

则至少存在一点 $\xi \in (a,b)$，使得

$$f'(\xi)=0. \tag{4-1}$$

罗尔定理的几何意义是：如图 4-1 所示，从图形可以看出，如果在两端点纵坐标相等的连续曲线弧 AB 上，除端点外处处都有不垂直于 x 轴的切线，那么该曲线弧 AB 上至少有一点 $C(\xi,f(\xi))$ 的切线平行于 x 轴. 即：在同样高度的两点之间的连续曲线上，总可以找到一点，曲线在这一点的切线是水平的、与 x 轴平行.

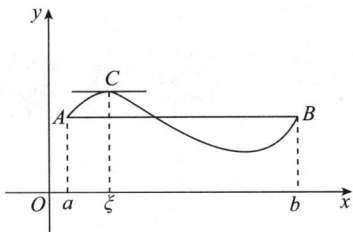

图 4-1

例 1 验证函数 $f(x)=x^3(x-1)$ 在 $[0,1]$ 上满足罗尔定理，并求出点 ξ.

解 函数 $f(x)=x^3(x-1)$ 是多项式，显然在 $[0,1]$ 上连续，在 $(0,1)$ 内可导，且 $f(0)=f(1)=0$，所以满足 Rolle 定理的三个条件.

$$f'(x)=4x^3-3x^2=x^2(4x-3)=0,$$

$$x_1=0 \notin (0,1), \quad x_2=\frac{3}{4} \in (0,1),$$

因此，在 $(0,1)$ 内存在点 $\xi=\frac{3}{4}$，使得 $f'(\xi)=0$.

2. 拉格朗日（Lagrange）中值定理

定理 4.2 若函数 $f(x)$ 满足下列条件：

(1) 在闭区间 $[a,b]$ 上连续；

(2) 在开区间 (a,b) 内可导；

则至少存在一点 $\xi \in (a,b)$，使得

$$f'(\xi)=\frac{f(b)-f(a)}{b-a} \tag{4-2}$$

或 $$f(b)-f(a)=f'(\xi)(b-a) \tag{4-3}$$

几何意义：如图 4-2 所示，从图形可以看出，$f'(\xi)$ 就是点 $C(\xi,f(\xi))$ 处的切线斜率，而 $\frac{f(b)-f(a)}{b-a}$ 就是弦 AB 的斜率. 因此，如果连续曲线除端点外处处有不垂直于 x 轴的切线，那么曲线上至少有一点处的切线平行于弦 AB.

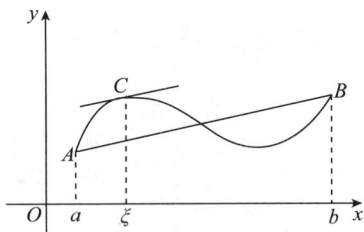

图 4-2

推论 1 若函数 $f(x)$ 在 (a,b) 内每一点的导数均为零，则函数 $f(x)$ 在 (a,b) 内是一个常数.

推论 2 若两个函数 $f(x)$ 与 $g(x)$ 在 (a,b) 内 $f'(x)=g'(x)$，则 $f(x)=g(x)+c$（c 为常数）.

例 2 函数 $f(x)=x^3-3x+1$ 在 $[0,2]$ 上满足拉格朗日中值定理吗？并求 ξ.

解 (1)因为 $f'(x)=3x^2-3$，$f(x)=x^3-3x+1$ 在 $[0,2]$ 连续并可导，所以满足拉格朗日中值定理.

(2)根据拉格朗日中值定理得到，令 $f'(\xi)=3\xi^2-3=\frac{f(2)-f(0)}{2-0}=\frac{2}{2}=1$ 得 $\xi=\frac{2\sqrt{3}}{3}$

$\in [0,2]$.

3. 柯西（Cauchy）中值定理

定理 4.3　若函数 $f(x),g(x)$ 满足下列条件：

(1) 在闭区间 $[a,b]$ 上连续，

(2) 在开区间 (a,b) 内可导，

(3) $g'(x)\neq 0$，

则至少存在一点 $\xi \in (a,b)$，使得

$$\frac{f(b)-f(a)}{g(b)-g(a)}=\frac{f'(\xi)}{g'(\xi)} \tag{4-4}$$

定理中若取 $g(x)=x$，则 $g(b)-g(a)=b-a$，$g'(x)=1$ 则公式（4-4）可写成

$$f(b)-f(a)=f'(\xi)(b-a)$$

这就是公式（4-3），因此拉格朗日中值定理是柯西中值定理的一个特例.

上述的三个定理中，前一个是后一个的特例. 它们的共同点是：(1)条件中都要求函数满足"闭区间连续""开区间可导"；(2)结论中都有"至少存在一点 $\xi \in (a,b)$"，使得某等式成立，而且结论都刻画"切线平行于弦"的几何意义. 这三个定理统称**微分中值定理**（点 ξ 称为**中值点**），中值定理只是说明 ξ 的"存在性"，这种 ξ 可能不止一个. 这三个定理中，最重要的是拉格朗日中值定理. 由于它在微分学中占有重要地位，有时也单独称为微分中值定理.

4.1.2　洛必达法则

在学习极限时，我们遇到了分子极限、分母极限都是 0 或者都是 ∞ 的情况，通常分别称这两类极限为"$\dfrac{0}{0}$"和"$\dfrac{\infty}{\infty}$"型的未定式极限. 本节学习处理这两类极限的简便方法——洛必达法则，它是计算极限的重要方法.

1. "$\dfrac{0}{0}$" 型未定式

洛必达法则 1　如果函数 $f(x)$ 和 $g(x)$ 满足以下三个条件：

(1) $\lim\limits_{x\to x_0}f(x)=0$，$\lim\limits_{x\to x_0}g(x)=0$；

(2) $f(x)$ 和 $g(x)$ 在点 x_0 的某去心邻域内可导，并且 $g'(x)\neq 0$；

(3) 极限 $\lim\limits_{x\to x_0}\dfrac{f'(x)}{g'(x)}$ 存在或为 ∞；

则

$$\lim_{x\to x_0}\frac{f(x)}{g(x)}=\lim_{x\to x_0}\frac{f'(x)}{g'(x)}.$$

例 3　求极限 $\lim\limits_{x\to 0}\dfrac{1-\cos x}{2x^2}$.

解　因为分子的极限、分母的极限都是 0，是"$\dfrac{0}{0}$"型未定式，根据洛必达法则得

$$\lim_{x\to 0}\frac{1-\cos x}{2x^2}=\lim_{x\to 0}\frac{(1-\cos x)'}{(2x^2)'}=\lim_{x\to 0}\frac{\sin x}{4x}=\frac{1}{4}$$

例 4 求极限 $\lim\limits_{x\to 0}\dfrac{1-e^x}{3x}$.

解 因为分子的极限、分母的极限都是 0，是"$\dfrac{0}{0}$"型未定式，根据洛必达法则得

$$\lim_{x\to 0}\frac{1-e^x}{3x}=\lim_{x\to 0}\frac{(1-e^x)'}{(3x)'}=\lim_{x\to 0}\left(-\frac{e^x}{3}\right)=-\frac{1}{3}$$

应用洛必达法则后，对计算的结果加以化简整理并考查极限类型. 如果得到的仍是"$\dfrac{0}{0}$"型未定式极限，且满足洛必达法则的条件，则可以继续应用洛必达法则.

例 5 求 $\lim\limits_{x\to 1}\dfrac{x^3-3x+2}{x^3-2x^2+x}$.

解
$$\lim_{x\to 1}\frac{x^3-3x+2}{x^3-2x^2+x}=\lim_{x\to 1}\frac{(x^3-3x+2)'}{(x^3-2x^2+x)'}=\lim_{x\to 1}\frac{3x^2-3}{3x^2-4x+1}$$
$$=\lim_{x\to 1}\frac{(3x^2-3)'}{(3x^2-4x+1)'}=\lim_{x\to 1}\frac{6x}{6x-4}=3.$$

2. "$\dfrac{\infty}{\infty}$"型未定式

洛必达法则 2 如果函数 $f(x)$ 和 $g(x)$ 满足以下三个条件：

(1) $\lim\limits_{x\to x_0}f(x)=\infty$，$\lim\limits_{x\to x_0}g(x)=\infty$；

(2) $f(x)$ 和 $g(x)$ 在点 x_0 的某去心邻域内可导，并且 $g'(x)\neq 0$；

(3) 极限 $\lim\limits_{x\to x_0}\dfrac{f'(x)}{g'(x)}$ 存在或为 ∞；

则

$$\lim_{x\to x_0}\frac{f(x)}{g(x)}=\lim_{x\to x_0}\frac{f'(x)}{g'(x)}.$$

在法则 1 和法则 2 中，将"$x\to x_0$"换成"$x\to\infty$"，法则仍然成立.

例 6 求极限 $\lim\limits_{x\to\infty}\dfrac{x^2}{e^x}$.

解 因为分子的极限、分母的极限都是 ∞，是"$\dfrac{\infty}{\infty}$"型未定式，根据洛必达法则得

$$\lim_{x\to\infty}\frac{x^2}{e^x}=\lim_{x\to\infty}\frac{(x^2)'}{(e^x)'}=\lim_{x\to\infty}\frac{2x}{e^x}=\lim_{x\to\infty}\frac{2}{e^x}=0.$$

例 7 求极限 $\lim\limits_{x\to\infty}\dfrac{\ln x}{x^4}$.

解 因为分子的极限、分母的极限都是 ∞，是"$\dfrac{\infty}{\infty}$"型未定式，根据洛必达法则得

$$\lim_{x\to\infty}\frac{\ln x}{x^4}=\lim_{x\to\infty}\frac{(\ln x)'}{(x^4)'}=\lim_{x\to\infty}\frac{\dfrac{1}{x}}{4x^3}=\lim_{x\to\infty}\frac{1}{4x^4}=0.$$

3. 其他类型的未定式："$0\cdot\infty$" "$\infty-\infty$" "1^∞" "0^0" "∞^0"

一般情况下，遇到这些类型的未定式，通过适当的变换，将它们转化为洛必达法则可以解决的"$\dfrac{0}{0}$"或"$\dfrac{\infty}{\infty}$"型未定式的极限.

例 8 求 $\lim\limits_{x \to 0^+} \sin x \cdot \ln x$.

解 该极限属于"$0 \cdot \infty$"型未定式,用等价无穷小 x 替换 $\sin x$,再转化为"$\dfrac{\infty}{\infty}$"未定式,根据洛比达法则:

$$\lim_{x \to 0^+} \sin x \cdot \ln x = \lim_{x \to 0^+} \frac{\ln x}{\dfrac{1}{x}} = \lim_{x \to 0^+} (-x) = 0.$$

例 9 求 $\lim\limits_{x \to 0} \left(\dfrac{1}{x} - \dfrac{1}{\sin x} \right)$.

解 该极限属于"$\infty - \infty$"型未定式,转化为 $\dfrac{0}{0}$ 未定式,根据洛比达法则:

$$\lim_{x \to 0} \left(\frac{1}{x} - \frac{1}{\sin x} \right) = \lim_{x \to 0} \left(\frac{\sin x - x}{x \sin x} \right) = \lim_{x \to 0} \left(\frac{\cos x - 1}{\sin x + x \cos x} \right)$$

$$= \lim_{x \to 0} \left(\frac{-\sin x}{2\cos x - x \sin x} \right) = 0.$$

4.2 函数的单调性

4.2.1 函数单调性的判定

之前我们已经学过函数单调性的概念,按照概念来判定函数的单调性是比较烦琐的,对于比较复杂的函数来说,如果运用概念来判断其单调性,是比较困难的;本节学习一种比较简便的判断方法——导数,运用导数来判定函数的单调性是比较简便的.

如图 4-3 所示,从图形可以看出:当函数 $f(x)$ 在区间 (a,b) 上单调递增时,曲线是上升的,曲线上各点的切线与 x 轴的夹角 α 是锐角,所以,斜率 $\tan \alpha > 0$,即 $f'(x) > 0$;当函数 $f(x)$ 在区间 (a,b) 上单调递减时,曲线是下降的,曲线上各点的切线与 x 轴的夹角 α 是钝角,所以,斜率 $\tan \alpha < 0$,即 $f'(x) < 0$.

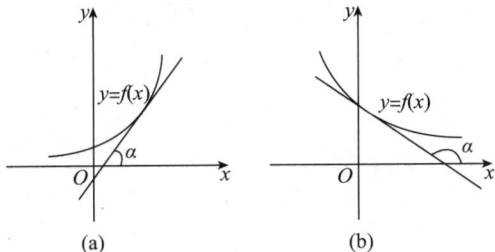

函数的单调性

图 4-3

定理 4.4(函数单调性的判别法) 设函数 $y = f(x)$ 在闭区间 $[a,b]$ 上连续,在开区间 (a,b) 内可导,则有:

（1）如果在 (a,b) 内 $f'(x)>0$，则函数 $y=f(x)$ 在 (a,b) 内单调增加；

（2）如果在 (a,b) 内 $f'(x)<0$，则函数 $y=f(x)$ 在 (a,b) 内单调减少．

如果函数在某个区间内是单调的，那么该区间称为函数的单调区间．导数等于零的点和不可导点，可能是单调区间的分界点．

4.2.2　函数单调性的应用举例

例 1　讨论函数 $y=\dfrac{1}{3}x^3+x^2-3x+1$ 的单调性．

解　$x\in\mathbf{R}$，$y'=x^2+2x-3$，由 $y'=0$ 得：$x=-3$、$x=1$，
它们将定义域 $(-\infty,+\infty)$ 分成三个区间：$(-\infty,-3)$、$(-3,1)$、$(1,+\infty)$ 列表如下：

x	$(-\infty,-3)$	-3	$(-3,1)$	1	$(1,+\infty)$
$f'(x)$	$+$	0	$-$	0	$+$
$f(x)$	↗		↘		↗

所以 $x\in(-\infty,-3)$ 和 $x\in(1,+\infty)$ 时，函数单调增加；$x\in(-3,1)$ 时，函数单调减少．

判定函数单调性的步骤：

（1）确定函数的定义域；

（2）计算出 $f'(x)=0$ 的点和导数不存在的点，将这些点作为区间的分界点，并且将定义域分为若干个子区间；

（3）分区间列表，判断 $f'(x)$ 在各个区间内符号，根据判定定理判断函数的单调性．

例 2　确定函数 $f(x)=\dfrac{1}{x^2}$ 的单调区间．

解　$x\in\mathrm{R}$，$f'(x)=-2\cdot x^{-3}=-\dfrac{2}{x^3}$，当 $x=0$ 时，函数导数不存在．

因此，当 $x\in(-\infty,0)$ 时，$f'(x)>0$，$f(x)$ 在 $(-\infty,0)$ 内单调增加；

　　　当 $x\in(0,+\infty)$ 时，$f'(x)<0$，$f(x)$ 在 $(0,+\infty)$ 内单调减少．

例 3　讨论函数 $y=2x^3-6x^2-18x+3$ 的单调性．

解　$x\in\mathbf{R}$，　$y'=6x^2-12x-18=6(x+1)(x-3)$

由 $y'=0$，得 $x=-1$、$x=3$，
它们将定义域 $(-\infty,+\infty)$ 分成三个区间：$(-\infty,-1)$、$(-1,3)$、$(3,+\infty)$，列表如下：

x	$(-\infty,-1)$	-1	$(-1,3)$	3	$(3,+\infty)$
$f'(x)$	$+$	0	$-$	0	$+$
$f(x)$	↗		↘		↗

所以 $x\in(-\infty,-1)$ 和 $x\in(3,+\infty)$ 时，函数单调增加；$x\in(-1,3)$ 时，函数单调减少．

4.3　函数的极值和最值

4.3.1　函数的极值

在学习函数的单调性时,遇到过以下的情况:函数单调递增、到达某点后、单调递减;或者,函数单调递减、到达某点后、单调递增.函数在此点的函数值,与它附近的函数值相比,是最大或最小,这样的值通常称为极大值或极小值.从图形上看,这些点是曲线在局部的最高点或最低点.如图 4-4 函数 $f(x)$,它在点 x_1 和 x_4 各取得极大值,在点 x_2 和点 x_5 各取得极小值.

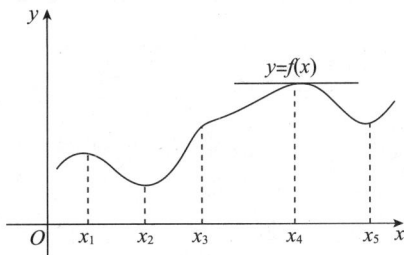

图 4-4

1. 函数极值的定义

定义 4.1　设函数 $f(x)$ 在点 x_0 的某个邻域内有定义,对 x_0 点附近的任意点 x,如果都有 $f(x) < f(x_0)$,则称 $f(x_0)$ 为函数 $f(x)$ 的一个**极大值**,点 $x = x_0$ 称为函数 $f(x)$ 的一个**极大值点**;如果都有 $f(x) > f(x_0)$,则称 $f(x_0)$ 为函数 $f(x)$ 的一个**极小值**,点 $x = x_0$ 称为函数 $f(x)$ 的一个**极小值点**.

极大值和极小值统称为**极值**,极大值点和极小值点统称为**极值点**.

如果函数 $f(x)$ 在点 x_0 处取得极值且可导,则 $f'(x_0) = 0$.如图 4-4 点 x_4.

导数为零的点叫做驻点.即,如果 $f'(x_0) = 0$,则点 x_0 称为函数 $f(x)$ 的驻点.

说明:(1)驻点不一定是极值点.例如,函数 $y = -x^3$,$y'|_{x=0} = 0$,但是,$x = 0$ 不是极值点.

(2) 导数不存在的点,也可能有极值.例如,$y = |x|$,$y'|_{x=0}$ 不存在,但是,在 $x = 0$ 处函数却有极小值 $y = 0$.

由以上可知,函数的极值点必是函数的驻点或导数不存在的点,但是,驻点或导数不存在的点不一定是函数的极值点.下面给出极值存在的充分条件,也就是判定极值的方法.

2. 极值存在的充分条件

定理 4.5(极值判别法一)　设函数 $f(x)$ 在点 x_0 的去心邻域内可导,那么:

(1) $f'(x)$ 由正变负,则 x_0 是极大值点,$f(x_0)$ 为极大值;

（2）$f'(x)$由负变正，则 x_0 是极小值点，$f(x_0)$ 为极小值；

（3）$f'(x)$不改变符号，则 x_0 不是极值点.

根据定理 4.5 得求函数极值的步骤如下：

（1）确定函数的定义域；

（2）计算 $f'(x)$，令 $f'(x)=0$ 求出驻点，并找出不可导点；

（3）分区间列表讨论，判断 $f'(x)$ 在驻点和不可导点左右的正负号；

（4）确定极值点，计算出极值.

例 1 求函数 $f(x)=2x^3-3x^2$ 的单调区间和极值.

解 （1）$x\in\mathbf{R}$，$f'(x)=6x^2-6x=6x(x-1)$，

（2）令 $f'(x)=0$，得驻点：$x_1=0$、$x_2=1$，没有不可导点，

（3）分区间列表讨论：

x	$(-\infty,0)$	0	$(0,1)$	1	$(1,+\infty)$
$f'(x)$	+	0	$-$	0	+
$f(x)$	↗	极大值	↘	极小值	↗

（4）由上表得：$(-\infty,0)$ 和 $(1,+\infty)$ 是单调增加区间；$(0,1)$ 是单调减少区间，极大值 $f(0)=0$，极小值 $f(1)=-1$.

定理 4.6（极值判别法二） 设 $f(x)$ 在 x_0 处具有二阶导数，且 $f'(x_0)=0$，如果：

（1）$f''(x_0)<0$，则 $f(x_0)$ 为极大值；

（2）$f''(x_0)>0$，则 $f(x_0)$ 为极小值；

（3）$f''(x_0)=0$，则无法判断（只能用判别法一判定）.

例 2 求函数 $f(x)=x+e^{-x}$ 的极值.

解 $x\in\mathbf{R}$，$f'(x)=1-e^{-x}$，

令 $f'(x)=0$，得驻点 $x=0$，

又 $f'(x)=e^{-x}$，得 $f'(0)=1>0$，

所以 $f(0)=1$ 是极小值.

例 3 求出函数 $f(x)=\dfrac{3}{2}\sqrt[3]{(x-1)^2}$ 的极值.

解 定义域：$x\in\mathbf{R}$，$f'(x)=\dfrac{1}{\sqrt[3]{x-1}}$；

令 $f'(x)=0$，无解，但 $f'(1)$ 不存在，即 $x=1$ 是不可导点；

当 $x>1$ 时，$f'(x)>0$；当 $x<1$ 时，$f'(x)<0$；

所以，$f(1)=0$ 是函数的极小值.

4.3.2 函数的最大值与最小值

在许多数学、工程、经济和实际生活中，常常会遇到函数的最大值和最小值的问题. 之前的学习中，根据闭区间上连续函数的性质，如果函数 $f(x)$ 在闭区间 $[a,b]$ 上连续，那么它在

该区间上一定有最大值和最小值. 比较函数在闭区间上最值与极值的区别, 极值不能在端点处取得, 但最值可能在端点处取得. 所以, 最大值从极大值和端点的函数值比较, 最小值从极小值和端点的函数值比较取得, 而极值点必定是驻点或不可导点, 因此只需要求出所有驻点、一阶导数不存在的点和端点的函数值进行比较, 就能够得出最大值和最小值. 如果是开区间内的连续函数, 不存在端点, 不用考虑端点值, 只要比较所有驻点和一阶导数不存在的点的函数值, 就能够得出最大值和最小值.

以下归纳出计算闭区间上连续函数最值的步骤.

如果函数 $y=f(x)$ 在 $[a,b]$ 上连续, 那么:

(1) 计算 $f(x)$ 在 (a,b) 内的所有驻点和一阶导数不存在的点;

(2) 计算出驻点和不可导点的函数值及 $f(a)$、$f(b)$;

(3) 比较 (2) 中所有函数值, 其中, 函数值最大的就是最大值 M, 函数值最小的就是最小值 m.

例 4 求函数 $f(x)=2x^3-6x^2-18x+3$ 在区间 $[-3,5]$ 上的最大值和最小值.

解 (1) 函数是初等函数, 在定义区间 R 上连续,

因为 $f'(x)=6x^2-12x-18=6(x+1)(x-3)$,

令 $f'(x)=0$, 得驻点 $x_1=-1$、$x_2=3$ (不存在不可导点);

(2) 求得 $f(-1)=13$, $f(-3)=57$, $f(3)=-51$, $f(5)=13$;

(3) 比较四个函数值, 得出 $f(x)$ 在 $[-3,5]$ 上的最大值 $f(-3)=57$, 最小值 $f(3)=-51$.

例 5 求函数 $f(x)=x^3-3x$ 在区间 $[-1,0]$ 上的最大值和最小值.

解 因为 $f'(x)=3x^2-3=3(x+1)(x-1)$,

令 $f'(x)=0$, 得驻点 $x_1=-1$、$x_2=1$ (不存在不可导点);

$f(-1)=2$, $f(0)=0$,

因此, $f(-1)=2$ 是最大值, $f(0)=0$ 是最小值.

例 6 求函数 $f(x)=\dfrac{1}{3}x^3-x^2+1$ 在区间 $[-2,2]$ 上的最大值或最小值.

解 因为 $f'(x)=x^2-2x=x(x-2)$,

令 $f'(x)=0$, 得驻点 $x_1=0$、$x_2=2$ (不存在不可导点);

$f(-2)=-\dfrac{17}{3}$, $f(0)=1$, $f(2)=-\dfrac{1}{3}$,

因此, $f(-2)=-\dfrac{17}{3}$ 是最小值, $f(0)=1$ 是最大值.

4.4 函数的凹凸性

4.4.1 函数的凹凸性

前面我们已经学习了函数的单调性、极值和最值, 这对于描绘函数的图形有很大的作用, 但是仅仅知道这些还是不能比较准确地描绘函数的图形. 函数的单调性只能说明它的图形上升和下降的情况, 不能反映图形的弯曲方向, 例如曲线 $y=x^2$ 和 $y=\sqrt{x}$, 它们在区间 $[0,1]$ 上都是单调上升的, 也有相同的最大值和最小值, 但是, 它们的图形形状却是不同的, 如图 4-5 所示, 曲线 $y=x^2$ 是向上弯曲的, 曲线 $y=\sqrt{x}$ 是向下弯曲的, 这种弯曲方向称为函数的凹凸性. 本节学习曲线的凹凸性.

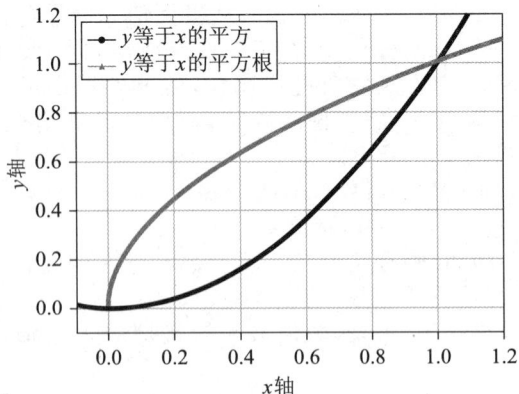

图 4-5　曲线 $y=x^2$ 和 $y=\sqrt{x}$

定义 4.2　如果在某区间内,曲线弧位于其上任意一点的切线的下方,则称曲线在这个区间内是凸的;如果在某区间内,曲线弧位于其上任意一点的切线的上方,则称曲线在这个区间内是凹的.

如图 4-6 是凸的曲线段,可见从左到右切线的斜率 $k=f'(x)$ 由大变小,即 $f'(x)$ 单调减少,所以 $[f'(x)]'=f''(x)<0$;

如图 4-7 是凹的曲线段,可见从左到右切线的斜率 $k=f'(x)$ 由小变大,即 $f'(x)$ 单调增加,所以 $[f'(x)]'=f''(x)>0$. 由此给出下面定理:

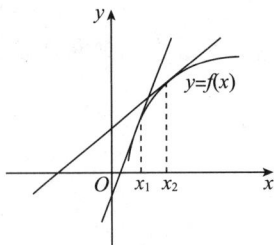

图 4-6

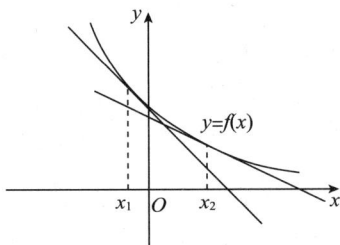

图 4-7

定理 4.7　设函数 $f(x)$ 在区间 (a,b) 内存在二阶导数 $f''(x)$,对 $x\in(a,b)$

(1) 如果有 $f''(x)<0$,则曲线 $y=f(x)$ 在区间 (a,b) 内凸的;

(2) 如果有 $f''(x)>0$,则曲线 $y=f(x)$ 在区间 (a,b) 内凹的.

定义 4.3　曲线上凸与凹的分界点称为曲线的拐点.

拐点既然是凹凸曲线的分界点,那么在拐点的左、右两侧的 $f''(x)$ 必然异号,因而在拐点处有 $f''(x_0)=0$ 或 $f''(x_0)$ 不存在. 拐点是曲线上的点,所以拐点用坐标 $(x_0,f(x_0))$ 表示.

例 1　判断曲线 $f(x)=x^3+2x^2-1$ 的凹凸性并求拐点.

解　函数定义域为 $(-\infty,+\infty)$,$f'(x)=3x^2+2$,$f'(x)=6x$,

令 $f'(x)=0$,得 $x=0$,

当 $x<0$ 时,$f'(x)<0$,所以曲线 $f(x)=x^3+2x^2-1$ 在 $(-\infty,0)$ 内是凸的;当 $x>0$ 时,$f'(x)>0$,所以曲线 $f(x)=x^3+2x^2-1$ 在 $(0,+\infty)$ 内是凹的;

点 $(0,-1)$ 是曲线的拐点.

根据定义 4.3 和定理 4.7 可以得出判断曲线凹凸区间与拐点的一般步骤:

(1) 确定函数 $f(x)$ 的定义域,求函数的二阶导数 $f''(x)$;

(2) 令 $f''(x)=0$,求出全部解,并找出 $f''(x)$ 不存在的点;

(3) 分区间列表,根据各区间 $f''(x)$ 的符号判断曲线的凹凸性并求拐点.

例 2　求曲线 $y=x^4-2x^3$ 的凹凸区间与拐点.

解　(1) $x\in\mathbf{R}$,$y'=4x^3-6x^2$,$y''=12x^2-12x=12x(x-1)$;

(2) 令 $y''=0$,解得 $x=0$,$x=1$,没有 y'' 不存在的点;

(3) 分区间列表讨论:

x	$(-\infty,0)$	0	$(0,1)$	1	$(1,+\infty)$
y''	+	0	−	0	+
y	∪	拐点	∩	拐点	∪

又 $f(0)=0$,$f(1)=-1$,

所以 $(-\infty,0)$ 和 $(1,+\infty)$ 是曲线的凹区间,$(0,1)$ 是曲线的凸区间,拐点是 $(0,0)$ 和 $(1,-1)$.

例 3　求曲线 $f(x)=e^x-e^{-x}$ 的凹区间与拐点.

解　$x\in\mathbf{R}$,$f'(x)=e^x+e^{-x}$ $f''(x)=e^x-e^{-x}$,

令 $f''(x)=0$,得 $x=0$,当 $x<0$ 时,$f''(x)<0$,所以曲线 $f(x)=e^x-e^{-x}$ 在 $(-\infty,0)$ 内是凸的;

当 $x>0$ 时,$f''(x)>0$,所以曲线 $f(x)=e^x-e^{-x}$ 在 $(0,+\infty)$ 内是凹的;

4.4.2　曲线的渐近线

有些函数的图形局限在一定范围之内,而有些函数的图形却向无穷远处延伸.这些向无穷远处延伸的曲线,会越来越接近某一直线,这一直线就是曲线的渐近线.利用渐近线我们就能看出该曲线在无穷远处的变化趋势.下面给出渐近线的定义与计算方法.

定义 4.4　如果曲线上的一点沿着曲线趋于无穷远时,该点与某条直线的距离趋于零,则称此直线为曲线的渐近线.渐近线分为水平渐近线、垂直渐近线和斜渐近线三种.

1. 水平渐近线

设曲线 $y=f(x)$,如果 $\lim\limits_{x\to\infty}f(x)=b$(或 $\lim\limits_{x\to-\infty}f(x)=b$、$\lim\limits_{x\to+\infty}f(x)=b$),则称直线 $y=b$ 为曲线 $y=f(x)$ 的水平渐近线.

2. 垂直渐近线

如果曲线 $y=f(x)$ 在点 $x=c$ 间断,且 $\lim\limits_{x\to c}f(x)=\infty$(或 $\lim\limits_{x\to-c}f(x)=\infty$、$\lim\limits_{x\to+c}f(x)=\infty$),则称直线 $x=c$ 为曲线 $y=f(x)$ 的垂直渐近线.

3. 斜渐近线

设曲线 $y=f(x)$，如果 $\lim\limits_{x\to\infty}\dfrac{f(x)}{x}=a$，$\lim\limits_{x\to\infty}(f(x)-ax)=b$，则直线 $y=ax+b$ 是曲线 $y=f(x)$ 的斜渐近线.

例 4 求曲线 $y=\dfrac{1}{x-3}$ 的水平渐近线和垂直渐近线.

解 因为 $\lim\limits_{x\to\infty}\dfrac{1}{x-3}=0$，所以直线 $y=0$ 是曲线的水平渐近线；

又因为 $x=3$ 是 $y=\dfrac{1}{x-3}$ 的间断点，且 $\lim\limits_{x\to3}\dfrac{1}{x-3}=\infty$，所以直线 $x=3$ 是曲线的垂直渐近线. 如图 4-8 所示.

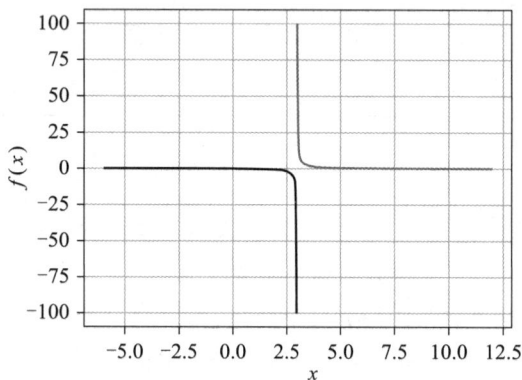

图 4-8　曲线 $y=\dfrac{1}{x-3}$ 的图形

例 5 求曲线 $y=\dfrac{x^2}{x-1}$ 的渐近线.

解 因为 $\lim\limits_{x\to1}\dfrac{x^2}{x-1}=\infty$，所以，直线 $x=1$ 是曲线的垂直渐近线；

又因为 $\lim\limits_{x\to\infty}(y-x)=\lim\limits_{x\to\infty}\dfrac{x}{x-1}=1$，所以，曲线有斜渐近线 $y=x+1$.

如图 4-9 所示.

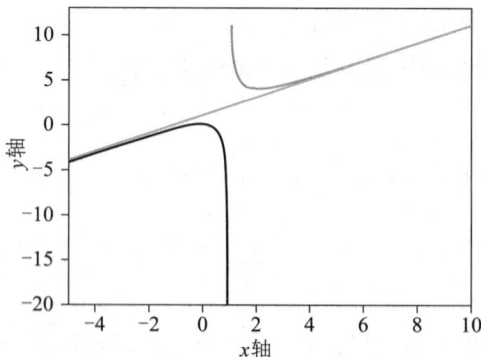

图 4-9　曲线 $y=\dfrac{x^2}{x-1}$ 的图形

4.4.3　函数图形的描绘

学习了函数的单调性、极值、曲线的凹凸性、拐点和渐近线等特性后,就可以比较准确地描绘出函数的图形.一般地,可按下列步骤进行:

(1)确定函数的定义域、奇偶性和周期性;

(2)求出 $f'(x)=0$ 和 $f''(x)=0$ 的点,以及使 $f'(x)$ 和 $f''(x)$ 不存在的点;

(3)分区间列表讨论函数的单调、极值、凹凸和拐点;

(4)讨论曲线的渐近线;

(5)计算曲线与坐标轴的交点和辅助作图点的坐标;

(6)绘图.

例 6　描绘函数 $y=x-\ln x$ 的图形.

解　(1) 函数定义域为 $(0,+\infty)$,非奇非偶函数;

(2) $f'(x)=1-\dfrac{1}{x}$,令 $f'(x)=0$,得驻点 $x_1=1$,

$f''(x)=\dfrac{1}{x^2}$,令 $f''(x)=0$,得不可导点 $x=0$,但是, $x=0$ 不在定义域内,不考虑;

(3) 分区间列表讨论 $(x>0)$:

x	$(0,1)$	1	$(1,+\infty)$
$f'(x)$	$-$	0	$+$
$f''(x)$	$+$	1	$+$
$f(x)$	凹		凹

得:在区间 $(0,1)$ 单调减少,在区间 $(1,+\infty)$ 单调增加,函数极小值 $f(1)=1$,在整个定义域内图形的形状是凹的,没有拐点;

(4) 曲线既无垂直渐近线也无水平渐近线;

(5) 曲线与 x 轴的交点 $(1,0)$,辅助点 $(0.5,0.5+\ln 2)$、$(e,e-1)$ 和 (e^2,e^2-2);

(6) 绘制函数图形,如图 4-10.

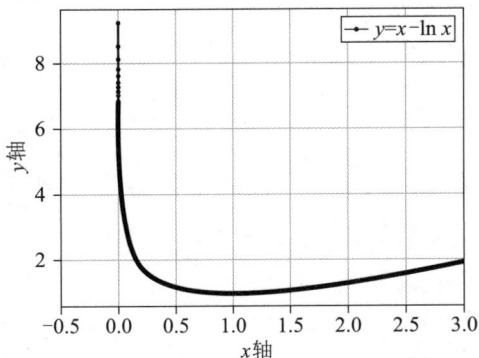

图 4-10　函数 $y=x-\ln x$ 的图形

4.5 实　　验

本单元主要有以下实验内容：判断函数的单调性；判断函数的极值和最值；判断函数的凹凸性；绘制其图形，并且结合图形，判断其准确性.

4.5.1　常用函数

常用的函数除了求导数的函数 diff()外，还有以下几个函数：用于变量替换的函数 subs()、用于计算值的函数 evalf()和用于解方程的函数 solve().它们的常用格式如下：

（1）expr. subs(x,val)：将表达式 expr 中的变量 x 用 val 替换；

（2）expr. evalf(subs＝{x1:x1_t,x2:x2_t,…,xn:xn_t})：xi_t 分别替换 xi,i=1,2,…,n.

（3）solve(eq,var)：求解含未知数 var 的方程 eq.

4.5.2　判断函数的单调性、极值和最值，判断函数的凹凸性、渐近线，并绘制其图形，结合图形判断计算的准确性

例1　判断函数 $f(x)＝x^3－3x＋2$ 的单调区间，并且绘制其图形.

```
from sympy import *
x = symbols('x')
f = x * * 3 - 3 * x + 2
＃计算一阶导数
ds = diff(f,x)
＃计算一阶导数等于 0 的点
ans = solve(ds,x)
print("函数的导数为 y′ = ",ds)
print("驻点为", ans)
＃运行结果如下所示：
函数的导数为 y′ = 3x² - 3
驻点为[-1,1]
即 f(x) = x³ - 3x + 2 有两个驻点,分别为 x = - 1 和 x = 1.
以下通过区间上某一点的导数值的正负值来判断单调性.
ans_1 = ds. evalf(subs = {x: - 3})
ans_2 = ds. evalf(subs = {x:0})
ans_3 = ds. evalf(subs = {x:3})
运行结果如下：
```

函数的导数为 $y' = 3x^2 - 3$

驻点为 $[-1, 1]$

$f'(-3) = 24,$

$f'(0) = -3,$

$f'(3) = 24.$

再结合图形确定单调性,代码如下:

```
import matplotlib.pyplot as plt
from numpy import *
x = arange(-3,3,0.001)
y = x**3-3*x+2
plt.figure()
plt.plot(x,y)
plt.grid(True)
plt.show()
```

运行程序,输出图形如图 4-11 所示.

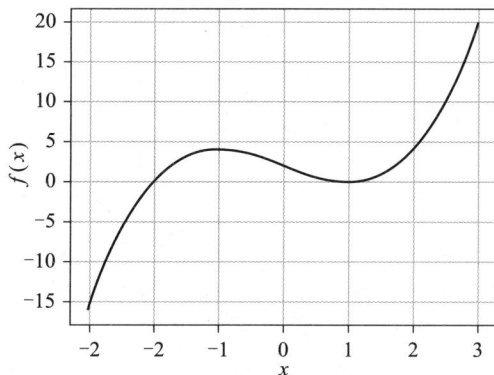

运用 python 绘制函数的图形,判断其单调性

图 4-11　函数 $f(x) = x^3 - 3x + 2$ 的图形

结合运行结果及输出的图形,可判断:函数 $f(x) = x^3 - 3x + 2$,单调递减区间为 $(-1, 1)$,单调递增区间分别为 $(-\infty, -1)$ 和 $(1, +\infty)$.

例 2　计算函数 $y = 2x^3 - 6x^2 - 18x + 3$ 的极值,并且绘制其图形.

```
from sympy import *
x = symbols('x')
y = 2*x**3-6*x**2-18*x+3
ds_1 = diff(y,x)
ans = solve(ds_1,x)
print("函数的导数为 y' = ",ds_1)
print("驻点为",ans)
#运行结果如下:
```

函数的导数为 $y' = 6x^2 - 12x - 18$

驻点为 $[-1, 3]$

即 $f(x) = 2x^3 - 6x^2 - 18x + 3$ 有两个驻点,分别为 $x = -1$ 和 $x = 3$.

以下计算驻点的二阶导数值.

```
ds_2 = diff(y,x,2)
ans_1 = ds_2.evalf(subs = {x: -1})
ans_2 = ds_2.evalf(subs = {x:3})
print("二阶导数在 x = -1 的值为",ans_1)
print("二阶导数在 x = 3 的值为",ans_2)
#运行结果如下:
```

函数的导数为 $y' = 6x^2 - 12x - 18$

驻点为 $[-1, 3]$

二阶导数在 $x = -1$ 的值为 -24

二阶导数在 $x = 3$ 的值为 24

即,因为 $y''|_{x=-1} = -24 < 0, y''|_{x=3} = 24 > 0$,则函数在 $x = -1$ 处取得极大值,在 $x = 3$ 处取得极小值.

继续输入如下代码:

```
ans_3 = y.evalf(subs = {x: -1})
ans_4 = y.evalf(subs = {x:3})
print("函数的极大值为",ans_3)
print("函数的极小值为",ans_4)
#运行结果如下:
```

```
函数的极大值为 13.0000000000000
函数的极小值为 -51.0000000000000
```

即,函数 $y = 2x^3 - 6x^2 - 18x + 3$ 在 $x = -1$ 处取得极大值为 13,

在 $x = 3$ 处取得极小值为 -51.

为结合图形,判断它的极大值和极小值,代码如下:

```
import matplotlib.pyplot as plt
from numpy import *

x = arange(-7,4,0.001)
y = 2*x**3 - 6*x**2 - 18*x + 3
plt.figure()
plt.plot(x,y)
plt.grid(True)
plt.show()
#输出图形,如图 4-12 所示.
```

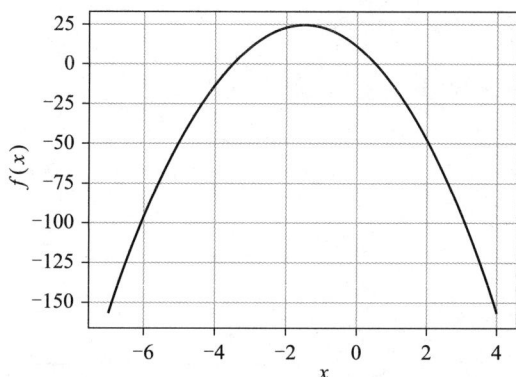

图 4-12　函数 $f(x)=2x^3-6x^2-18x+3$ 的图形

例 3　计算函数 $y=2x^3+3x^2-12x+1$ 在区间 $[-3,4]$ 上的最大值和最小值,并且绘制其图形.

```
from   sympy   import *
x = symbols('x')
y = 2 * x * * 3 + 3 * x * * 2 - 12 * x + 1
ds_1 =  diff(y,x)
ans = solve(ds_1,x)
print("函数的导数为 y´ = ",ds_1)
print("驻点为",ans)
函数的导数为 y´ = 6x² + 6x - 12
驻点为[-2,1]
即 f(x) = 2x³ + 3x² - 12x + 1 有两个驻点,分别为 x = - 2 和 x = 1.
ans_1 = y. evalf(subs = {x: - 3})
ans_2 = y. evalf(subs = {x:4})
ans_3 = y. evalf(subs = {x: - 2})
ans_4 = y. evalf(subs = {x:1})


print("f( - 3) = ",ans_1)
print("f(4) = ",ans_2)
print("f( - 2) = ",ans_3)
print("f(1) = ",ans_4)
#运行结果如下:
```

```
f(-3)= 10.0000000000000
f(4)= 129.000000000000
f(-2)= 21.0000000000000
f(1)= -6.00000000000000
```

再结合图形,代码如下:

```
import  matplotlib.pyplot  as  plt
```

```
from  numpy  import  *
x = arange( - 6,6,0.001)
y = 2 * x * * 3 + 3 * x * * 2 - 12 * x + 1
plt.figure()
plt.plot(x,y)
plt.grid(True)
plt.show()
```

＃绘制图形,如图 4-13 所示.

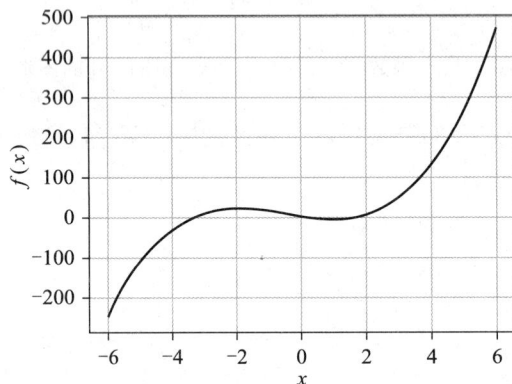

图 4-13　函数 $y = 2x^3 + 3x^2 - 12x + 1$ 的图形

从以上结果可判断,函数 $y = 2x^3 + 3x^2 - 12x + 1$ 在区间 $[-3,4]$ 上的最大值是 $f(4) = 129$,最小值是 $f(1) = -6$.

例 4　判断曲线 $y = x^3$ 的凹凸区间及拐点,并且绘制其图形.

```
＃导入 sympy 标准库
from  sympy  import  *
x = symbols('x')
y = x * * 3
＃计算导数
ds_1 = diff(y,x)
print("一阶导数为 y′ = ",ds_1)
ds_2 = diff(y,x,2)
print("二阶导数为 y″ = ",ds_2)
ans = solve(ds_2,x)
print("二阶导数为 0 的点是:",ans)
＃运行结果如下:
一阶导数为 y′ = 3x²
二阶导数为 y″ = 6x
二阶导数为 0 的点是: 0.
```

即,二阶导数 $y'' = 6x$,有一个根 $x = 0$;这点有可能是拐点.

进一步,通过 $x = 0$ 这点两侧的二阶导数的正负值来判断.

```
dsz_1 = ds_2.evalf(subs = {x: -1})
dsz_2 = ds_2.evalf(subs = {x:1})
print("二阶导数在 x = -1 处的导数值 f″(-1) = ",dsz_1)
print("二阶导数在 x = 1 处的导数值 f″(1) = ",dsz_2)
print("函数在 x = 0 处的函数值 f(0) = ", solve(y,x))
# 运行结果如下:
二阶导数在 x = -1 处的导数值 f″(-1) = -6
二阶导数在 x = 1 处的导数值 f″(1) = 6
函数在 x = 0 处的函数值 f(0) = 0
即,f″(-1) < 0, f″(1) > 0, f(0) = 0.
```

再通过图形,进一步判断.

```
import matplotlib.pyplot as plt
from numpy import *
x = arange(-3,3,0.001)
y = x**3
plt.figure()
plt.plot(x,y)
plt.grid(True)
plt.show()
```

运行程序,输出图形如图 4-14 所示.

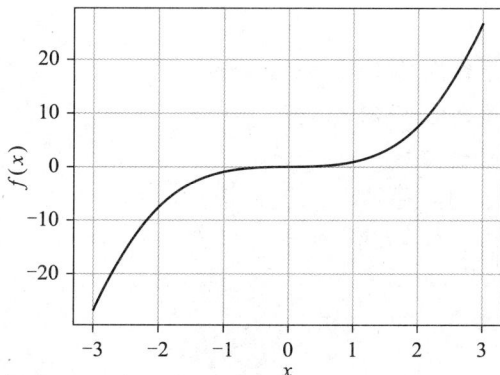

图 4-14　函数 $y = x^3$ 的图形

结合计算及图形,可以判断,曲线 $y = x^3$ 的凹凸区间是:

在区间 $(-\infty, 0)$ 是凸;在区间 $(0, +\infty)$ 是凹.拐点是 $(0,0)$.

例 5　判断曲线 $y = x^3 - 3x^2 - 9x + 1$ 的凹凸区间及拐点,并且绘制其图形.

```
from sympy import *
```

```
x = symbols('x')
y = x * * 3 - 3 * x * * 2 - 9 * x + 1
# 计算导数
ds_1 = diff(y,x)
print("导数 y´ = ",ds_1)
ds_2 = diff(y,x,2)
print("导数 y″ = ",ds_2)
ans = solve(ds_2,x)
print("二阶导数为 0 的点是:",ans)
# 运行结果如下:
导数 y´ = 3x² - 6x - 9
导数 y″ = 6(x - 1)
二阶导数为 0 的点是:1
```

```
导数 y' = 3*x**2 - 6*x - 9
导数 y'' = 6*(x - 1)
二阶导数为0的点是: [1]
```

即,二阶导数 $y''=6(x-1)$,有一个根 $x=1$;这点有可能是拐点.

进一步,通过 $x=1$ 这点两侧的二阶导数的正负值来判断.

```
dsz_1 = ds_2.evalf(subs = {x:0})
dsz_2 = ds_2.evalf(subs = {x:2})
print("二阶导数在 x = 0 处的导数值 f″(0) 为:",dsz_1)
print("二阶导数在 x = 2 处的导数值 f″(2)为:",dsz_2)
print("函数在 x = 1 处的函数值 f(1)为:", solve(y,x))
# 运行结果如下:
二阶导数在 x = 0 处的导数值 f″(0)为 - 6
二阶导数在 x = 2 处的导数值 f″(2)为 6
函数在 x = 1 处的函数值 f(1)为 - 10
即,f″(0) < 0 , f″(2) > 0.
```

再通过图形,进一步判断.

```
import  matplotlib.pyplot  as  plt
from  numpy  import  *
x = arange( - 6,8,0.001)
y = x * * 3 - 3 * x * * 2 - 9 * x + 1
plt.figure()
plt.plot(x,y)
plt.grid(True)
plt.show()
```

运行程序,输出图形如图 4-15 所示.

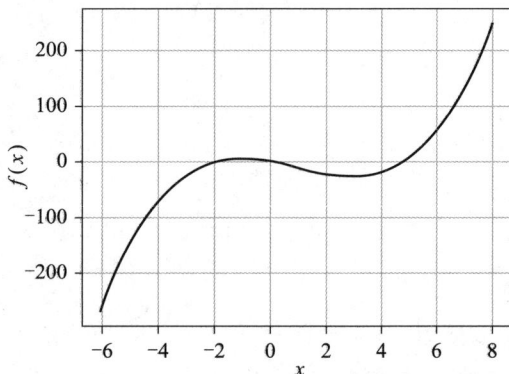

图 4-15　函数 $y=x^3-3x^2-9x+1$ 的图形

结合计算及图形,可以判断,曲线 $y=x^3-3x^2-9x+1$ 的凹凸区间是:在区间 $(-\infty,1)$ 是凸;在区间 $(1,+\infty)$ 是凹.拐点是 $(1,-10)$.

例 6　判断曲线 $y=\dfrac{1}{x-3}$ 的渐近线,并且绘制其图形.

```
from sympy import *
x = symbols('x')
y = 1/(x-3)
print("极限值为:",limit(y,x,oo))
print("当 x 趋近于∞时,极限值为:",limit(y,x,oo))
print("当 x 趋近于 3 时,极限值为:",limit(y,x,3))
```

```
=========
当x趋近于∞时, 极限值为: 0
当x趋近于3时, 极限值为: oo
```

进一步绘制图形,如图 4-8 所示.

```
import matplotlib.pyplot as plt
from  numpy  import  *
x1 = arange(-6,3,0.01)
x2 = arange(3,12,0.01)
y1 = 1/(x1-3)
y2 = 1/(x2-3)
plt.figure()
plt.plot(x1,y1,x2,y2)
plt.grid(True)
plt.show()
```

结合计算及图形,可以判断,直线 $y=0$ 是曲线的水平渐近线;直线 $x=3$ 是曲线的垂直渐近线.

单元小结

1. 中值定理

1.1　罗尔定理:如果函数 $f(x)$ 满足:

(1) $f(x)$ 在 $[a,b]$ 上连续;

(2) 在 (a,b) 内可导;

(3) $f(a)=f(b)$;

则,(a,b) 内至少存在一点 ξ,使得 $f'(\xi)=0$.

1.2　拉格朗日中值定理:如果函数 $f(x)$ 满足:

(1) $f(x)$ 在 $[a,b]$ 上连续;

(2) 在 (a,b) 内可导;

则,(a,b) 内至少存在一点 ξ,使得 $f'(\xi)=\dfrac{f(b)-f(a)}{b-a}$.

1.3　柯西中值定理:如果函数 $f(x)$ 满足:

(1) $f(x),g(x)$ 在 $[a,b]$ 上连续;

(2) $f(x),g(x)$ 在 (a,b) 内可导;

(3) $g(x)\neq 0$;

则,(a,b) 内至少存在一点 ξ,使得 $\dfrac{f(b)-f(a)}{g(b)-g(a)}=\dfrac{f'(\xi)}{g'(\xi)}$.

2. 洛必达法则

若分式 $\dfrac{u(x)}{v(x)}$ 是 "$\dfrac{0}{0}$" 型或 "$\dfrac{\infty}{\infty}$" 型未定式,而且 $\lim\dfrac{u'(x)}{v'(x)}=A$(或 ∞),则有

$$\lim\frac{u(x)}{v(x)}=\lim\frac{u'(x)}{v'(x)}=A(或\infty).$$

上述公式对 $x\to x_0$ 和 $x\to\infty$ 都成立.

3. 单调性、极值、最值、凹凸性、渐近线及函数绘图

(1) 判断函数的单调区间

设函数 $f(x)$ 在区间 (a,b) 内可导,如果 $f'(x)>0$,那么函数 $f(x)$ 在 (a,b) 内单调增加;如果 $f'(x)<0$,那么函数 $f(x)$ 在 (a,b) 内单调减少.

(2) 计算函数的极值

设 $f'(x_0)=0$,如果 $f'(x)$ 由正变负,则 x_0 是极大值点,如果 $f'(x)$ 由负变正,则 x_0 是极小值点;若 $f'(x)$ 不改变符号,则 x_0 不是极值点.

或用二阶导数的符号判断:设 $f'(x_0)=0$,如果 $f''(x_0)<0$,则函数 $f(x)$ 在点 x_0 处取得极大值;如果 $f''(x_0)>0$,则函数 $f(x)$ 在点 x_0 处取得极小值.

(3) 计算函数在闭区间上的最大值和最小值

用函数的驻点、不可导点的函数值和端点值相比较求得.

（4）判断曲线的凹凸区间和拐点

在某个区间内，如果 $f''(x)>0$，则曲线是凹的；如果 $f''(x)<0$，则曲线是凸的．二阶导数等于零或二阶导数不存在的点，称为拐点．

（5）计算曲线的渐近线

如果 $\lim\limits_{x\to\infty}f(x)=c$，则 $y=c$ 为曲线的水平渐近线；如果 $\lim\limits_{x\to c}f(x)=\infty$，则称直线 $x=c$ 为曲线的垂直渐近线；如果 $\lim\limits_{x\to\infty}\dfrac{f(x)}{x}=a$，$\lim\limits_{x\to\infty}(f(x)-ax)=b$，则直线 $y=ax+b$ 是曲线 $y=f(x)$ 的斜渐近线．

（6）绘图：讨论函数的单调性、极值、最值、凹凸性及渐近线，再列表、画图．

知识扩展

笛卡尔的简介

勒内·笛卡尔(1596 年 3 月 31 日—1650 年 2 月 11 日)，出生于法国安德尔—卢瓦尔省的图赖讷拉海，是世界著名的数学家、物理学家和哲学家，是解析几何的创始人．

在数学方面，创立了解析几何是笛卡尔最重要的贡献．当时的代数和几何学是完全分开的，笛卡尔引入了坐标系和线段的运算概念，把代数和几何学成功地联系到一起．他通过著作《几何》证明了，可以把几何问题归结成代数问题，也可以把代数转换来证明几何性质．

微积分是现代数学的重要知识，而笛卡尔在数学上所取得的成就已为微积分的知识奠定了坚实的基础．笛卡尔最先使用的许多数学符号，至今仍然在使用中，比如指数的表示方法，未知数 x、y、z 和已知数 a、b、c 等等．欧拉—笛卡尔公式、凸多面体的边、顶点和面之间的关系以及笛卡尔叶形线，都是笛卡尔发现的．

在物理学方面，笛卡尔通过《光学》首次对光的折射定律进行了理论论证．在此篇论文中，笛卡尔还讨论了透镜和其他多种光学仪器，并且描述了眼睛的一些功能及病态的原因，比如视力失常的原因，而且还设计了矫正视力的透镜．

笛卡尔还运用《光学》中所提到的光的折射定律来解释彩虹的现象，还运用元素微粒的旋转速度的相关知识来分析颜色．

在力学方面，笛卡尔不仅仅发展了伽利略的运动相对性理论，还发展了宇宙演化论等理论学说，促进了自然科学的产生和发展．

笛卡尔创立了漩涡说．按照漩涡说，太阳的周围有个巨大的漩涡，这个漩涡带动行星持续不断地运转着．在运动的过程中，不断地分化出了空气、土和火三种元素，然后土形成了行星，火形成了太阳和恒星．该假说是 17 世纪中最有权威的宇宙论．

在哲学方面，笛卡尔被黑格尔称为是"现代哲学之父"，是欧洲近代哲学的奠基人之一，促进了哲学的发展．

笛卡尔的方法论也促进了物理学的发展，比如以数学为基础的演绎法，运用假设和假说的方法，运用直观"模型"来说明物理现象的方法，等等．

笛卡尔所取得的成就，在 17 世纪及其后的欧洲哲学界和科学界产生了巨大的影响，他被誉为"近代科学的始祖"．

综合练习 4

一、选择题

1. 函数 $y = x^2 + 4x - 1$ 的单调递减区间是（　　）.

A. $(0, 2)$ B. $(-\infty, -1)$ C. $(-\infty, -2)$ D. $(-\infty, +\infty)$

2. 设曲线 $y = ax^3 - x^2 - x - 1$ 在 $x = 1$ 处有极值，则 a 的值为（　　）.

A. 1 B. -1 C. 0 D. -2

3. 下列函数中不具有极值点的是（　　）.

A. $y = |x|$ B. $y = x^2$ C. $y = x^3$ D. $y = x^4$

4. 点 $x = 0$ 是 $y = x^4$ 的（　　）.

A. 驻点但非极值点   B. 拐点

C. 驻点且是拐点   D. 驻点但非拐点

5. 函数 $f(x) = 2x^3 - 6x^2 - 18x + 3$（　　）.

A. 在 $x = -1$ 处取得极大值 17，在 $x = 3$ 处取得极小值 -47

B. 在 $x = -1$ 处取得极小值 17，在 $x = 3$ 处取得极大值 -47

C. 在 $x = -1$ 处取得极小值 -17，在 $x = 3$ 处取得极大值 47

D. 以上都不对

6. 曲线 $f(x) = \dfrac{2x^2}{(x-4)^2}$（　　）.

A. 仅有水平渐近线   B. 既有水平渐近线又有垂直渐近线

C. 仅有垂直渐近线   D. 既无水平渐近线又无垂直渐近线

7. 函数 $y = x^3 - 3x^2$ 的拐点坐标是（　　）.

A. $(1, -2)$ B. $(3, 3)$ C. $(0, 0)$ D. $(1, 0)$

8. 函数 $y = x^3 - 3x^2 - 9x + 2$ 的凹区间是（　　）.

A. $(-\infty, +\infty)$ B. $(-\infty, 1)$

C. $(1, +\infty)$ D. $(-1, +\infty)$

二、填空题

1. 极限 $\lim\limits_{x \to 1} \dfrac{\sqrt[3]{x} - 1}{\sqrt{x} - 1} = $ _____.

2. 函数 $y = x^3 - 3x + 1$ 的单调递减区间是 _____.

3. 函数 $y = x^2 - 2x + 3$ 的极值是 _____.

4. 函数 $y = 2x^3 - 3x^2 + 1$，在区间 $[1, 4]$ 上的最小值是 _____.

5. 函数 $y = 4x + x^2$ 的凹区间是 _____.

6. 函数 $y = x^2 \ln x$ 的拐点是 _____.

7. 函数 $f(x) = \dfrac{1}{x-5}$ 的渐近线方程是 _____.

三、计算题

1. 利用洛必达法则求下列极限：

(1) $\displaystyle\lim_{x \to 0} \frac{\sin 3x}{x}$；

(2) $\displaystyle\lim_{x \to 3} \frac{\cos x - \cos 3}{x - 3}$；

(3) $\displaystyle\lim_{x \to 0} \frac{\sqrt{1+x^2} - 1}{x}$；

(4) $\displaystyle\lim_{x \to 1} \frac{x^3 - 3x + 2}{x^3 - x^2 - x + 1}$；

(5) $\displaystyle\lim_{x \to 0} \frac{\sin x + x}{\sin x - x}$；

(6) $\displaystyle\lim_{x \to 0} \frac{4x^3 - 2x^2 - x}{x - 3x^3}$；

(7) $\displaystyle\lim_{x \to +\infty} \frac{\ln(1+x^2)}{\ln(1+x)}$；

(8) $\displaystyle\lim_{x \to 0} \frac{e^x - x - 1}{x(e^x - 1)}$.

2. 求下列函数的单调区间：

(1) $y = 3x^2 + 6x + 2$；

(2) $y = x^3 - 12x$；

(3) $y = 2x^3 + 3x^2 - 12x$；

(4) $y = x - \ln(x+1)$；

(5) $y = \dfrac{e^x}{1+x}$；

(6) $y = (x-1)x^{\frac{2}{3}}$.

3. 求下列函数的极值：

(1) $y = 4x^3 - 3x^4$；

(2) $y = x^3 + 6x^2 - 15x + 1$；

(3) $y = x - e^x$；

(4) $y = x + \sqrt{1-x}$.

4. 求下列函数在指定区间上的最大值与最小值：

(1) $y = (x^2 - 1)^2 + 2$, $x \in [-2, 1]$；

(2) $y = 2x^3 - 3x^2 + 1$, $x \in [1, 4]$；

(3) $y = \sqrt{1-x} - 1$, $x \in [-3, 1]$.

5. 求下列曲线的的凹凸区间及拐点：

(1) $y = x^3 - 3x^2$；

(2) $y = \dfrac{1}{x} - 1$；

(3) $y = -x^4 + 2x^2$；

(4) $y = x^3 + 6x^2 - 3x$；

(5) $y = (x+1)^3 - 2$；

(6) $y = \dfrac{1}{2}x^2 - e^{-x}$

6. 绘制下列函数的图形：

(1) $y = x + e^{-x}$；

(2) $y = x^2 - \ln x$.

第5单元

不定积分及其应用

学习导航

本单元学习积分学中的不定积分.积分学包含不定积分和定积分.计算积分与计算导数是互为逆运算.先学习原函数概念、不定积分的概念及性质,再学习不定积分的基本公式及基本运算、微积分基本公式,最后学习换元积分法与分部积分法.学生需了解、理解和掌握以下内容.

- 理解原函数的概念,并且能够熟练地计算函数的原函数;
- 理解不定积分的概念及性质,理解计算不定积分与计算导数是互为逆运算;
- 掌握不定积分的基本公式及基本运算,并且能够熟练、准确地运用基本公式进行不定积分的计算;
- 理解、掌握换元法,并且能够熟练、准确地运用换元法进行不定积分的计算;
- 理解、掌握分部积分法,并且能够熟练、准确地运用分部积分法进行不定积分的计算;
- 理解微分方程的基本概念,理解、掌握可分离变量的微分方程和一阶线性微分方程的解法.
- 熟练、掌握、运用 Python 及其第三方库计算函数的不定积分,绘制其图形,并且结合图形,判断其准确性.

学习内容

5.1 不定积分的概念及性质

在实际的应用中,经常遇到已知某函数的导数、要求计算出这个函数的问题.

引例 如果某物体的运动是变速的直线运动,那么它的瞬时速度 v 与时间 t 的关系为 $v=v(t)$,要求计算出位移随着时间的变化而变化的关系 $S(t)$.

由于 $v(t)$ 是已知的,而 $S'(t)=v(t)$,可以得出 $S'(t)$,进一步可以得到 $S(t)$.

从引例可知,已知函数的导数 $f'(x)$,要求计算出函数的表达式 $f(x)$.

为此,引入原函数的概念.

5.1.1　原函数与不定积分的概念及性质

1. 原函数

定义 5.1　设函数 $f(x)$ 在区间 I 上有定义,如果在区间 I 上存在 $F(x)$,对任一 $x \in I$,使得在区间 I 上有

$$F'(x) = f(x) \text{ 或 } \mathrm{d}F(x) = f(x)\mathrm{d}x$$

则称 $F(x)$ 是 $f(x)$ 在区间 I 上的一个原函数.

例如,$(x^5)' = 5x^4$,那么 x^5 是 $5x^4$ 在区间 $(-\infty, +\infty)$ 内的一个原函数;

$(x^5+3)' = 5x^4$,$(x^5-\sqrt{2})' = 5x^4$,$(x^5+C)' = 5x^4$,则 $x^5+3, x^5-\sqrt{2}, x^5+C$ 都是 $5x^4$ 在区间 $(-\infty, +\infty)$ 内的原函数.

由以上可知:函数 $f(x)$ 的原函数不止一个,且这些原函数只相差一个常数.$f(x)$ 的原函数有无数个,是一个函数族.如果 $F(x)$ 是 $f(x)$ 在区间 I 上的一个原函数,则

$$(F(x)+C)' = f(x) \text{（} C \text{ 为任意常数）}$$

所以,$F(x)+C$ 是 $f(x)$ 在区间 I 上的所有原函数.

2. 不定积分

定义 5.2　$f(x)$ 的所有原函数 $F(x)+C$(C 为任意常数)称为 $f(x)$ 的不定积分,记为 $\int f(x)\mathrm{d}x$,即

$$\int f(x)\mathrm{d}x = F(x) + C$$

其中符号"$\int$"称为**积分号**,$f(x)$ 称为**被积函数**,$f(x)\mathrm{d}x$ 称为**被积表达式**,x 称为**积分变量**,C 称为**积分常数**.

不定积分

所以,求函数 $f(x)$ 的不定积分,就是求 $f(x)$ 的所有原函数,只要求出 $f(x)$ 的一个原函数,再加上任意常数 C 即可.

例 1　求不定积分 $\int \dfrac{1}{2}\mathrm{d}x$.

解　由于 $\left(\dfrac{1}{2}x\right)' = \dfrac{1}{2}$,所以 $\dfrac{1}{2}x$ 是 $\dfrac{1}{2}$ 的一个原函数,而 $\int \dfrac{1}{2}\mathrm{d}x$ 是一个函数族,此函数族与 $\dfrac{1}{2}x$ 只相差一个常数 C,如图 5-1 所示,因此

$$\int \dfrac{1}{2}\mathrm{d}x = \dfrac{1}{2}x + C$$

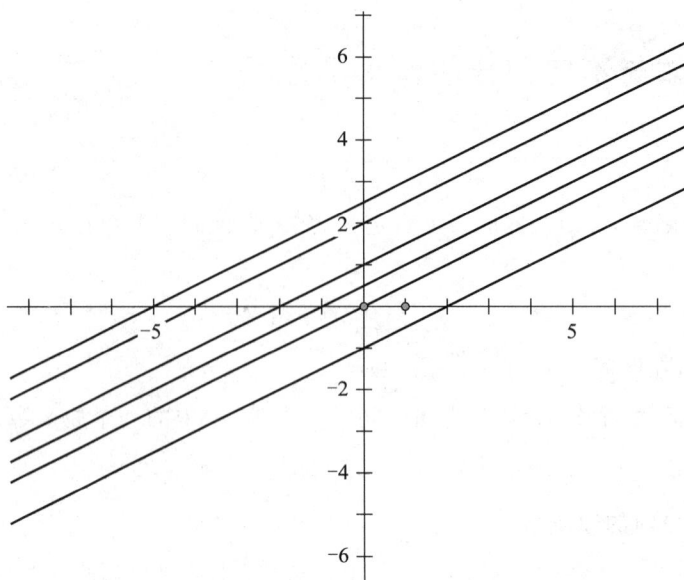

图 5-1　不定积分 $\int \dfrac{1}{2}\mathrm{d}x$ 的图形

例 2　求不定积分 $\int \sin x\mathrm{d}x$．

解　由于 $(\cos x)'=-\sin x$，所以 $-\cos x$ 是 $\sin x$ 的一个原函数，而 $\int \sin x\mathrm{d}x$ 是一个函数族，此函数族与 $-\cos x$ 只相差一个常数 C，如图 5-2 所示，因此

$$\int \sin x\mathrm{d}x=-\cos x+C$$

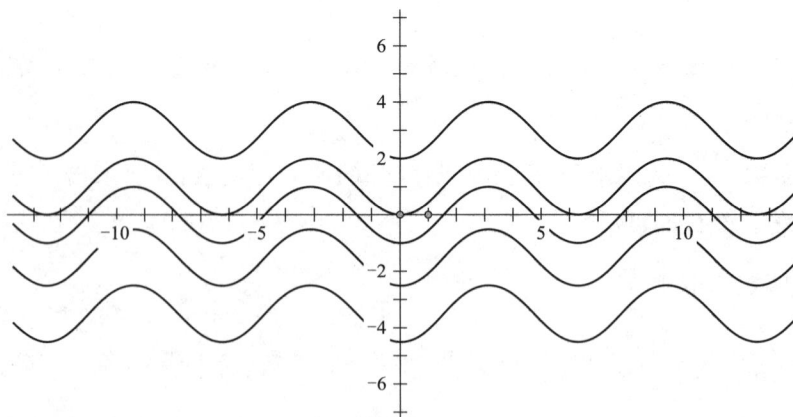

图 5-2　不定积分 $\int \sin x\mathrm{d}x$ 的图形

例 3　求不定积分 $\int (3x^2-1)\mathrm{d}x$．

解　由于 $(x^3-x)'=3x^2-1$，所以 x^3-x 是 $3x^2-1$ 的一个原函数，而 $\int (3x^2-1)\mathrm{d}x$ 是

一个函数族,此函数族与 x^3-x 只相差一个常数 C,如图 5-3 所示,因此

$$\int(3x^2-1)\mathrm{d}x = x^3-x+C$$

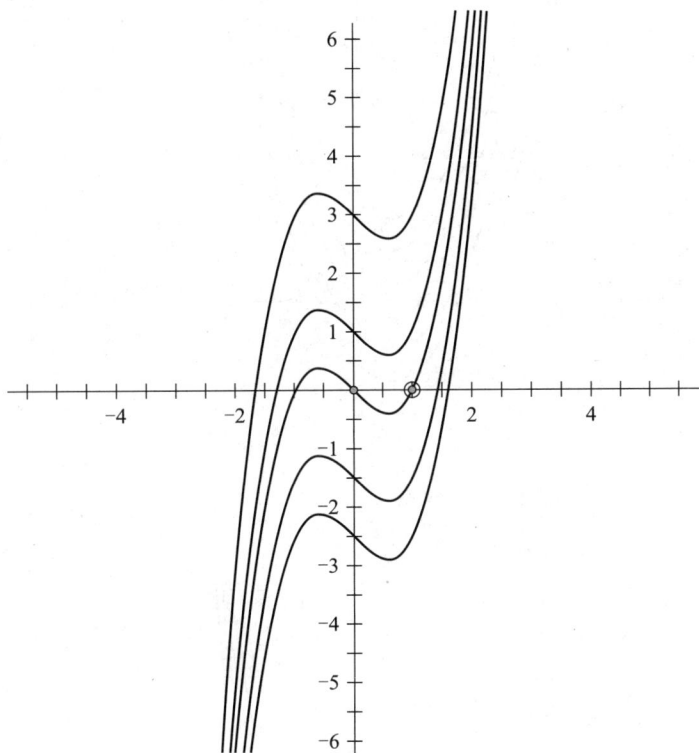

图 5-3　不定积分 $\int(3x^2-1)\mathrm{d}x$ 的图形

例 4　求不定积分 $\int(2x+1)\mathrm{d}x$.

解　由于 $(x^2+x)'=2x+1$,所以 x^2+x 是 $2x+1$ 的一个原函数,而 $\int(2x+1)\mathrm{d}x$ 是一个函数族,此函数族与 x^2+x 只相差一个常数 C,如图 5-4 所示,因此

$$\int(2x+1)\mathrm{d}x = x^2+x+C$$

例 5　求不定积分 $\int\mathrm{e}^x\mathrm{d}x$.

解　由于 $(\mathrm{e}^x)'=\mathrm{e}^x$,所以 e^x 是它本身的一个原函数,而 $\int\mathrm{e}^x\mathrm{d}x$ 是一个函数族,此函数族与 e^x 只相差一个常数 C,如图 5-5 所示,因此

$$\int\mathrm{e}^x\mathrm{d}x = \mathrm{e}^x+C$$

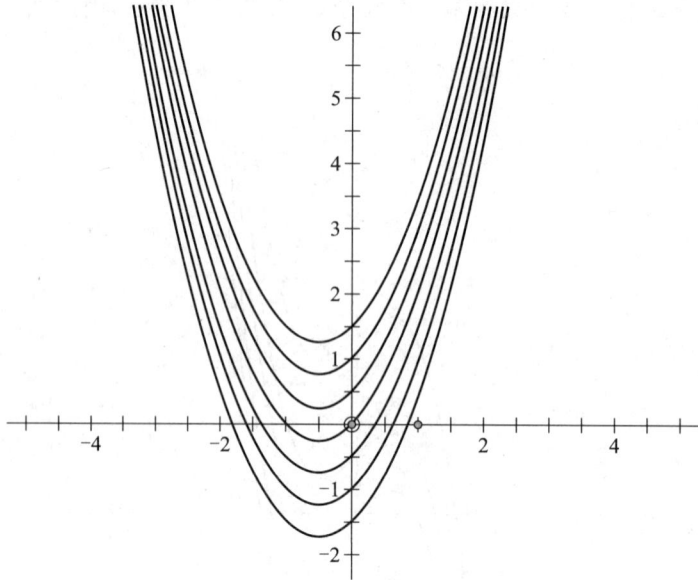

图 5-4　不定积分 $\int(2x+1)\mathrm{d}x$ 的图形

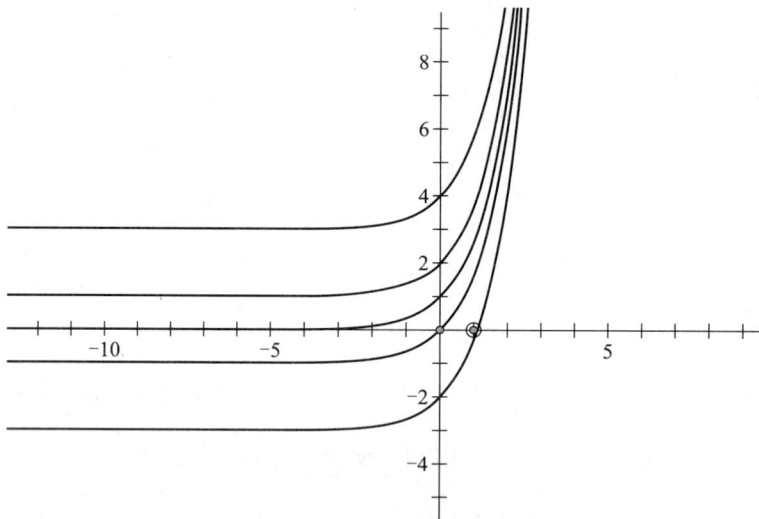

图 5-5　不定积分 $\int \mathrm{e}^x \mathrm{d}x$ 的图形

3. 不定积分的性质

由不定积分的定义,可得到如下的性质:

性质 1　不定积分与微分互为逆运算

$$\left[\int f(x)\mathrm{d}x\right]' = f(x) \quad \text{或} \quad \int f'(x)\mathrm{d}x = f(x) + C$$

$$\int f'(x)\mathrm{d}x = f(x) + C \quad \text{或} \quad \int \mathrm{d}f(x) = f(x) + C$$

性质 2　两个函数代数和的不定积分等于两个函数积分的代数和,即

$$\int (f(x) \pm g(x)) \mathrm{d}x = \int f(x) \mathrm{d}x \pm \int g(x) \mathrm{d}x$$

这个性质对于有限个函数都是成立的,即

$$\int (f_1(x) \pm f_2(x) \pm \cdots \pm f_n(x)) \mathrm{d}x = \int f_1(x) \mathrm{d}x \pm \int f_2(x) \mathrm{d}x \pm \cdots \pm \int f_n(x) \mathrm{d}x$$

性质 3　被积函数中不为零的常数因子可提到积分号外,即

$$\int k f(x) \mathrm{d}x = k \int f(x) \mathrm{d}x (k \text{ 为常数}, k \neq 0)$$

5.1.2　不定积分的基本公式及基本运算

1. 不定积分的基本公式

由于不定积分与求导互为逆运算,根据基本求导公式,可以得到相应的积分公式.

基本积分公式　　　　　　　　　　　导数公式

(1) $\int k \mathrm{d}x = kx + C$　　　　　　　　　$(kx)' = k$

(2) $\int x^{\alpha} \mathrm{d}x = \dfrac{x^{\alpha+1}}{\alpha+1} + C$　$(\alpha \neq -1)$　　　$(x^{\alpha+1})' = (\alpha+1)x^{\alpha}$

(3) $\int \dfrac{1}{x} \mathrm{d}x = \ln|x| + C$　　　　　　$(\ln x)' = \dfrac{1}{x}$

(4) $\int a^x \mathrm{d}x = \dfrac{a^x}{\ln a} + C$　　　　　　$(a^x)' = a^x \cdot \ln a$

(5) $\int \mathrm{e}^x \mathrm{d}x = \mathrm{e}^x + C$　　　　　　　$(\mathrm{e}^x)' = \mathrm{e}^x$

(6) $\int \sin x \mathrm{d}x = -\cos x + C$　　　　$(\cos x)' = -\sin x$

(7) $\int \cos x \mathrm{d}x = \sin x + C$　　　　　$(\sin x)' = \cos x$

(8) $\int \sec^2 x \mathrm{d}x = \tan x + C$　　　　$(\tan x)' = \sec^2 x$

(9) $\int \csc^2 x \mathrm{d}x = -\cot x + C$　　　　$(\cot x)' = -\csc^2 x$

(10) $\int \dfrac{1}{\sqrt{1-x^2}} \mathrm{d}x = \arcsin x + C$　　　$(\arcsin x)' = \dfrac{1}{\sqrt{1-x^2}}$

(11) $\int \dfrac{1}{1+x^2} \mathrm{d}x = \arctan x + C$　　　$(\arctan x)' = \dfrac{1}{1+x^2}$

2. 直接积分法

上述基本积分公式是计算不定积分的基础.运用这些基本积分公式和不定积分的性质,可以直接计算一些比较简单的不定积分.这种方法一般称之为**直接积分法**.

例 6　求不定积分：

(1) $\int (3+2\sin x)\mathrm{d}x$ ；

(2) $\int (\mathrm{e}^x + x^2)\mathrm{d}x$ ；

(3) $\int (\cos x + 2^x)\mathrm{d}x$ ；

(4) $\int \dfrac{x^2-1}{x^2+1}\mathrm{d}x$.

解　(1) $\int (3+2\sin x)\mathrm{d}x = \int 3\mathrm{d}x + 2\int \sin x\mathrm{d}x = 3x - 2\cos x + C$

(2) $\int (\mathrm{e}^x + x^2)\mathrm{d}x = \int \mathrm{e}^x\mathrm{d}x + \int x^2\mathrm{d}x = \mathrm{e}^x + \dfrac{1}{3}x^3 + C$

(3) $\int (\cos x + 2^x)\mathrm{d}x = \int \cos x\mathrm{d}x + \int 2^x\mathrm{d}x = \sin x + \dfrac{2^x}{\ln 2} + C$

(4) $\int \dfrac{x^2-1}{x^2+1}\mathrm{d}x = \int \dfrac{x^2+1-2}{x^2+1}\mathrm{d}x = \int \left(1 - \dfrac{2}{x^2+1}\right)\mathrm{d}x = \int \mathrm{d}x - 2\int \dfrac{1}{x^2+1}\mathrm{d}x$

$\qquad\qquad = x - 2\arctan x + C$

说明：可以检验计算的不定积分结果是否正确. 因为求积与求导互为逆运算，检验方法是对计算的不定积分求导. 如果导数等于被积函数，那么计算的不定积分结果是正确的，否则是错误的. 在计算不定积分的过程中，不能遗漏积分常数 C，因为不定积分的结果表示的是一个函数族，有无数个函数.

5.2　换元积分法

运用前面学习的直接积分法，只能解决一些简单的积分问题. 比如，计算不定积分 $\int \cos 2x\mathrm{d}x$，尽管被积函数很简单，且与基本积分公式 $\int \cos x\mathrm{d}x = \sin x + C$ 相似，但是，运用直接积分法，无法解决. 下面介绍另外一种方法——换元积分法.

换元积分法的基本思路是：把一些较为复杂的不定积分，通过适当的变量替换，转化为可采用直接积分法计算不定积分的形式，计算出（新的被积函数的）原函数后，再代回原来的变量. 也就是说，换元积分法是利用中间变量的代换来计算不定积分的方法，具体可分为第一换元法和第二换元法.

5.2.1　第一换元法（凑微分法）

定理 5.1　设 $u = \varphi(x)$ 在区间 I 上可导，若 $\int f(x)\mathrm{d}x = F(x) + C$，则 $\int f(u)\mathrm{d}u = F(u) + C$.

由 $\int f(x)\mathrm{d}x = F(x) + C$，得 $\mathrm{d}F(x) = f(x)\mathrm{d}x$，由微分形式不变性，有 $\mathrm{d}F(u) = f(u)\mathrm{d}u$，于是根据不定积分的定义，有

$$\int f(u)\mathrm{d}u = F(u) + C$$

由此可得以下积分方法：

$$\int f[\varphi(x)]\varphi'(x)\mathrm{d}x = \int f[\varphi(x)]\mathrm{d}\varphi(x) \xrightarrow{\text{令}\ \varphi(x)=u} \int f(u)\mathrm{d}u = F(u)+C$$

$$\xrightarrow{\text{回代}\ u=\varphi(x)} F(\varphi(x))+C$$

这种计算不定积分的方法称为**第一换元法或凑微分法**.

例 1　计算下列不定积分：

(1) $\int \sin 2x\mathrm{d}x$；　　(2) $\int (3x+1)^{10}\mathrm{d}x$；　　(3) $\int \sin^3 x\cos x\mathrm{d}x$.

解　(1) $\int \sin 2x\mathrm{d}x = \int \sin 2x \cdot \dfrac{1}{2}\mathrm{d}2x = \dfrac{1}{2}\int \sin 2x\mathrm{d}2x \xrightarrow{\text{令}\ 2x=u} \dfrac{1}{2}\int \sin u\mathrm{d}u$

$$= -\dfrac{1}{2}\cos u + C \xrightarrow{\text{回代}\ u=2x} -\dfrac{1}{2}\cos 2x + C$$

(2) $\int (3x+1)^{10}\mathrm{d}x = \dfrac{1}{3}\int (3x+1)^{10}\mathrm{d}(3x+1) \xrightarrow{\text{令}\ 3x+1=u} \dfrac{1}{3}\int u^{10}\mathrm{d}u$

$$= \dfrac{1}{3}\cdot\dfrac{u^{11}}{11} + C = \dfrac{(3x+1)^{11}}{33} + C$$

(3) $\int \sin^3 x\cos x\mathrm{d}x = \int \sin^3 x\mathrm{d}\sin x \xrightarrow{\text{令}\ \sin x=u} \int u^3\mathrm{d}u = \dfrac{1}{4}u^4 + C$

$$= \dfrac{1}{4}\sin^4 x + C$$

第一换元法比较熟练后，换元这一步骤可以省略，只是在形式上“凑”成基本积分公式中的积分，因此把这种积分方法形象地称为**凑微分法**. 如上述例 1 可改为

(1) $\int \sin 2x\mathrm{d}x = \int \sin 2x \cdot \dfrac{1}{2}\mathrm{d}2x = \dfrac{1}{2}\int \sin 2x\mathrm{d}2x = -\dfrac{1}{2}\cos 2x + C$

(2) $\int (3x+1)^{10}\mathrm{d}x = \dfrac{1}{3}\int (3x+1)^{10}\mathrm{d}(3x+1) = \dfrac{(3x+1)^{11}}{33} + C$

(3) $\int \sin^3 x\cos x\mathrm{d}x = \int \sin^3 x\mathrm{d}\sin x = \dfrac{1}{4}\sin^4 x + C$

5.2.2　第二换元法

第一换元法是先把被积表达式 $g(x)\mathrm{d}x$ 化成 $f[\varphi(x)]\mathrm{d}\varphi(x)$ 的形式，然后作变换 $\varphi(x)=u$，通过计算积分 $\int f(u)\mathrm{d}u$，求出原来的积分. 但是有些积分，无法用凑微分法求解，而是一开始就要作变量替换，把所求的积分表达式转化为可求的积分形式，然后再求出积分.

定理 5.2　设函数 $x=\varphi(t)$ 单调、可导，且 $\varphi'(t)\neq 0$，又设 $f[\varphi(t)]\varphi'(t)$ 有原函数，那么有

$$\int f(x)\mathrm{d}x = \int f[\varphi(t)]\varphi'(t)\mathrm{d}t\Big|_{t=\varphi^{-1}(x)}$$

其中,$\varphi^{-1}(x)$ 是 $x = \varphi(t)$ 的反函数.

此公式称为不定积分的换元公式.

例 2　计算不定积分 $\displaystyle\int \frac{1}{x - \sqrt{x}} \mathrm{d}x$.

解　令 $\sqrt{x} = t$,则 $x = t^2$,$\mathrm{d}x = \mathrm{d}t^2 = (t^2)' \mathrm{d}t = 2t\mathrm{d}t$,于是

$$\int \frac{1}{x - \sqrt{x}} \mathrm{d}x = \int \frac{1}{t^2 - t} \cdot 2t\mathrm{d}t = 2\int \frac{1}{t - 1} \mathrm{d}t = 2\int \frac{1}{t - 1} \mathrm{d}(t - 1)$$

$$= 2\ln|t - 1| + C = 2\ln\left|\sqrt{x} - 1\right| + C$$

例 3　计算不定积分 $\displaystyle\int \frac{1}{1 - \mathrm{e}^x} \mathrm{d}x$.

解　令 $t = \mathrm{e}^x$,则 $x = \ln t$,$\mathrm{d}x = \dfrac{\mathrm{d}t}{t}$

$$\int \frac{1}{1 - \mathrm{e}^x} \mathrm{d}x = \int \frac{1}{t(1 - t)} \mathrm{d}t = \int \frac{1}{t} \mathrm{d}t + \int \frac{1}{1 - t} \mathrm{d}t = \ln t + \ln|1 - t| + C$$

$$= \ln \mathrm{e}^x + \ln|1 - \mathrm{e}^x| + C = x + \ln|1 - \mathrm{e}^x| + C$$

5.3　分部积分法

5.3.1　分部积分公式

运用直接积分法和换元积分法可以解决大量的不定积分问题,但是,有些不定积分,形如

$$\int x\mathrm{e}^x \mathrm{d}x, \int x^2 \arctan x\mathrm{d}x, \int \mathrm{e}^{2x} \sin 3x\mathrm{d}x.$$

等被积函数是两种不同类型的乘积,这类的不定积分无法运用直接积分法和换元法来解决,下面介绍另一种方法 —— 分部积分法.

设 $u = u(x)$,$v = v(x)$ 具有连续导数.根据积的微分公式

$$\mathrm{d}(uv) = v\mathrm{d}u + u\mathrm{d}v$$

即

$$u\mathrm{d}v = \mathrm{d}(uv) - v\mathrm{d}u$$

对上式两边积分,可得

$$\int u\mathrm{d}v = uv - \int v\mathrm{d}u$$

上式称为不定积分的**分部积分公式**.

运用分部积分法公式计算时,先判断四个量:u、$\mathrm{d}v$、v 和 $\mathrm{d}u$,再运用公式计算.

分部积分公式

5.3.2　分部积分法的应用举例

例 1　计算不定积分 $\int x\mathrm{e}^x\mathrm{d}x$.

解　$\int x\mathrm{e}^x\mathrm{d}x = \int x\mathrm{d}\mathrm{e}^x = x\mathrm{e}^x - \int \mathrm{e}^x\mathrm{d}x = x\mathrm{e}^x - \mathrm{e}^x + C$

其中，$x\mathrm{e}^x - \mathrm{e}^x$ 是 $\int x\mathrm{e}^x\mathrm{d}x$ 的一个原函数，$\int x\mathrm{e}^x\mathrm{d}x$ 是一个函数族，如图 5-6 所示.

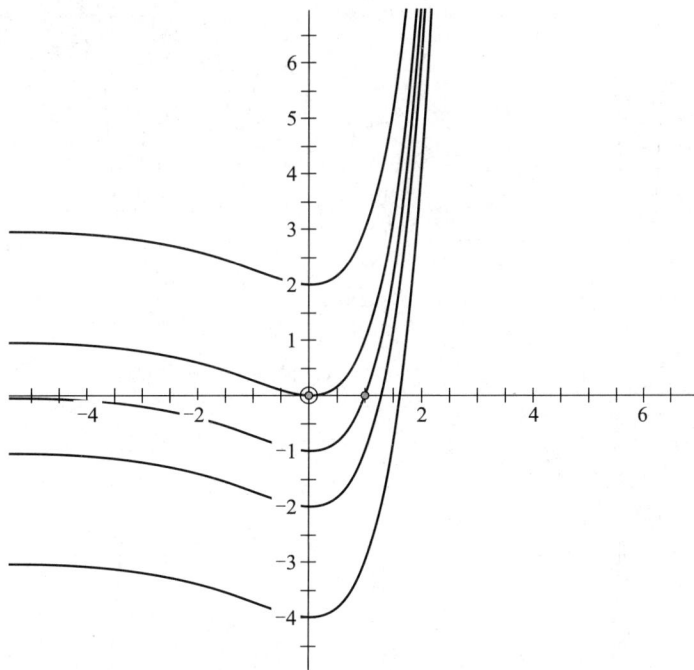

图 5-6　不定积分 $\int x\mathrm{e}^x\mathrm{d}x$ 的图形

例 2　计算不定积分 $\int \ln x\mathrm{d}x$.

解　$\int \ln x\mathrm{d}x = x\ln x - \int x\mathrm{d}\ln x = x\ln x - \int x \cdot \frac{1}{x}\mathrm{d}x = x\ln x - x + C$

例 3　计算不定积分 $\int x\sin x\mathrm{d}x$.

解　$\int x\sin x\mathrm{d}x = -\int x\mathrm{d}(\cos x) = -x\cos x + \int \cos x\mathrm{d}x = -x\cos x + \sin x + C$

其中，$-x\cos x + \sin x$ 是它的一个原函数，如图 5-7 所示.

例 4　计算不定积分 $\int x\cos x\mathrm{d}x$.

解　$\int x\cos x\mathrm{d}x = \int x\mathrm{d}(\sin x) = x\sin x - \int \sin x\mathrm{d}x = x\sin x + \cos x + C$

其中，$x\sin x + \cos x$ 是它的一个原函数，如图 5-8 所示.

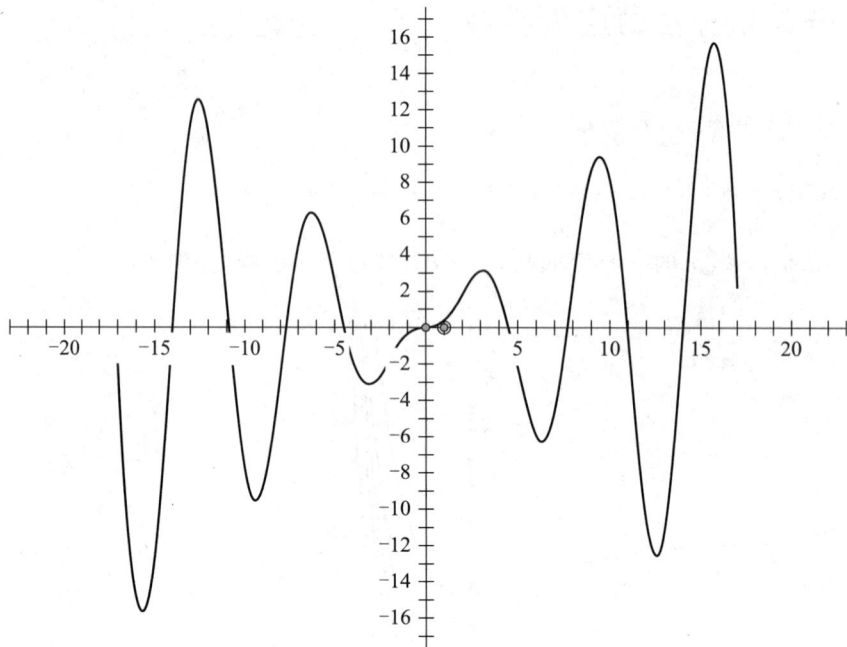

图 5-7　不定积分 $\int x\sin x\mathrm{d}x$ 的一个原函数图形

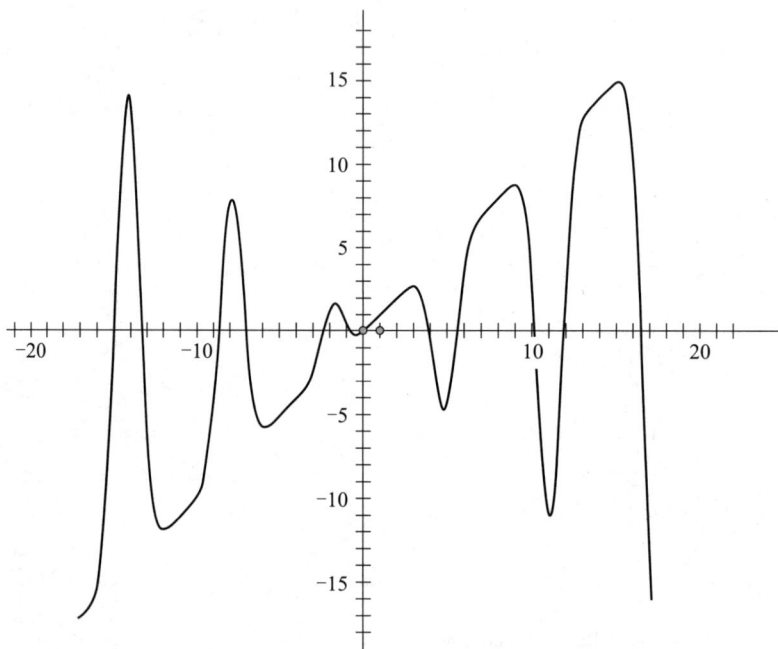

图 5-8　不定积分 $\int x\cos x\mathrm{d}x$ 的一个原函数图形

5.4 微分方程的基础知识

许多实际问题,可以抽象为微分方程问题.微分方程是数学应用于实际的重要途径和桥梁,是科学研究的有力工具.本节主要介绍微分方程的一些基本概念和一阶微分方程的解法.

5.4.1　微分方程的基本概念

如果方程中含有未知数及未知数的导数或微分,则称此方程为微分方程.微分方程中出现的未知函数的导数(或微分)的最高阶数,称为微分方程的阶.

例如,$y^2 = 3y' - 2x$ 是一阶微分方程;$y'' + 3y' - 2xy = 0$ 是二阶微分方程;$\dfrac{d^3 y}{dx^3} - x^2 \dfrac{dy}{dx} + xy^3 = 0$ 是三阶微分方程.

使微分方程成为恒等式的函数,称为该微分方程的解.

例如,函数 $y = 2x^3 + 1$ 和函数 $y = 2x^3 + C$ 都是微分方程 $\dfrac{dy}{dx} = 6x^2$ 的解.

如果微分方程的解不含有任意常数,则称此解为该微分方程的特解.如果微分方程的解含有相互独立的任意常数,而且任意常数的个数与微分方程的阶数相等,则称此解为该微分方程的通解.函数 $y = 2x^3 + 1$、函数 $y = 2x^3 + C$ 分别是微分方程 $\dfrac{dy}{dx} = 6x^2$ 的特解和通解.

在许多实际问题中,要求寻找满足某些附加条件的解,运用这些附加条件,可以确定通解中的任意常数,此类附加条件称为初始条件.求微分方程满足初始条件的特解问题,称为初值问题.

例 1　求微分方程 $y' = 2x - 1$ 的通解.

解　由方程 $y' = 2x - 1$　　两边积分,得

$$y = \int y' dy = \int (2x - 1) dx = x^2 - x + C$$

即,微分方程 $y' = 2x - 1$ 的通解为:$y = x^2 - x + C$.

例 2　求微分方程 $y' = e^x$ 满足初始条件 $y|_{x=0} = 3$ 的特解.

解　由方程 $y' = e^x$　　两边积分,得

$$y = \int y' dy = \int e^x dx = e^x + C$$

当 $y|_{x=0} = 3$ 时,$y|_{x=0} = e^0 + C = 3$　　得 $C = 2$.

即,微分方程 $y' = e^x$ 满足初始条件 $y|_{x=0} = 3$ 的特解为 $y = e^x + 2$.

5.4.2　一阶微分方程

一阶微分方程的一般形式为：$F(x,y,y') = 0$，其中，方程必须包含 y'。

如果一阶微分方程 $F(x,y,y') = 0$ 可写成 $f(x)\mathrm{d}x = g(y)\mathrm{d}y$ 的形式，则称此方程为可分离变量方程。

解可分离变量方程的一般步骤是：

（1）把方程分离变量；（2）方程两边同时求不定积分；（3）求出方程的通解。

例 3　求微分方程 $\dfrac{\mathrm{d}y}{\mathrm{d}x} = 3x^2 y$ 的的通解。

解　此方程是可分离变量的，分离变量得

$$\frac{\mathrm{d}y}{y} = 3x^2 \mathrm{d}x$$

方程两边同时积分，得

$$\int \frac{\mathrm{d}y}{y} = \int 3x^2 \mathrm{d}x$$

$$\ln|y| = x^3 + C_1$$

$$y = \pm\, e^{x^3 + C_1} = \pm\, e^{C_1} \cdot e^{x^3}$$

令 $C = \pm\, e^{C_1}$，则该微分方程的通解为：

$y = Ce^{x^3}$。

把形如 $y' + P(x)y = Q(x)$ 的方程称为一阶线性微分方程，其中，$P(x)$ 和 $Q(x)$ 是已知连续函数。

当 $Q(x) = 0$ 时，方程 $y' + P(x)y = 0$ 称为一阶齐次线性微分方程；当 $Q(x) \neq 0$ 时，方程 $y' + P(x)y = Q(x)$ 称为一阶非齐次线性微分方程。

一阶齐次线性微分方程的通解为：$y = Ce^{-\int P(x)\mathrm{d}x}$；

一阶非齐次线性微分方程：$y = e^{-\int P(x)\mathrm{d}x}\left[\int Q(x)e^{\int P(x)\mathrm{d}x}\mathrm{d}x + C\right]$。

例 4　求微分方程 $xy' + y = \cos x$ 的通解。

解　方程整理为：$y' + \dfrac{1}{x}y = \dfrac{\cos x}{x}$

此方程为一阶非齐次线性微分方程，

令 $P(x) = \dfrac{1}{x}$，$Q(x) = \dfrac{\cos x}{x}$

则 $y = e^{-\int \frac{1}{x}dx}\left[\int \dfrac{\cos x}{x} \cdot e^{\int \frac{1}{x}dx}dx + C\right] = e^{\ln\frac{1}{x}}\left(\int \cos x dx + C\right) = \dfrac{1}{x}(\sin x + C)$

即，原微分方程的通解为：$y = \dfrac{1}{x}(\sin x + C)$。

5.5 实　　验

本单元主要有以下实验内容:计算函数的不定积分;绘制其图形,并且结合图形,判断其准确性.

5.5.1 常用函数

在 Python 的 Sympy 标准库中,函数不定积分的常用函数为 integrate(),其具体格式如下:

integrate(f(x),x):函数 f 对变量 x 求不定积分.

5.5.2 计算函数的不定积分,绘制其图形,并结合图形判断计算的准确性

例 1　计算 $\int(-4x^3)\mathrm{d}x$,并且绘制其图形.

```
# 导入 sympy 标准库
from  sympy  import *
x = symbols('x')
y = - 4 * x * * 3
# 计算不定积分
jf = integrate(y,x)
jf = simplify(jf)
print(" 原函数为",jf)
# 运行结果如下:
原函数为: - x⁴ + C
```

即,$\int(-4x^3)\mathrm{d}x = -x^4 + C$

如图 5-9 所示.

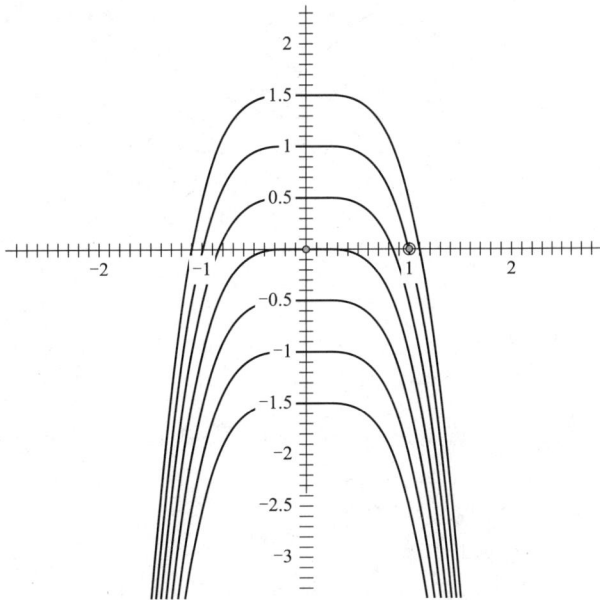

图 5-9　不定积分 $\int(-4x^3)\mathrm{d}x$ 的图形

例 2　计算 $\int\cos x\mathrm{d}x$,并且绘制其图形.

```
from  sympy  import *
x = symbols('x')
y = cos(x)
# 计算不定积分
jf = integrate(y,x)
```

```
jf = simplify(jf)
print("原函数为",jf)
# 运行结果如下:
```

原函数为 sin(x)

即,$\int \cos x dx = \sin x + C$

```
# 绘制图形
import matplotlib.pyplot as plt
from numpy import *
x = arange(-4pi,4pi,0.01)
f = exp(x) - (1/3)*x**3
plt.figure()
plt.plot(x,f)
plt.grid(True)
plt.show()
# 如图 5-10 所示.
```

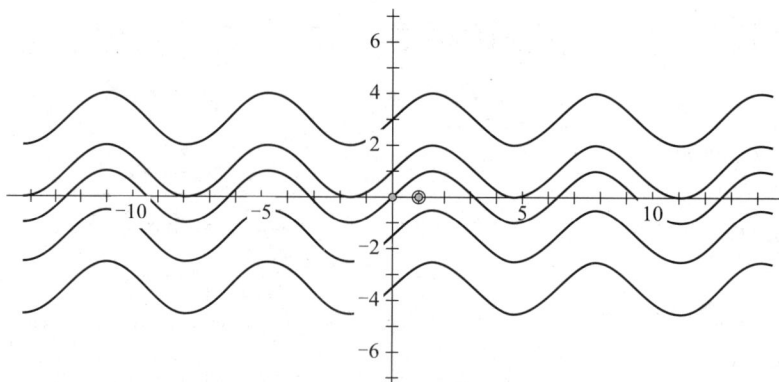

图 5-10   不定积分$\int \cos x dx$ 的图形

例 3   计算不定积分$\int(3\sin x - 2)dx$,并且绘制其图形.

```
from  sympy  import *
x = symbols('x')
y = 3sin(x) - 2   # 应写为:y = 3*sin(x) - 2
# 计算不定积分
jf = integrate(y,x)
jf = simplify(jf)
print("原函数为",jf)
# 运行结果如下:
原函数为 -2*x - 3*cos(x)
```

即，$\int(3\sin x - 2)\mathrm{d}x = -2x - 3\cos x + C$

```
# 绘制图形
import matplotlib.pyplot as plt
from numpy import *
x = arange(-4pi,4pi,0.01)
f = -2*x - 3*cos(x)
plt.figure()
plt.plot(x,f)
plt.grid(True)
plt.show()
# 如图 5-11 所示.
```

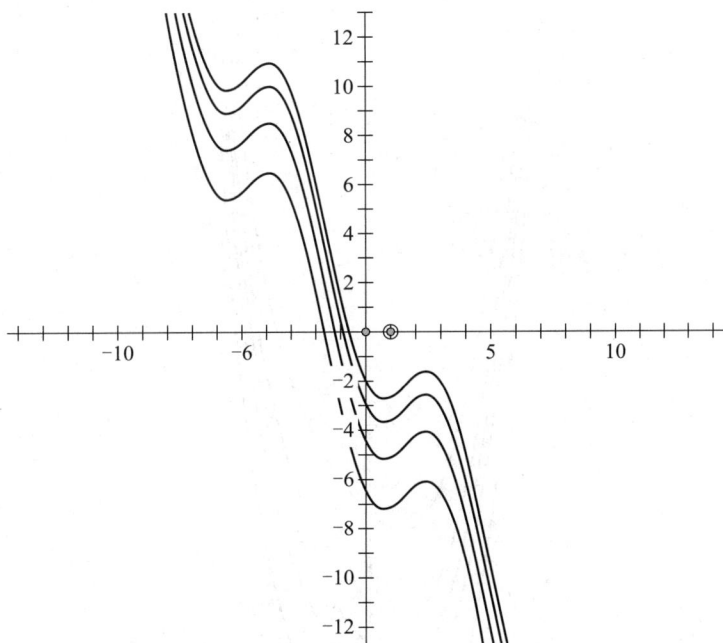

图 5-11　不定积分 $\int(3\sin x - 2)\mathrm{d}x$ 的图形

例 4　计算不定积分 $\int(\mathrm{e}^x - x^2)\mathrm{d}x$，并且绘制其图形.

```
from  sympy  import *
x = symbols('x')
y = exp(x) - x**2
# 计算不定积分
jf = integrate(y,x)
jf = simplify(jf)
print("原函数为",jf)
```

运行结果如下：

原函数为 -x**3/3 + exp(x)

即，$\int (e^x - x^2)dx = e^x - \frac{1}{3}x^3 + C$

绘制图形

```
import matplotlib.pyplot as plt
from numpy import *
x = arange(- 4pi,4pi,0.01)
f = exp(x) - (1/3) * x * *3
plt.figure()
plt.plot(x,f)
plt.grid(True)
plt.show()
```

如图 5-12 所示.

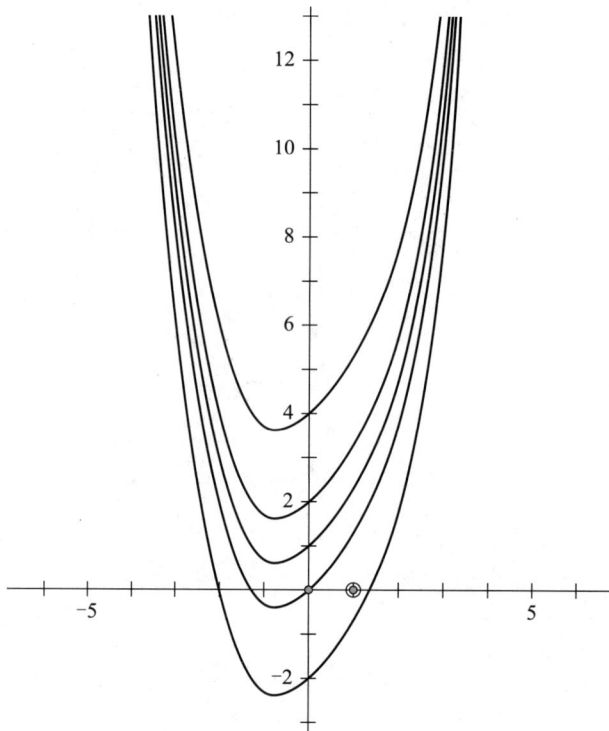

图 5-12　不定积分 $\int (e^x - x^2)dx$ 的图形

例5　计算 $\int x^2 \sin x dx$，并且绘制其图形.

```
from  sympy  import *
x = symbols('x')
y = x * *2 * sin(x)
```

```
# 计算不定积分
jf = integrate(y,x)
jf = simplify(jf)
print("原函数为",jf)
# 运行结果如下：
```

原函数为 -x**2*cos(x) + 2*x*sin(x) + 2*cos(x)

```
# 绘制图形
import matplotlib.pyplot as plt
from numpy import *
x = arange(-4pi,4pi,0.01)
f = -x**2*cos(x) + 2*x*sin(x) + 2*cos(x)
plt.figure()
plt.plot(x,f)
plt.grid(True)
plt.show()
# 如图 5-13 所示.
```

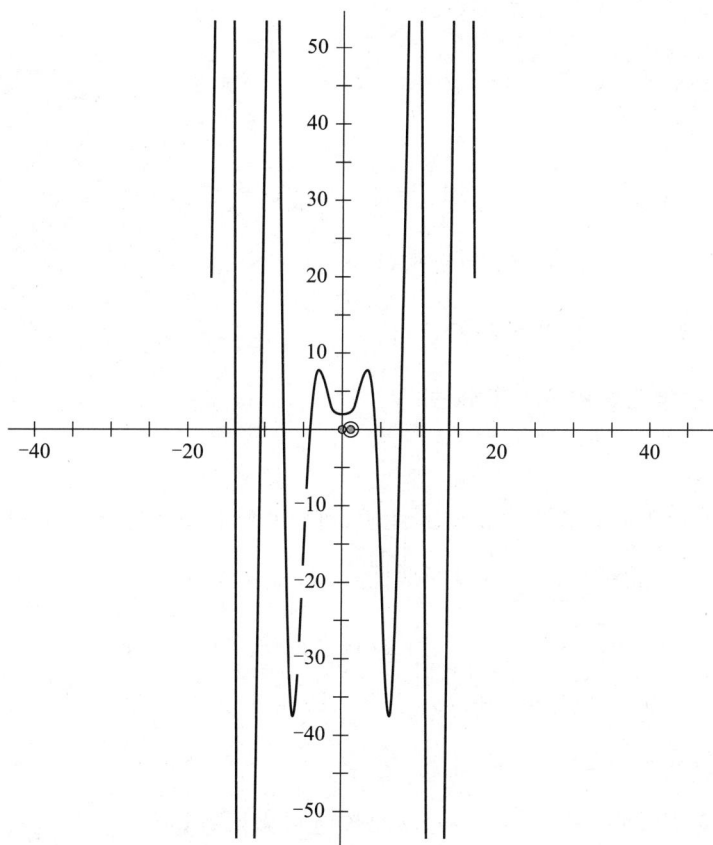

图 5-13　不定积分 $\int x^2 \sin x \mathrm{d}x$ 的一个原函数图形

单元小结

一、原函数与不定积分的概念及性质、不定积分的基本公式

1. 原函数与不定积分的概念

设函数 $f(x)$ 在区间 I 上有定义，如果在区间 I 上存在 $F(x)$，对任一 $x \in I$，使得在区间 I 上有

$$F'(x) = f(x) \text{ 或 } \mathrm{d}F(x) = f(x)\mathrm{d}x$$

则称 $F(x)$ 是 $f(x)$ 在区间 I 上的一个**原函数**.

$f(x)$ 的**不定积分**是 $f(x)$ 的**所有原函数**，即 $\int f(x)\mathrm{d}x = F(x) + C$

2. 不定积分的性质

(1) $\left[\int f(x)\mathrm{d}x \right]' = f(x)$，或 $\int f'(x)\mathrm{d}x = f(x) + C$

(2) $\int f'(x)\mathrm{d}x = f(x) + C$，或 $\int \mathrm{d}f(x) = f(x) + C$

(3) $\int (f(x) \pm g(x))\mathrm{d}x = \int f(x)\mathrm{d}x \pm \int g(x)\mathrm{d}x$

性质 3 推广

$$\int (f_1(x) \pm f_2(x) \pm \cdots \pm f_n(x))\mathrm{d}x = \int f_1(x)\mathrm{d}x \pm \int f_2(x)\mathrm{d}x \pm \cdots \pm \int f_n(x)\mathrm{d}x$$

(4) $\int kf(x)\mathrm{d}x = k\int f(x)\mathrm{d}x$（$k$ 为常数，$k \neq 0$）

3. 不定积分的基本公式（见书本）

二、不定积分的换元法和分部积分法

1. 直接积分法

利用基本的不定积分表和不定积分的性质，可以直接计算一些比较简单的不定积分.

即 $\int f(x)\mathrm{d}x \xrightarrow{\text{代数或三角恒等变形}} \int [f_1(x) \pm f_2(x) \pm \cdots \pm f_n(x)]\mathrm{d}x$

$$\int f_1(x)\mathrm{d}x \pm \int f_2(x)\mathrm{d}x \pm \cdots \pm \int f_n(x)\mathrm{d}x$$

$\xrightarrow{\text{基本积分公式}} F_1(x) \pm F_2(x) \pm \cdots \pm F_n(x) + C$

2. 不定积分的第一换元法

设 $\int f(x)\mathrm{d}x = F(x) + C$，且 $u = \varphi(x)$ 是连续可微函数，则

$$\int f[\varphi(x)]\varphi'(x)\mathrm{d}x = \int f[\varphi(x)]\mathrm{d}\varphi(x) = \int f(u)\mathrm{d}u = F(u) + C = F[\varphi(x)] + C.$$

3. 不定积分的第二换元法

设函数 $f(x)$ 连续，函数 $x=\varphi(t)$ 单调、可导，且 $\varphi'(t)\neq0$，则有

$$\int f(x)\mathrm{d}x=\int f[\varphi(t)]\varphi'(t)\mathrm{d}t$$

4. 不定积分的分部积分法

设函数 $u=u(x)$ 与 $v=v(x)$ 在区间 $[a,b]$ 上有连续导数 $u'(x)$，$v'(x)$，则：

$$\int u\mathrm{d}v=uv-\int v\mathrm{d}u$$

三、微分方程的基础知识

1. 微分方程的基本概念

微分方程的阶、解、特解和通解等概念.

2. 一阶微分方程

可分离变量的微分方程、一阶齐次线性微分方程和一阶非齐次线性微分方程等微分方程的解法.

知识扩展

牛顿的简介

艾萨克·牛顿(1643 年 1 月 4 日——1727 年 3 月 31 日)，是英国著名的物理学家、数学家和天文学家，是经典力学体系的奠基人，是百科全书式的"全才". 他的主要著作有《自然哲学的数学原理》《定理》和《光学》等等.

1687 年，牛顿发表了《自然哲学的数学原理》(现常简称作《原理》).《原理》是牛顿最重要的著作. 正因为《原理》的成就，牛顿得到了国际性的认可. 在此著作里面，他描述了万有引力和三大运动定律. 这些内容成为了现代工程学的基础，也为此后物理世界的科学观点奠定了基础.

在《原理》中主要体现了以下几种科学方法：① 实验——理论——应用的方法. 牛顿将实际世界与其简化数学表示反复加以比较，是从事实验和归纳实际材料的巨匠. ② 分析——综合方法. 综合的过程是从部分到整体，分析的过程是从整体到部分. ③ 归纳——演绎方法. 分析——综合法与归纳——演绎法是相互结合的. 比如，从观察和实验出发，得到概念和规律，然后通过实验加以检验、解释和预测. ④ 物理——数学方法. 物理学范围中的概念和定律，牛顿都"尽量用数学演出".

在牛顿的三篇论文的《运用无限多项方程》《流数术与无穷级数》《曲线求积术》和《原理》一书中，以及一篇手稿《论流数》中，他提出了两类算法：正流数术(微分)和反流数术(积分). 接下来，他发明了二项式展开定理，并且在 1676 年首次公布此定理. 二项式定理广泛应用于高阶等差数列求和、组合理论、差分法和开高次方等等. 二项式级数展开式为数学分析、级数

论、方程理论和函数论等知识的研究提供了有力的工具.牛顿还发现了其他无穷级数,并且用它来计算面积、解方程和积分等等.

　　微积分的创立是牛顿最卓越的数学成就.他得出了导数和积分的概念、运算法则,描述了求导数的运算和求积分的运算是两种互递的运算,这两类运算关系的确立,是微积分发明中最关键的一步,开辟了数学上的一个新纪元,为近代科学发展提供了最有效的工具.在数学发展史上,微积分的出现,成就了另一重要分支——数学分析,并且进一步发展了微分方程、微分几何和变分法等等.牛顿在《普遍算术》中讨论了代数基础及其如何应用于各类问题的解决.他还发表了《三次曲线枚举》.牛顿的数学成就还涉及概率论、数值分析和初等数论等许多领域.

　　牛顿在科学上做出了几个重大贡献,比如:万有引力定律、微积分、二项式定理、经典力学和光学等等.他的一生中所取得成就是巨大的、辉煌的!

综合练习5

一、选择题

1.设 $f(x)$ 是可导函数,则 $\left(\int f(x)\mathrm{d}x\right)'$ 为(　　).

A. $f'(x)+C$ 　　　　B. $f(x)+C$ 　　　　C. $f'(x)$ 　　　　D. $f(x)$

2.不定积分 $\int f(x)\mathrm{d}x$ 指的是 $f(x)$ 的(　　).

A.任意一个原函数 　　　　　　　B.唯一一个原函数

C.所有的原函数 　　　　　　　　D.某一个原函数

3.下列式子中成立的是(　　).

A. $\mathrm{d}\int f(x)\mathrm{d}x = f(x)\mathrm{d}x$ 　　　　B. $\left[\int f(x)\mathrm{d}x\right]' = f(x)+C$

C. $\int f'(x)\mathrm{d}x = f(x)$ 　　　　D. $\int (x^2-\sin x)'\mathrm{d}x = x^2-\sin x+C^2$

4.下列式子中成立的是(　　).

A. $\int \mathrm{e}^x\mathrm{d}x = \mathrm{e}^x+\mathrm{e}$ 　　　　B. $\int \mathrm{e}^x\mathrm{d}x = C\mathrm{e}^x$

C. $\int \mathrm{e}^x\mathrm{d}x = \mathrm{e}^{x+C}$ 　　　　D. $\int \mathrm{e}^x\mathrm{d}x = \mathrm{e}^x+C$

5.设 $\int f(x)\mathrm{d}x = x^2\mathrm{e}^{2x}+2C$,则 $f(x) = ($　　$)$.

A. $2x^2\mathrm{e}^{2x}$ 　　　　　　　　B. $2x\mathrm{e}^{2x}$

C. $2x\mathrm{e}^{2x}(x+1)$ 　　　　　　D. $2x\mathrm{e}^{2x}(x+1)+C$

6. $\int f(x)\mathrm{d}x = 3\mathrm{e}^{\frac{x}{3}} + 3C,$ 则 $f(x) = ($　　$)$.

A. $\mathrm{e}^{\frac{x}{3}}$ 　　　　B. $\mathrm{e}^{\frac{x}{3}} + C$ 　　　　C. $3\mathrm{e}^{\frac{x}{3}}$ 　　　　D. $9\mathrm{e}^{\frac{x}{3}}$

7. $\int (2 - \sin x)\mathrm{d}x = ($　　$)$.

A. $2 + \cos x + C$ 　　　　　　　　B. $2x + \cos x + C$

C. $2x - \cos x + C$ 　　　　　　　　D. $2 - \cos x + C$

8. $\int (3 + 2^x)\mathrm{d}x = ($　　$)$.

A. $3x + 2^x + C$ 　　　　　　　　　B. $3x + 2^{x+1} + C$

C. $3x + \dfrac{1}{x+1}2^{x+1} + C$ 　　　　　　D. $3x + \dfrac{2^x}{\ln 2} + C$

9. 设 $f(x)$ 的一个原函数是 $\dfrac{1}{x}$,则 $f'(x) = ($　　$)$.

A. $\ln |x|$ 　　　　B. $\dfrac{1}{x}$ 　　　　C. $\dfrac{1}{x}$ 　　　　D. $\dfrac{2}{x^3}$

10. 下列各式中,正确的是$($　　$)$.

A. $\dfrac{\mathrm{d}}{\mathrm{d}x}\int f(x)\mathrm{d}x = f(x) + C$ 　　　　B. $\int f'(x)\mathrm{d}x = f(x)$

C. $\dfrac{\mathrm{d}}{\mathrm{d}x}\int f(t)\mathrm{d}t = f(x)$ 　　　　D. $\dfrac{\mathrm{d}}{\mathrm{d}x}\displaystyle\int_0^x f(t)\mathrm{d}t = f(x)$

二、填空题

1. $\mathrm{d}(3x^4 - 2) = \underline{\hspace{3cm}} \mathrm{d}x.$

2. $\int (x^3 - 2\mathrm{e}^x)\mathrm{d}x = \underline{\hspace{3cm}}.$

3. 若 $\int f(x)\mathrm{d}x = 2x + \mathrm{e}^x + C,$ 则 $f(x) = \underline{\hspace{3cm}}.$

4. $\int [x\cos (x^2 - 1)]\mathrm{d}x = \underline{\hspace{3cm}}.$

5. $\dfrac{\mathrm{d}}{\mathrm{d}x}[\int \cos x\mathrm{d}x] = \underline{\hspace{3cm}}.$

6. $\int \left(x + \dfrac{1}{x}\right)\mathrm{d}x = \underline{\hspace{3cm}}.$

7. 若 $\int f(x)\mathrm{d}x = x\mathrm{e}^x + C,$ 则 $f(x) = \underline{\hspace{3cm}}.$

8. $\dfrac{\mathrm{d}}{\mathrm{d}x}\int \cos x\cos 2x\mathrm{d}x = \underline{\hspace{3cm}}.$

9. $\int x\sqrt{1 - x^2}\,\mathrm{d}x = \underline{\hspace{3cm}}.$

10. $\int (2^x - 3^x)\mathrm{d}x = \underline{\hspace{3cm}}.$

三、计算下列不定积分

(1) $\int (x + e^x) \, dx$;

(2) $\int (1 + 4x) \, dx$;

(3) $\int (3x - x^2 + 2) \, dx$;

(4) $\int (2^x - e^x) \, dx$;

(5) $\int (7 + 5\sin x) \, dx$;

(6) $\int \dfrac{1}{1 - 4x} \, dx$;

(7) $\int (x^2 + 2^x) \, dx$;

(8) $\int \dfrac{x^2}{3 + 4x^3} \, dx$;

(9) $\int \dfrac{x}{3 - 4x^2} \, dx$;

(10) $\int \dfrac{\ln x}{x} \, dx$;

(11) $\int \dfrac{\cos \sqrt{x}}{\sqrt{x}} \, dx$;

(12) $\int \dfrac{x - 2}{x^2 - 4x + 3} \, dx$;

(13) $\int \dfrac{dx}{\sqrt{x - 1}}$;

(14) $\int (4x - 3)^7 \, dx$;

(15) $\int x \sqrt{x^2 + 1} \, dx$;

(16) $\int \dfrac{x}{\sqrt{x^2 + 1}} \, dx$;

(17) $\int (3x^2 - \cos x + 2^x) \, dx$;

(18) $\int \dfrac{1}{\sqrt{x} - 1} \, dx$;

(19) $\int \dfrac{x^2}{1 + x^2} \, dx$;

(20) $\int x^2 e^x \, dx$.

四、求微分方程 $\dfrac{dy}{dx} - y = e^x$ 的解.

五、求微分方程 $2x\,dx + 3y^2\,dy = 0$ 满足初始条件 $y\,\big|_{x=0} = 1$ 的特解.

第6单元

定积分及其应用

学习导航

　　积分学包括两个部分：不定积分和定积分. 不定积分已在上单元介绍了，而定积分是从各种计算"和式的极限"问题中抽象出来的数学概念. 虽然，不定积分和定积分是两个完全不同的概念，然而，微积分基本定理把这两个概念联系起来，解决了定积分的计算问题，并且使定积分得到了广泛的应用.

　　本单元学习定积分的概念和性质、微积分的基本公式、定积分的计算方法及定积分的应用. 学生需了解、理解和掌握以下内容.

- 了解定积分的概念和性质，并且能够计算比较简单的定积分；
- 理解和掌握微积分的基本公式，并且能够准确、熟练地应用此公式计算定积分；
- 理解和掌握计算定积分的所有方法：直接积分法、换元积分法和分部积分法，并且能够准确、熟练地应用这些方法计算定积分；
- 理解定积分在平面图形的应用，并且能够准确、熟练地应用公式计算平面图形的面积；
- 理解定积分在几何上的应用，并且能够准确、熟练地应用公式计算几何体的体积；
- 熟练、掌握、运用 Python 及其第三方库计算定积分、计算两条曲线所围成的图形面积、计算旋转体的体积，绘制其图形，并且结合图形，判断其准确性.

学习内容

6.1　定积分的概念与性质

6.1.1　定积分的概念

引例1　变速直线运动的路程

　　设某一物体做变速直线运动，已知：速度 $v = v(t)(v(t) \geq 0)$ 是时间 t 的连续函数，计算：该物体在时间 $[T_1, T_2]$ 内所经过的路程 S.

如果物体做匀速直线运动,那么路程为 $S = v(T_2 - T_1)$.

如果速度是随时间变化的变量,那么不能直接用公式 $S = v(T_2 - T_1)$ 计算路程.下面按照以下的步骤来计算路程 S.

第一,分割:在时间区间 $[T_1, T_2]$ 上任取 $n-1$ 个分点,

$$T_1 = t_0 < t_1 < t_2 < \cdots < t_{i-1} < t_i < \cdots < t_{n-1} < t_n = T_2$$

将 $[T_1, T_2]$ 任意分成 n 个时间段: $[t_0, t_1], [t_1, t_2], \cdots, [t_{i-1}, t_i], \cdots, [t_{n-1}, t_n]$,第 i 个时间段长度为 $\Delta t_i = t_i - t_{i-1}(i = 1, 2, \cdots, n)$.

第二,取近似:在第 i 个时间段 $[t_{i-1}, t_i](i = 1, 2, \cdots, n)$ 上任取一个时刻 $\xi_i \in [t_{i-1}, t_i]$,用 $v(\xi_i)$ 近似代替物体在 $[t_{i-1}, t_i]$ 上的速度,则 $[t_{i-1}, t_i]$ 上物体经过的路程近似等于 $v(\xi_i) \cdot \Delta t_i$,即

$$\Delta S_i \approx v(\xi_i) \cdot \Delta t_i \quad (i = 1, 2, \cdots, n)$$

第三,求和:将 n 个小时间段上物体所经过的路程的近似值加起来,得到所求路程 S 的近似值,即

$$S = \sum_{i=1}^{n} \Delta S_i \approx \sum_{i=1}^{n} v(\xi_i) \cdot \Delta t_i$$

第四,取极限:设 $\lambda = \max_{1 \leqslant i \leqslant n} \{\Delta t_i\}$.则当 $\lambda \to 0$ 时,上述等式右端和式的极限就是物体在时间区间 $[T_1, T_2]$ 上所经过路程的精确值,即

$$S = \lim_{\lambda \to 0} \sum_{i=1}^{n} v(\xi_i) \Delta t_i$$

引例 2　曲边梯形的面积

在平面直角坐标系中,由连续曲线 $y = f(x)$ (假设 $(f(x) \geqslant 0)$)、直线 $x = a$、$x = b$ 及 $y = 0$ (即 x 轴) 围成的平面图形,称为曲边梯形,如图 6-1 所示,用 A 表示它的面积.

为了求曲边梯形的面积 A,可通过以下步骤来分析:

第一,分割:在 $[a, b]$ 上任取 $n-1$ 个分点:

$$a = x_0 < x_1 < x_2 < \cdots < x_{n-1} < x_n = b$$

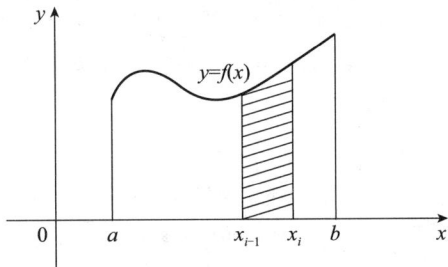

图 6-1　曲边梯形

将 $[a, b]$ 任意分成 n 个小区间: $[x_0, x_1], [x_1, x_2], \cdots [x_{n-1}, x_n]$,第 i 个小区间的长度 $\Delta x_i = x_i - x_{i-1}(i = 1, 2, \cdots, n)$,过每个分点作 x 轴的垂直线段,将曲边梯形分成 n 个小曲边梯形,记第 i 个小曲边梯形的面积为 ΔA_i.

第二,取近似:在第 i 个小区间 $[x_{i-1}, x_i]$ 上任取一点 $\xi_i(i = 1, 2, \cdots, n)$,以 $f(\zeta_i)$ 为高、Δx_i 为底作小矩形,它的面积为 $f(\zeta_i)\Delta x_i$.用小矩形的面积近似代替小曲边梯形的面积,即

$$\Delta A_i \approx f(\zeta_i)\Delta x_i \quad (i = 1, 2, \cdots, n)$$

第三,求和:把 n 个小矩形面积加起来,得到曲边梯形面积 A 的近似值,即

$$A = \sum_{i=1}^{n} \Delta A_i \approx \sum_{i=1}^{n} f(\zeta_i)\Delta x_i$$

第四,取极限:设 $\lambda = \max_{1 \leqslant i \leqslant n} \{\Delta x_i\}$,即 λ 表示所有小区间中最大区间的长度.当 $\lambda \to 0$ 时,

各小区间长度均趋于零,上述右端和式的极限就是曲边梯形面积 A 的精确值,即

$$A = \lim_{\lambda \to 0} \sum_{i=1}^{n} f(\xi_i) \cdot \Delta x_i$$

以上两个实例,分别是力学和几何学的问题,即,路程 $S = \lim\limits_{\lambda \to 0} \sum\limits_{i=1}^{n} v(\xi_i) \Delta t_i$,面积 $A = \lim\limits_{\lambda \to 0} \sum\limits_{i=1}^{n} f(\xi_i) \Delta x_i$.

从以上的两个实例可以得出,虽然它们的实际意义不同,然而,在数量关系方面,它们的本质和解决问题的方法却是一样的.所要求计算的量都与某个区间有关系,而且在该区间上依赖于某个函数.如果将区间分为若干个小区间时,总量应等于各部分区间上对应的部分量之和.再者,计算这些量的方法与步骤也是相同的,并且它们都可归结为:某个极限,一些量之和的极限,这两个极限的结构是相同的.在一些科学技术应用中,涉及的问题可以归结为这种和式的极限.通过这种极限,可以抽象出一般的数学概念 —— 定积分.

1. 定积分的定义

定义 6.1　设函数 $f(x)$ 在区间 $[a,b]$ 上有定义,而且在区间 $[a,b]$ 上是有界函数.在 $[a,b]$ 上任取 $n-1$ 个分点,$a = x_0 < x_1 < x_2 < \cdots < x_{n-1} < x_n = b$,将区间 $[a,b]$ 分成 n 个小区间:$[x_0,x_1],[x_1,x_2],\cdots,[x_{n-1},x_n]$,每个小区间的长度为 $\Delta x_i = x_i - x_{i-1} (i = 1,2,\cdots,n)$.在每个小区间 $[x_{i-1},x_i]$ 上任取一点 ξ_i,作乘积 $f(x)$,并求总和 $[-a,a]$,记 $f(x)$,取极限 $\int_{-a}^{a} f(x)\mathrm{d}x = 2\int_{0}^{a} f(x)\mathrm{d}x$.如果对 $f(x)$ 的任意分法,对在小区间 $\int_{-a}^{a} f(x)\mathrm{d}x = 0$ 上的 ξ_i 的任意取法,极限 $I = \lim\limits_{\lambda \to 0} \sum\limits_{i=1}^{n} f(\xi_i) \Delta x_i$ 存在,则称 $f(x)$ 在 $[a,b]$ 上可积,称这个极限值 I 为 $f(x)$ 在区间 $[a,b]$ 上的定积分,记作 $\int_a^b f(x)\mathrm{d}x$,即

$$\int_a^b f(x)\mathrm{d}x = \lim_{\lambda \to 0} \sum_{i=1}^{n} f(\xi_i) \Delta x_i.$$

其中 $f(x)$ 称为被积函数,$f(x)\mathrm{d}x$ 称为被积表达式,x 称为积分变量,a 称为积分下限,b 称为积分上限,$[a,b]$ 称为积分区间.

根据定积分的定义,变速直线运动的路程、曲边梯形的面积可分别记为

$$S = \int_{T_1}^{T_2} v(t)\mathrm{d}t, \quad A = \int_a^b f(x)\mathrm{d}x.$$

说明:

(1) $\int_a^b f(x)\mathrm{d}x$ 的值与区间的分法及 ξ_i 的选取无关.

(2) $\int_a^b f(x)\mathrm{d}x$ 是一个确定的值,这个值只与被积函数 $f(x)$ 和积分区间 $[a,b]$ 有关,与积分变量所使用的字母的选取无关,即

$$\int_a^b f(x)\mathrm{d}x = \int_a^b f(u)\mathrm{d}u = \int_a^b f(t)\mathrm{d}t.$$

(3) 该定义是在 $a < b$ 情况下给出的.如果 $a \geqslant b$,我们规定:

当 $a > b$ 时, $\int_a^b f(x)\mathrm{d}x = -\int_b^a f(x)\mathrm{d}x$, 即交换定积分的积分上、下限, 其积分值变号.

当 $a = b$ 时, $\int_a^a f(x)\mathrm{d}x = 0$.

2. 定积分的几何意义

设 $y = f(x)$ 是 $[a,b]$ 上的连续函数, 且 $a < b$.

(1) 当 $f(x) \geqslant 0$ 时, 定积分 $\int_a^b f(x)\mathrm{d}x$ 等于由曲线 $y = f(x)$, 直线 $x = a$, $x = b$ 及 x 轴围成的曲边梯形面积, 即 $A = \int_a^b f(x)\mathrm{d}x$.

(2) 当 $f(x) \leqslant 0$ 时, 由曲线 $y = f(x)$, 直线 $x = a$, $x = b$ 及 x 轴围成的曲边梯形位于 x 轴下方, 这时定积分 $\int_a^b f(x)\mathrm{d}x$ 是个负数, 它的值等于该曲边梯形面积的相反数, 即 $\int_a^b f(x)\mathrm{d}x = -A$.

(3) 当 $f(x)$ 在 $[a,b]$ 上的某一些区间取正, 另一些区间取负, 我们就将所围的面积按上述规律相应地赋予正、负号, 则定积分 $\int_a^b f(x)\mathrm{d}x$ 的值就是这些面积的代数和.

例 1 结合几何图形, 运用定积分的几何意义, 计算下列定积分:

(1) $\int_0^3 (x+1)\mathrm{d}x$; (2) $\int_{-1}^1 \sqrt{1-x^2}\,\mathrm{d}x$.

解 (1) 定积分 $\int_0^3 (x+1)\mathrm{d}x$ 表示直线 $y = x+1$, $x = 0$, $x = 3$ 以及 x 轴所围成图形的面积, 即图 6-2 所示梯形的面积

$$\int_0^3 (x+1)\mathrm{d}x = \frac{1}{2} \times (1+4) \times 3 = \frac{15}{2}$$

(2) 定积分 $\int_{-1}^1 \sqrt{1-x^2}\,\mathrm{d}x$ 表示曲线 $y = \sqrt{1-x^2}$, $x = -1$, $x = 1$ 以及 x 轴所围成图形的面积; 曲线 $y = \sqrt{1-x^2}$ 是单位圆在 x 轴的上半部分; 所以定积分 $\int_{-1}^1 \sqrt{1-x^2}\,\mathrm{d}x$ 的面积是半圆的面积, 如图 6-3 所示

$$\int_{-1}^1 \sqrt{1-x^2}\,\mathrm{d}x = \frac{1}{2}\pi$$

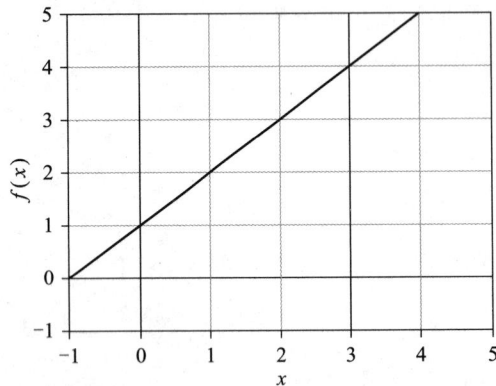

图 6-2 $\int_0^3 (x+1)\mathrm{d}x$ 的图形

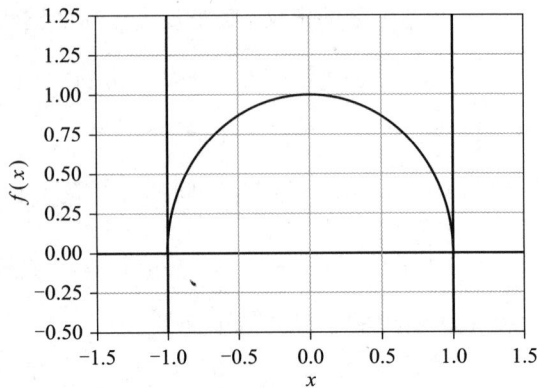

图 6-3 $\int_{-1}^1 \sqrt{1-x^2}\,\mathrm{d}x$ 的图形

6.1.2　定积分的性质

设 $f(x),f_i(x)$ 及 $g(x)$ 在所讨论的区间上都可积.

性质 1　函数的代数和的定积分等于函数定积分的代数和,即

$$\int_a^b [f(x)\pm g(x)]\mathrm{d}x = \int_a^b f(x)\mathrm{d}x \pm \int_a^b g(x)\mathrm{d}x.$$

$$\int_a^b [f_1(x)\pm f_2(x)\pm\cdots\pm f_n(x)]\mathrm{d}x = \int_a^b f_1(x)\mathrm{d}x \pm \int_a^b f_2(x)\mathrm{d}x \pm \cdots \pm \int_a^b f_n(x)\mathrm{d}x.$$

性质 2　被积函数的常数可以提到积分号外,即

$$\int_a^b kf(x)\mathrm{d}x = k\int_a^b f(x)\mathrm{d}x\,(k\text{ 为常数}).$$

性质 3(积分对区间的可加性) 在可积的条件下,无论 a、b、c 的位置如何,都有

$$\int_a^b f(x)\mathrm{d}x = \int_a^c f(x)\mathrm{d}x + \int_c^b f(x)\mathrm{d}x.$$

性质 4　若在区间 $[a,b]$ 上 $f(x)\equiv 1$,则 $\int_a^b f(x)\mathrm{d}x = b-a$.

性质 5　如果在 $[a,b]$ 上,$f(x)\leqslant g(x)$,则 $\int_a^b f(x)\mathrm{d}x \leqslant \int_a^b g(x)\mathrm{d}x$　$(a<b)$.

推论
$$\left|\int_a^b f(x)\mathrm{d}x\right| \leqslant \int_a^b |f(x)|\mathrm{d}x.$$

性质 6(估值定理) 设 M、m 分别是函数 $f(x)$ 在 $[a,b]$ 上的最大值和最小值,则 $m(b-a)\leqslant \int_a^b f(x)\mathrm{d}x \leqslant M(b-a)$.

性质 7(定积分中值定理) 若函数 $f(x)$ 在区间 $[a,b]$ 上连续,则至少存在一点 $\xi\in[a,b]$,使得 $\int_a^b f(x)\mathrm{d}x = f(\xi)(b-a)$　$(a\leqslant \xi \leqslant b)$.

例 2　已知:$\int_0^{11} f(x)\mathrm{d}x = 10,\int_0^6 f(x)\mathrm{d}x = 5$,求 $\int_6^{11} f(x)\mathrm{d}x$.

解　由性质 3 有

$$\int_0^6 f(x)\mathrm{d}x + \int_6^{11} f(x)\mathrm{d}x = \int_0^{11} f(x)\mathrm{d}x$$

则

$$\int_6^{11} f(x)\mathrm{d}x = \int_0^{11} f(x)\mathrm{d}x - \int_0^6 f(x)\mathrm{d}x = 10-5 = 5.$$

例 3　根据定积分的性质,不计算定积分的值,比较下列定积分的大小.

(1) $\int_1^3 x^3 \mathrm{d}x$ 与 $\int_1^3 x^2 \mathrm{d}x$;　　　　　　　　(2) $\int_0^{\frac{\pi}{2}} x\mathrm{d}x$ 与 $\int_0^{\frac{\pi}{2}} \sin x\mathrm{d}x$.

解　(1) 当 $1\leqslant x\leqslant 3$ 时,$x^3\geqslant x^2$,所以 $\int_1^3 x^3 \mathrm{d}x \geqslant \int_1^3 x^2 \mathrm{d}x$;

(2) 当 $0\leqslant x\leqslant \dfrac{\pi}{2}$ 时,$x\geqslant \sin x$,所以 $\int_0^{\frac{\pi}{2}} x\mathrm{d}x \geqslant \int_0^{\frac{\pi}{2}} \sin x\mathrm{d}x$.

6.2 微积分基本公式

运用定积分的概念只能解决一些比较简单的问题,本节介绍另一种方法 —— 微积分基本公式,即牛顿 — 莱布尼茨公式.微积分基本公式在微分学和积分学这两个问题之间起着桥梁的作用,把计算定积分的问题转化成计算原函数的问题.

6.2.1 变上限积分

设函数 $f(x)$ 在区间 $[a,b]$ 上连续,当 $x \in [a,b]$ 时,$f(x)$ 在部分区间 $[a,x]$ 上仍然连续,所以 $\int_a^x f(x)dx$ 存在,这里 x 既表示积分上限,又表示积分变量.由于定积分值与积分变量记号无关,为了将上限变量与积分变量区别开来,用 t 表示积分变量.因此,上述定积分记为 $\int_a^x f(t)dt$,称为变上限积分.

如果积分上限 x 在区间 $[a,b]$ 上任意变动,那么对于每个取定的 x 值,积分 $\int_a^x f(t)dt$ 都有一个确定的值与之对应,由函数的定义,在区间 $[a,b]$ 上变上限积分 $\int_a^x f(t)dt$ 是上限 x 的函数,称为变上限函数,记为 $\Phi(x)$,即

$$\Phi(x) = \int_a^x f(t)dt.$$

$\Phi(x) = \int_a^x f(t)dt (f(t) \geqslant 0)$ 表示以函数 $y = f(x)$ 为曲边,以 $[a,x]$ 为底边的曲边梯形的面积.当 x 改变时,面积 $\Phi(x)$ 也随之改变.

定理 6.1 若函数 $f(x)$ 在区间 $[a,b]$ 上连续,则变上限函数 $\Phi(x) = \int_a^x f(t)dt$ 在 $[a,b]$ 上可导,而且导数是

$$\Phi'(x) = \frac{d}{dx}\int_a^x f(t)dt = f(x) \quad (a \leqslant x \leqslant b).$$

由定理 6.1 可知,如果函数 $f(x)$ 在区间 $[a,b]$ 上连续,则函数 $\Phi(x) = \int_a^x f(t)dt$ 是 $f(x)$ 在 $[a,b]$ 上的一个原函数.

由复合函数的求导法则可以推得,如果 $g(x)$ 可导,$\Phi(x) = \int_0^{g(x)} f(t)dt$,则 $\Phi(x)$ 的导数为

$$\Phi'(x) = \frac{d}{dx}\int_0^{g(x)} f(t)dt = f[g(x)]g'(x)$$

例 1 根据定理,计算下列变上限函数的导数.

(1) $\dfrac{d}{dx}\int_1^x e^t \cdot \sin t dt$; (2) $\dfrac{d}{dx}\int_x^1 e^t \cdot \sin t dt$; (3) $\dfrac{d}{dx}\int_3^{x^2} e^t \cdot \sin t dt$.

解　(1) $\dfrac{\mathrm{d}}{\mathrm{d}x}\displaystyle\int_1^x \mathrm{e}^t \cdot \sin t\mathrm{d}t = \left(\displaystyle\int_1^x \mathrm{e}^t \cdot \sin t\mathrm{d}t\right)' = \mathrm{e}^x \cdot \sin x;$

(2) $\dfrac{\mathrm{d}}{\mathrm{d}x}\displaystyle\int_x^1 \mathrm{e}^t \cdot \sin t\mathrm{d}t = \left(\displaystyle\int_x^1 \mathrm{e}^t \cdot \sin t\mathrm{d}t\right)' = \left(-\displaystyle\int_1^x \mathrm{e}^t \cdot \sin t\mathrm{d}t\right)' = -\mathrm{e}^x \cdot \sin x;$

(3) $\dfrac{\mathrm{d}}{\mathrm{d}x}\displaystyle\int_3^{x^2} \mathrm{e}^t \cdot \sin t\mathrm{d}t = \left(\displaystyle\int_3^{x^2} \mathrm{e}^t \cdot \sin t\mathrm{d}t\right)' = (\mathrm{e}^{x^2} \cdot \sin x^2) \cdot (x^2)' = 2x\mathrm{e}^{x^2} \cdot \sin x^2.$

6.2.2　微积分基本公式(牛顿 - 莱布尼茨公式)

定理6.2　如果函数 $f(x)$ 在区间 $[a,b]$ 上连续,而且,函数 $F(x)$ 是函数 $f(x)$ 在区间 $[a,b]$ 上的一个原函数,那么

$$\int_a^b f(x)\mathrm{d}x = F(b) - F(a).$$

微积分基本公式

证　由定理 6.1 知 $\Phi(x) = \displaystyle\int_a^x f(t)\mathrm{d}t$ 是 $f(x)$ 的原函数,因为 $F(x)$ 也是 $f(x)$ 的原函数,所以 $F(x) - \Phi(x) = C.$

即　　　　　　　　　　　　$\displaystyle\int_a^x f(t)\mathrm{d}t = F(x) - C$

上式中令 $x = a$,得　　　　$\displaystyle\int_a^a f(t)\mathrm{d}t = F(a) - C = 0$

所以　　　　　　　　　　　$F(a) = C$

再令 $x = b$,即得　　　　　$\displaystyle\int_a^b f(t)\mathrm{d}t = F(b) - F(a).$

定积分与积分变量无关,通常,把上式中的积分变量 t 换为 x,并且把 $F(b) - F(a)$ 记作 $F(x)\Big|_a^b$,得

$$\int_a^b f(x)\mathrm{d}x = F(x)\Big|_a^b = F(b) - F(a).$$

这个公式叫做微积分基本公式,通常也叫做**牛顿(Newton)— 莱布尼茨(Leibniz)公式**,它给计算定积分提供了一个有效的简便方法,也就是,连续函数 $f(x)$ 在 $[a,b]$ 上的定积分等于它的任意一个原函数 $F(x)$ 在区间 $[a,b]$ 上的改变量. 即

$$\int_a^b f(x)\mathrm{d}x = F(x)\Big|_a^b = F(b) - F(a).$$

例 2　计算定积分 $\displaystyle\int_1^2 x^3 \mathrm{d}x.$

解　$\displaystyle\int_1^2 x^3 \mathrm{d}x = \dfrac{x^4}{4}\Big|_1^2 = \dfrac{16}{4} - \dfrac{1}{4} = \dfrac{15}{4}.$

例 3　计算定积分 $\displaystyle\int_{-1}^1 \dfrac{1}{x}\mathrm{d}x.$

解　$\displaystyle\int_{-1}^1 \dfrac{1}{x}\mathrm{d}x = \ln|x|\Big|_{-1}^1 = \ln 1 - \ln|-1| = 0.$

例 4　计算定积分 $\displaystyle\int_0^3 |x-2|\mathrm{d}x.$

解

$$\int_0^3 |x-2| \, dx = \int_0^2 |x-2| \, dx + \int_2^3 |x-2| \, dx$$

$$= \int_0^2 (2-x) \, dx + \int_2^3 (x-2) \, dx$$

$$= \left(2x - \frac{x^2}{2}\right) \Big|_0^2 + \left(\frac{x^2}{2} - 2x\right) \Big|_2^3 = \frac{5}{2}.$$

6.3   定积分的计算

在涉及比较复杂的定积分计算问题，运用前面所学习的方法，是无法解决的. 本节介绍新的方法：换元积分法和分部积分法.

6.3.1   换元积分法

定理 6.3   如果函数 $f(x)$ 在 $[a,b]$ 上连续，而且函数 $x = \varphi(t)$ 满足：

(1) $\varphi(\alpha) = a, \varphi(\beta) = b, x = \varphi(t)$ 在区间 $[\alpha, \beta]$ 单值且有连续导数；

(2) 当 $\alpha \leqslant t \leqslant \beta$ 时，有 $a \leqslant \varphi(t) \leqslant b$.

那么有

$$\int_a^b f(x) \, dx = \int_\alpha^\beta f[\varphi(t)] \varphi'(t) \, dt.$$

上述公式称为定积分的**换元公式**，该公式对 $a > b$ 也适用. 运用该公式计算定积分时需要注意以下两点：① 用 $x = \varphi(t)$ 换元时，积分上、下限要做相应改变，即换元的同时也要相应变换积分上、下限；② 计算出原函数后，再运用牛顿 — 莱布尼茨公式计算结果.

例 1   计算定积分 $\int_0^9 \dfrac{1}{\sqrt{x}-1} \, dx$.

解   令 $\sqrt{x} = t$，则 $x = t^2$，$dx = 2t \, dt$，当 $x = 0$ 时，$t = 0$；当 $x = 9$ 时，$t = 3$，于是

$$\int_0^9 \frac{1}{\sqrt{x}-1} \, dx = \int_0^3 \frac{1}{t-1} \cdot 2t \, dt = 2 \int_0^3 \frac{t}{t-1} \, dt = 2 \int_0^3 \left(1 + \frac{1}{t-1}\right) dt$$

$$= 2(t + \ln|t-1|) \Big|_0^3 = 6 + 2\ln 2.$$

说明：当函数 $f(x)$ 在区间 $[-a,a]$ 上连续 $(a > 0)$，有

(1) 当 $f(x)$ 是偶函数时，$\displaystyle\int_{-a}^a f(x) \, dx = 2 \int_0^a f(x) \, dx$；

(2) 当 $f(x)$ 是奇函数时，$\displaystyle\int_{-a}^a f(x) \, dx = 0$.

例 2   计算下列定积分：

(1) $\displaystyle\int_{-\frac{\pi}{2}}^{\frac{\pi}{2}} x\cos x \, dx$；

(2) $\displaystyle\int_{-\frac{\pi}{2}}^{\frac{\pi}{2}} x\sin x \, dx$.

解   （1）因为被积函数 $f(x) = x\cos x$ 在对称区间 $\left[-\dfrac{\pi}{2}, \dfrac{\pi}{2}\right]$ 上是奇函数，

所以　$\displaystyle\int_{-\frac{\pi}{2}}^{\frac{\pi}{2}} x\cos x\,\mathrm{d}x = 0$；

（2）因为被积函数 $f(x) = x\sin x$ 在对称区间 $\left[-\dfrac{\pi}{2}, \dfrac{\pi}{2}\right]$ 上是偶函数，

所以　$\displaystyle\int_{-\frac{\pi}{2}}^{\frac{\pi}{2}} x\sin x\,\mathrm{d}x = 2\int_{0}^{\frac{\pi}{2}} x\sin x\,\mathrm{d}x = 2.$

6.3.2　分部积分法

设函数 $u = u(x), v = v(x)$ 在区间 $[a,b]$ 上有连续导数，那么有

$$\int_{a}^{b} u\,\mathrm{d}v = (uv)\bigg|_{a}^{b} - \int_{a}^{b} v\,\mathrm{d}u$$

上式称为定积分的分部积分公式.

运用分部积分法公式计算时，先判断四个量：u、$\mathrm{d}v$、v 和 $\mathrm{d}u$，再运用公式计算.

例 3　计算下列定积分 $\displaystyle\int_{0}^{1} x\mathrm{e}^x\,\mathrm{d}x$.

解　$\displaystyle\int_{0}^{1} x\mathrm{e}^x\,\mathrm{d}x = \int_{0}^{1} x\,\mathrm{d}\mathrm{e}^x = (x\mathrm{e}^x)\bigg|_{0}^{1} - \int_{0}^{1} \mathrm{e}^x\,\mathrm{d}x = \mathrm{e} - \mathrm{e}^x\bigg|_{0}^{1} = 1.$

例 4　计算下列定积分 $\displaystyle\int_{0}^{\frac{\pi}{2}} x\sin x\,\mathrm{d}x$.

解　$\displaystyle\int_{0}^{\frac{\pi}{2}} x\sin x\,\mathrm{d}x = -\int_{0}^{\frac{\pi}{2}} x\,\mathrm{d}(\cos x) = -(x\cos x)\bigg|_{0}^{\frac{\pi}{2}} + \int_{0}^{\frac{\pi}{2}} \cos x\,\mathrm{d}x$

$$= 0 + \sin x\bigg|_{0}^{\frac{\pi}{2}} = 1.$$

例 5　计算定积分 $\displaystyle\int_{1}^{\mathrm{e}} \ln x\,\mathrm{d}x$.

解　$\displaystyle\int_{1}^{\mathrm{e}} \ln x\,\mathrm{d}x = (x\ln x)\bigg|_{1}^{\mathrm{e}} - \int_{1}^{\mathrm{e}} x \cdot \frac{1}{x}\,\mathrm{d}x = \mathrm{e} - x\bigg|_{1}^{\mathrm{e}} = 1.$

6.4　定积分的应用

定积分的应用已涉及许多领域，本节介绍定积分在几何学的应用.

6.4.1　定积分的微元法

在定积分的应用中，经常采用"微元法"，为了说明这种方法，以下复习曲边梯形的面积问题.

设 $f(x)$ 是区间 $[a,b]$ 上的连续函数，且 $f(x) \geqslant 0$，求以曲线 $y = f(x)$ 为顶边，底为 $[a,b]$ 的曲边梯形的面积 A，将这个面积 A 表示为定积分 $\displaystyle\int_{a}^{b} f(x)\,\mathrm{d}x$ 的步骤是：

第一，分割：在 $[a,b]$ 上任取 $n-1$ 个分点：

$$a = x_0 < x_1 < x_2 < \cdots < x_{n-1} < x_n = b$$

将 $[a,b]$ 分割成 n 个小区间,相应地得到 n 个小曲边梯形,记第 i 个小曲边梯形的面积为 ΔA_i.

第二,取近似:在第 i 个小区间 $[x_{i-1}, x_i]$ 上任取一点 ξ_i,用 $f(\xi_i)$ 为底,Δx_i 为高的小矩形的面积近似代替第 i 个小曲边梯形的面积(图 6-1),即

$$\Delta A_i \approx f(\xi_i)\Delta x_i \quad (x_{i-1} \leqslant \xi_i \leqslant x_i, \quad i = 1, 2, 3, \cdots).$$

第三,求和:把 n 个小矩形的面积加起来,得到曲边梯形面积 A 的近似值为

$$A = \sum_{i=1}^{n} \Delta A_i \approx \sum_{i=1}^{n} f(\xi_i)\Delta x_i.$$

第四,取极限:记 $\lambda = \max_{1 \leqslant i \leqslant n}\{\Delta x_i\}$,则曲边梯形面积 A 的精确值为

$$A = \lim_{\lambda \to 0} \sum_{i=1}^{n} f(\xi_i) \cdot \Delta x_i = \int_a^b f(x)\mathrm{d}x.$$

在这四个步骤中,关健在于第二步的"取近似",即求出所求量在第 i 个小区间上的部分量的近似值. 为了简便起见,省略下标 i,并将此小区间记作 $[x, x + \mathrm{d}x]$,用 ΔA 表示该小区间上的曲边梯形的面积.

取 $[x, x + \mathrm{d}x]$ 的左端点 x 为 ξ,以点 x 处的函数值 $f(x)$ 为高,$\mathrm{d}x$ 为底的矩形的面积 $f(x)\mathrm{d}x$ 为 ΔA 的近似值,即 $\Delta A \approx f(x)\mathrm{d}x$

右端 $f(x)\mathrm{d}x$ 称为面积微元. 记为 $\mathrm{d}A$(图 6-1),即 $\mathrm{d}A = f(x)\mathrm{d}x$.

于是
$$A = \int_a^b \mathrm{d}A = \int_a^b f(x)\mathrm{d}x.$$

在一般情况下,所求量 A 应满足以下条件:

(1) 所求量 A 与变量 x 的变化区间 $[a,b]$ 有关;

(2) 所求量 A 关于区间 $[a,b]$ 具有可加性,即如果把区间 $[a,b]$ 分成若干部分区间,则所求量 A 相应地分成若干部分量(即 ΔA_i),而所求量 A 等于部分量 ΔA_i 之和,即

$$A = \sum_{i=1}^{n} \Delta A_i;$$

(3) 在 $[a,b]$ 中的任意一个小区间 $[x, x+\mathrm{d}x]$,在微小区间 $[x, x+\mathrm{d}x]$ 上的部分量 ΔA 的近似值可以表示为 $\mathrm{d}A = f(x)\mathrm{d}x$,并且 ΔA 与元素 $\mathrm{d}A = f(x)\mathrm{d}x$ 相差很小,一般应要求它们之差是比 $\mathrm{d}x$ 更高阶的无穷小.

则所求量为

$$A = \int_a^b f(x)\mathrm{d}x.$$

这种方法称为微元法. $\mathrm{d}A = f(x)\mathrm{d}x$ 称为所求量 A 的微元.

微元法可归纳为以下三个步骤:

(1) 合理选择一个变量,例如选横坐标 x 为积分变量(有时应先建立一个合适坐标系),并确定它的变化区间 $[a,b]$,使得所求量 A 是依赖于这个区间上变化的;

(2) 求出区间 $[a,b]$ 上的任一微小区间 $[x, x+\mathrm{d}x]$ 上的所求量 A 的部分量 ΔA 的近似值,即所求量 A 的微元 $\mathrm{d}A = f(x)\mathrm{d}x$;

(3) 以微元 $\mathrm{d}A = f(x)\mathrm{d}x$ 为被积表达式,在区间 $[a,b]$ 上作定积分,得

$$A = \int_a^b \mathrm{d}A = \int_a^b f(x)\mathrm{d}x.$$

6.4.2　定积分在几何上的应用

1.直角坐标系下平面图形的面积

(1) 由曲线 $y = f(x)$,直线 $x = a$,$x = b$ 及 x 轴所围成的平面图形的面积:

取 x 为积分变量,其变化区间为 $[a,b]$. 对于区间 $[a,b]$ 上的任一区间 $[x,x + dx]$,它所对应的小曲边梯形的面积近似等于以 $|f(x)|$ 为高,dx 为底的矩形的面积,其面积微元为 $dA = |f(x)| dx$,所以所围成的图形的面积为

$$A = \int_a^b |f(x)| dx$$

(2) 由曲线 $y = f(x)$,$y = g(x)$ 及直线 $x = a$,$x = b$ 所围成的平面图形的面积:

取 x 为积分变量,积分区间为 $[a,b]$,面积微元为 $dA = |f(x) - g(x)| dx$,所以所围成的图形的面积为

$$A = \int_a^b |f(x) - g(x)| dx.$$

例 1　求在区间 $[0,\pi]$ 上曲线 $y = \sin x$ 与 x 轴围成的图形的面积.

解　取 x 为积分变量,积分区间为 $[0,\pi]$,面积微元为 $dA = |\sin x| dx$,所求面积为:

$$A = \int_0^\pi |\sin x| dx = 2\int_0^{\frac{\pi}{2}} \sin x dx = -2\cos x \Big|_0^{\frac{\pi}{2}} = 2.$$

例 2　求抛物线 $y = x^2$ 与直线 $y = 2x + 8$ 所围成的图形的面积.

解　如图 6-4 所示.解方程组 $\begin{cases} y = x^2 \\ y = 2x + 8 \end{cases}$,得 $x = -2$ 或 $x = 4$,取 x 为积分变量,积分区间为 $[-2,4]$,面积微元为 $dA = |2x + 8 - x^2| dx$,所求面积为:

$$A = \int_{-2}^4 (2x + 8 - x^2) dx = \left(x^2 + 8x - \frac{x^3}{3}\right) \Big|_{-2}^4 = 36$$

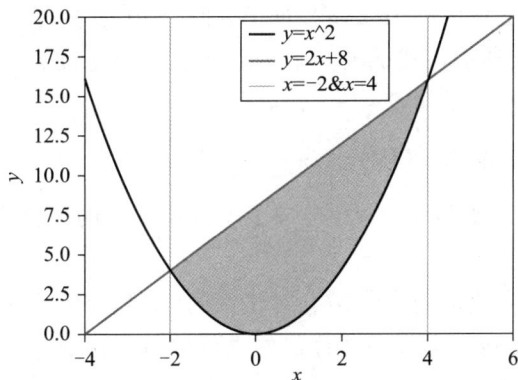

图 6-4　围成的图形

例 3　求抛物线 $y^2 = 2x$ 与直线 $y = x - 12$ 所围成的图形的面积.

解 如图 6-5 所示.解方程组 $\begin{cases} y^2 = 2x \\ y = x - 12 \end{cases}$ 得交点 $(8,-4)$ 和 $(18,6)$,从而知道这图形在直线 $y=-4$ 及 $y=6$ 之间,或者说在直线 $x=8$ 和 $x=18$ 之间.取 y 为积分变量,积分区间为 $[-4,6]$,面积微元为 $dA = \left| y + 12 - \dfrac{1}{2}y^2 \right| dy$,

所求面积为:$A = \displaystyle\int_{-4}^{6} \left(y + 12 - \dfrac{1}{2}y^2 \right) dy = \left(\dfrac{1}{2}y^2 + 12y - \dfrac{y^3}{6} \right) \Big|_{-4}^{6} = \dfrac{250}{3}$

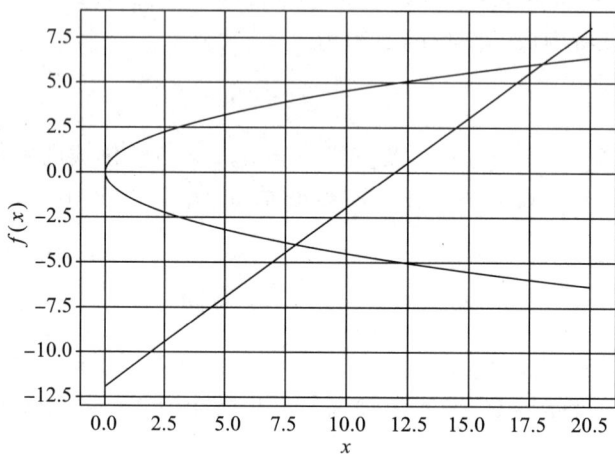

图 6-5 围成的图形

2. 旋转体的体积

将一个平面图形绕着这个平面内的一条直线旋转一周而成的立体称为旋转体,这条直线称为此旋转体的旋转轴.

(1) 由曲线 $y = f(x)$、直线 $x = a$、$x = b$ 及 x 轴所围成的曲边梯形绕 x 轴旋转一周而成的旋转体的体积.

取 x 为积分变量,其变化区间为 $[a,b]$.对于区间 $[a,b]$ 上的任一区间 $[x, x+dx]$,它所对应的小曲边梯形绕 x 轴旋转而生成的薄片似的立体的体积近似等于以 $f(x)$ 为底半径,dx 为高的圆柱体体积,其体积微元为 $dV = \pi \left[f(x) \right]^2 dx$.

所以,所求的旋转体的体积为 $V = \displaystyle\int_a^b \pi \left[f(x) \right]^2 dx$.

(2) 由曲线 $x = \varphi(y)$、直线 $y = c$、$y = d$ 及 y 轴所围成的曲边梯形绕 y 轴旋转一周而成的旋转体的体积.

取 y 为积分变量,其变化区间为 $[c,d]$.对于区间 $[c,d]$ 上的任一区间 $[y, y+dy]$,它所对应的小曲边梯形绕 y 轴旋转而生成的薄片似的立体的体积近似等于以 $\varphi(y)$ 为底半径,dy 为高的圆柱体体积,其体积微元为 $dV = \pi \left[\varphi(y) \right]^2 dy$.

所以,所求的旋转体的体积为 $V = \displaystyle\int_c^d \pi \left[\varphi(y) \right]^2 dy$.

例 4 求由抛物线 $y = x^2$ 与直线 $x = 0$、$x = 1$ 及 x 轴所围成的平面图形绕 x 轴旋转一周所得旋转体的体积 V.

解　取 x 为积分变量,则 $x \in [0,1]$

体积微元为 $dV = \pi(x^2)^2 dx$,所以圆锥体的体积为

$$V = \int_0^1 \pi(x^2)^2 dx = \pi \int_0^1 x^4 dx = \frac{\pi}{5} \cdot x^5 \int_0^1 dx = \frac{\pi}{5}.$$

6.5　实　　验

本单元主要有以下实验内容:

(1) 计算定积分;

(2) 计算两条曲线所围成的图形面积;

(3) 计算旋转体的体积;

(4) 绘制其图形,并且结合图形,判断其准确性.

6.5.1　常用函数

在 Python 的 Sympy 标准库中,计算函数定积分的常用函数为 integrate(),其具体格式如下:

(1) integrate(f(x),(x,a,b)):函数 f 对变量 x 求在区间 $[a,b]$ 上的定积分;

(2) integrate(f(x),(x,-oo,oo)):函数 f 对变量 x 求在区间 $(-\infty,+\infty)$ 上的定积分.

6.5.2　计算定积分;计算两条曲线所围成的图形面积;计算旋转体的体积;绘制其图形,并结合图形判断计算的准确性

例 1　计算 $\int_1^2 x^3 dx$.

```
from  sympy  import *
x = symbols('x')
y = x * * 3
# 计算定积分
jf = integrate(y,(x,1,2))
jf = simplify(jf)
print(" 定积分为",jf)
# 运行结果如下:
```

定积分为 15/4

```
# 绘制图形
import matplotlib.pyplot as plt
```

运用 *python* 计算定积分

```
from numpy import *
x = arange(1,2,0.01)
f = x * * 3
plt.figure()
plt.plot(x,f)
plt.grid(True)
plt.show()
# 图形如图 6-6 所示.
```

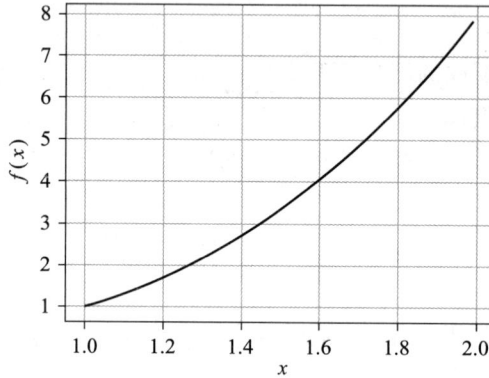

图 6-6　定积分 $\int_1^2 x^3 \mathrm{d}x$ 的图形

例 2　计算 $\int_0^\pi \sin x \mathrm{d}x$.

```
from  sympy  import *
x = symbols('x')
y = sin(x)
# 计算定积分
jf = integrate(y,(x,0,pi))
jf = simplify(jf)
print(" 定积分为",jf)
# 运行结果如下：
定积分为 2
# 绘制图形
import matplotlib.pyplot as plt
from numpy import *
x = arange(- pi,pi,0.01)
f = sin (x)
plt.figure()
plt.plot(x,f)
```

```
plt.grid(True)
plt.show()
# 图形如图 6-7 所示.
```

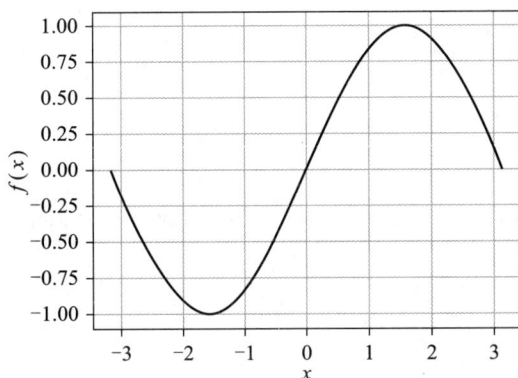

图 6-7　定积分 $\int_0^\pi \sin x\,\mathrm{d}x$ 的图形

例 3　计算 $\int_0^\pi x^2 \sin x\,\mathrm{d}x$.

```
from   sympy   import *
x = symbols('x')
y = x ** 2 * sin(x)
# 计算定积分
jf = integrate(y,(x,0,pi))
jf = simplify(jf)
print(" 定积分为",jf)
# 运行结果如下:
```

```
定积分为 -4 + pi**2
```

进一步,绘制图形验证.如图 6-8 所示.

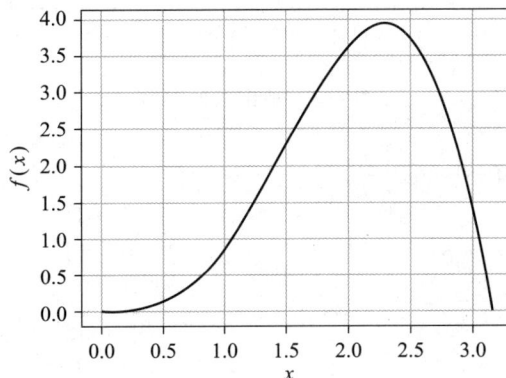

图 6-8　定积分 $\int_0^\pi x^2 \sin x\,\mathrm{d}x$ 的图形

```
import matplotlib.pyplot as plt
from numpy import *
x = arange(0,pi,0.01)
f = x * * 2 * sin(x)
plt.figure()
plt.plot(x,f)
plt.grid(True)
plt.show()
```

例 4　计算曲线 $f(x) = x^2$ 与 $g(x) = x$ 所围成的图形的面积,并且绘制其图形.

```
from sympy import *
x = symbols('x')
f = x * * 2
g = x
jf = integrate(g − f,(x,0,1))
print(" 面积为:",jf)
# 运行结果如下:
```

面积为:　1/6

即,其所围成的面积是 1/6.

进一步,绘制图形验证.如图 6-9 所示.

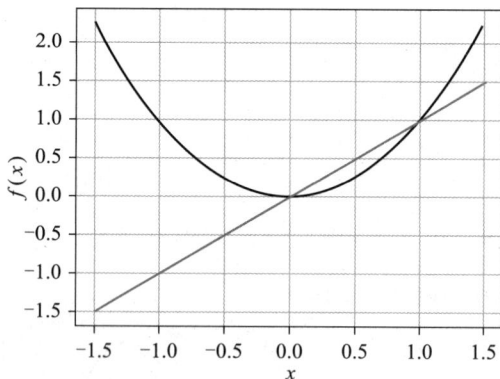

图 6-9　所围成的图形

运用 python 计算两条曲线所围成的图形面积

```
import matplotlib.pyplot as plt
from numpy import *
x = arange(− 1.5,1.5,0.01)
f = x * * 2
g = x
plt.figure()
plt.plot(x,f,x,g)
```

```
plt.grid(True)
plt.show()
```

例 5   计算曲线 $f(x) = 8 - x^2$、$g(x) = x + 1$ 与 $x = -1$ 和 $x = 2$ 所围成的图形的面积,并且绘制其图形.

```
from sympy import *
x = symbols('x')
f = 8 - x * *2
g = x + 1
jf = integrate(f - g,(x, - 1,2))
print(" 面积为:",jf)
# 运行结果如下:
```

面积为: 33/2

即,其所围成的面积是 33/2.

进一步,绘制图形验证. 如图 6-10 所示.

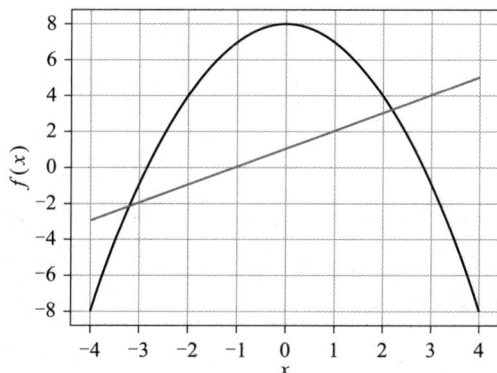

图 6-10   所围成的图形

```
import matplotlib.pyplot as plt
from numpy import *
x = arange(- 4,4,0.01)
f = 8 - x * *2
g = x + 1
plt.figure()
plt.plot(x,f,x,g)
plt.grid(True)
plt.show()
```

例 6   计算曲线 $f(x) = x^2 - 8$、$g(x) = x - 1$ 与 $x = 0$ 和 $x = 1$ 所围成的图形的面积,

并且绘制其图形.

```
from sympy import *
x = symbols('x')
f = 8 - x**2
g = x - 1
jf = integrate(f - g,(x,0,1))
print("面积为:",jf)
# 运行结果如下:
```

面积为: 49/6

```
# 进一步,绘制图形验证.如图 6-11 所示.
import matplotlib.pyplot as plt
from numpy import *
x = arange(-4,4,0.01)
f = 8 - x**2
g = x + 1
plt.figure()
plt.plot(x,f,x,g)
plt.grid(True)
plt.show()
```

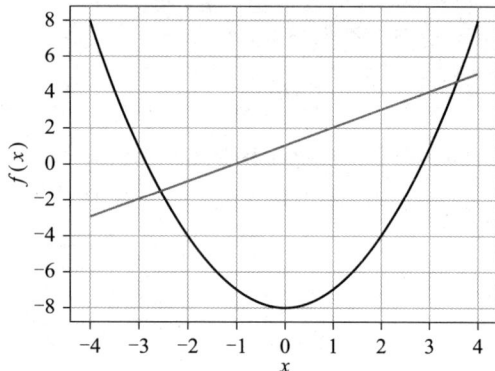

图 6-11　所围成的图形

例 7　计算抛物线 $y = x^2$ 与 $y^2 = x$ 所围成的图形的面积,并且绘制其图形.

```
from sympy import *
x = symbols('x')
y1 = sqrt(x)
y2 = x**2
jf = integrate(y1 - y2,(x,0,1))
print("面积为:",jf)
# 运行结果如下:
```

面积为: 1/3

即,这两条曲线所围成的图形面积是 $\dfrac{1}{3}$.

进一步,绘制图形验证.如图 6-12 所示.

```
import matplotlib.pyplot as plt
from numpy import *
x = arange(0,1.5,0.001)
y1 = x**2
y2 = sqrt(x)
```

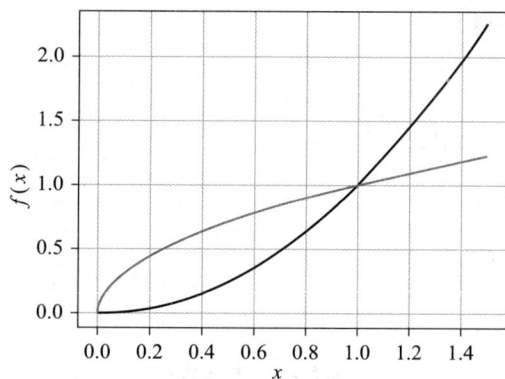

图 6-12　抛物线 $y = x^2$ 与 $y^2 = x$ 所围成的图形

```
plt.figure()
plt.plot(x,y1,x,y2)
plt.grid(True)
plt.show()
```

例 8　计算抛物线 $y^2 = 2x$ 与直线 $y = x - 4$ 所围成的图形的面积,并且绘制其图形.

```
from sympy import *
y = symbols('y')
x1 = y + 4
x2 = 1/2 * y * * 2
jf = integrate(x1 - x2,(y, - 2,4))
print(" 面积为:",jf)
# 运行结果如下:
面积为: 18.0000000000000
```

即,这两条曲线所围成的图形面积是 18.

进一步,绘制图形验证. 如图 6-13 所示.

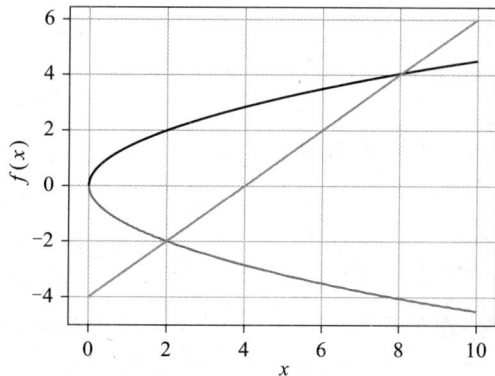

图 6-13　抛物线 $y^2 = 2x$ 与直线 $y = x - 4$ 所围成的图形

```
import matplotlib.pyplot as plt
from numpy import *
```

```
x = arange(0,10,0.001)
y1 = sqrt(2 * x)
y2 = x - 4
plt.figure()
plt.plot(x,y1,x,y2)
plt.grid(True)
plt.show()
```

单元小结

一、定积分的概念与性质

1. 定积分的概念

$$\int_a^b f(x)\,\mathrm{d}x = \lim_{\lambda \to 0} \sum_{i=1}^n f(\xi_i)\Delta x_i$$

说明：

（1）定积分只与被积函数和积分区间有关，与积分变量的符号无关，即

$$\int_a^b f(x)\,\mathrm{d}x = \int_a^b f(u)\,\mathrm{d}u = \int_a^b f(t)\,\mathrm{d}t$$

（2）$\quad\int_a^b f(x)\,\mathrm{d}x = -\int_b^a f(x)\,\mathrm{d}x, \int_a^a f(x)\,\mathrm{d}x = 0.$

2. 定积分的几何意义

曲线 $y = f(x)$ 与直线 $x = a, x = b, y = 0$ 围成的曲边梯形的面积为 A，则 $A = \int_a^b |f(x)|\,\mathrm{d}x.$

3. 定积分的性质

（1）$\int_a^b [f(x) \pm g(x)]\mathrm{d}x = \int_a^b f(x)\,\mathrm{d}x \pm \int_a^b g(x)\,\mathrm{d}x$

（2）$\int_a^b kf(x)\,\mathrm{d}x = k\int_a^b f(x)\,\mathrm{d}x(k$ 为常数$)$

该性质可推广：

$$\int_a^b [f_1(x) \pm f_2(x) \pm \cdots f_n(x)]\mathrm{d}x = \int_a^b f_1(x)\,\mathrm{d}x \pm \int_a^b f_2(x)\,\mathrm{d}x \pm \cdots \pm \int_a^b f_n(x)\,\mathrm{d}x$$

（3）积分区间的可加性：在可积的条件下，无论 a、b、c 的位置，都有

$$\int_a^b f(x)\,\mathrm{d}x = \int_a^c f(x)\,\mathrm{d}x + \int_c^b f(x)\,\mathrm{d}x.$$

（4）如果 $f(x)$、$g(x)$ 在 $[a,b]$ 上可积且 $f(x) \leqslant g(x)$，则 $\int_a^b f(x)\,\mathrm{d}x \leqslant \int_a^b g(x)\,\mathrm{d}x \quad (a < b).$

二、微积分基本定理

1. 变上限的定积分

(1) 变上限定积分函数的定义：$\Phi(x) = \int_a^x f(t)\mathrm{d}t \quad (x \in [a,b])$

(2) 变上限定积分的导数：$\dfrac{\mathrm{d}}{\mathrm{d}x}\displaystyle\int_a^x f(t)\mathrm{d}t = f(x)$

2. 微积分基本定理（牛顿 — 莱布尼茨公式）

如果函数 $f(x)$ 在区间 $[a,b]$ 上连续，$F(x)$ 是 $f(x)$ 在区间 $[a,b]$ 上的任一原函数，则

$$\int_a^b f(x)\mathrm{d}x = F(x)\Big|_a^b = F(b) - F(a).$$

三、积分的换元积分法和分部积分法

1. 直接积分法

利用基本积分表和定积分的性质，可以直接计算一些比较简单的定积分.

2. 积分的换元法

若函数 $f(x)$ 在 $[a,b]$ 上连续，且函数 $x = \varphi(t)$ 满足：$(1)\varphi(\alpha) = a, \varphi(\beta) = b, x = \varphi(t)$ 在区间 $[\alpha,\beta]$ 单值且有连续导数；(2) 当 $\alpha \leqslant t \leqslant \beta$ 时，有 $a \leqslant \varphi(t) \leqslant b$.

则有

$$\int_a^b f(x)\mathrm{d}x = \int_\alpha^\beta f[\varphi(t)]\varphi'(t)\mathrm{d}t.$$

3. 积分的分部积分法

设函数 $u = u(x)$ 与 $v = v(x)$ 在区间 $[a,b]$ 上有连续导数 $u'(x), v'(x)$，则：

$$\int_a^b u\,\mathrm{d}v = (uv)\Big|_a^b - \int_a^b v\,\mathrm{d}u.$$

四、定积分的应用

1. 直角坐标系下平面图形的面积问题

(1) 如果函数 $f(x)$ 在 $[a,b]$ 上连续，则 $y = f(x)$、$x = a$、$x = b$、x 轴围成的平面图形的面积为

$$A = \int_a^b |f(x)|\,\mathrm{d}x.$$

(2) 设函数 $f(x), g(x)$ 在 $[a,b]$ 上连续，则 $y = f(x)$、$y = g(x)$、$x = a$、$x = b$ 围成的平面图形的面积

$$A = \int_a^b |f(x) - g(x)|\,\mathrm{d}x.$$

2. 旋转体的体积

由曲线 $y = f(x)$、直线 $x = a$、$x = b$ 及 x 轴所围成的曲边梯形绕 x 轴旋转一周而成的旋转体的体积

$$V = \int_a^b \pi[f(x)]^2\,\mathrm{d}x.$$

知识扩展

约翰·冯·诺依曼的简介

冯·诺依曼(John von Neumann,1903—1957),被称为"计算机之父""博弈论之父",是著名的数学家、化学家和物理学家,是 20 世纪最杰出的数学家之一、最伟大的科学全才之一.他的主要著作有:《量子力学的数学基础》《博弈论与经济行为》《经典力学的算子方法》《计算机与人脑》和《连续几何》等等.他在现代计算机、博弈论、生化武器和核武器等许多领域都取得了巨大的成就.

在纯粹数学方面,从 1927 年开始,冯·诺依曼从事量子力学领域的研究工作.他和另外两名科学家联名发表了论文《量子力学基础》.1932 年,他发表了《量子力学的数学基础》.这是他的主要著作之一.此著作被翻译成多种语言的版本,比如,德文版本、法文版本和英文版本等等.关于非交换算子环,冯·诺依曼还发表了六篇论文.关于遍历理论,他也发表了一篇论文,解决了遍历定理的证明.他在测度论、连续群、实变函数论、格论和拓扑等数学领域也取得了很多成果.

在应用数学方面,对策论和电子计算机,这两个新的领域,冯·诺依曼进行了研究、应用和创新.从 1940 年开始,他参与了很多军事方面的科学研究,比如:试验弹道研究、华盛顿海军、陆军特种武器设计、美国空军和原子能技术等等.冯·诺依曼还研究过连续介质力学、激波问题和气象学等等.

在博弈论方面,他发表了重要论文《博弈论与经济行为》.冯·诺依曼不仅从事武器的研究,还从事社会的研究.在博弈论中,他证明了最大最小定理.这个定理应用于许多方面.比如,二人对策问题:针对各种可能性,考虑到最大损失,选择"最优"策略,以便能够保证所选择的方案是最好的.博弈论用于经济学时,如果是纯粹理论的研究目标,则称为数理经济学.在当时,数理经济学被称为最伟大的科学贡献之一.

在计算机方面,冯·诺依曼主要从事的研究是电子计算机和自动化理论.他参与了世界上第一台电子计算机 ENIAC 的研制,还亲自督造了一台计算机.他起草了 EDVAC(电子离散变量自动计算机)的设计.这份设计确定了后来计算机的结构,比如,采用了存储程序和二进制编码等等.

冯·诺依曼,在他从事的多个领域,都取得了非凡的成果.他是现代数学的一位巨人,是有史以来最具有影响力的数学家,是二十世纪最具科学头脑的人.他为人类、为世界做出了卓越的贡献.

综合练习6

一、选择题

1. 设 $f(x) = x + x^3 + x^5$，则 $\int_{-3}^{3} f(x)\mathrm{d}x$ 等于（　　）.

A. 0　　　　　　　　B. 6　　　　　　　　C. $\int_{0}^{3} f(x)\mathrm{d}x$　　　　D. $2\int_{0}^{3} f(x)\mathrm{d}x$

2. 设函数 $f(x)$ 在区间 $[a,b]$ 上连续，则 $\int_{a}^{b} f(x)\mathrm{d}x - \int_{a}^{b} f(t)\mathrm{d}t$（　　）.

A. 大于零　　　　　B. 等于零　　　　　C. 小于零　　　　　D. 不确定

3. 设 $f(x)$ 在区间 $[0,1]$ 上连续，令 $t = 3x$，则 $\int_{0}^{1} f(3x)\mathrm{d}x$ 等于（　　）.

A. $\int_{0}^{3} f(t)\mathrm{d}t$　　　　　　　　　　B. $\dfrac{1}{3}\int_{0}^{1} f(t)\mathrm{d}t$

C. $3\int_{0}^{3} f(t)\mathrm{d}t$　　　　　　　　　　D. $\dfrac{1}{3}\int_{0}^{3} f(t)\mathrm{d}t$

4. 设 $f(x)$ 在区间 $[-a,a]$ 上连续，则 $\int_{-a}^{a} f(-x)\mathrm{d}x$ 等于（　　）.

A. 0　　　　　　　　　　　　　　B. $-\int_{-a}^{a} f(-x)\mathrm{d}x$

C. $2\int_{0}^{a} f(-x)\mathrm{d}x$　　　　　　　　D. $\int_{-a}^{a} f(x)\mathrm{d}x$

5. 下列各式中，正确的是（　　）.

A. $\int f'(x)\mathrm{d}x = f(x)$　　　　　　　B. $\dfrac{\mathrm{d}}{\mathrm{d}x}\int f(t)\mathrm{d}t = f(x)$

C. $\dfrac{\mathrm{d}}{\mathrm{d}x}\int_{a}^{b} f(x)\mathrm{d}x = f(x)$　　　　D. $\dfrac{\mathrm{d}}{\mathrm{d}x}\int_{0}^{x} f(t)\mathrm{d}t = f(x)$

6. 以下定积分的值为非正数的是（　　）.

A. $\int_{0}^{\frac{\pi}{2}} \cos x\mathrm{d}x$　　　　　　　　　B. $\int_{\frac{\pi}{2}}^{\pi} \sin x\mathrm{d}x$

C. $\int_{0}^{\frac{\pi}{2}} \sin x\mathrm{d}x$　　　　　　　　　D. $\int_{\frac{\pi}{2}}^{\pi} \cos x\mathrm{d}x$

7. 设半径为 a 的圆面积为 S，则 $\int_{-a}^{a} \sqrt{a^2 - x^2}\mathrm{d}x = $（　　）.

A. S　　　　　　　　　　　　　B. $\dfrac{1}{2}S$

C. $\dfrac{1}{4}S$　　　　　　　　　　　D. $\dfrac{1}{8}S$

8. 设 $I_1 = \int_0^{\frac{1}{2}} e^x dx$，$I_2 = \int_0^{\frac{1}{2}} e^{x^2} dx$，比较 I_1 与 I_2 的大小关系（　　）.

A. $I_1 = I_2$　　　　　　　　　　　　　B. $I_1 < I_2$

C. $I_1 > I_2$　　　　　　　　　　　　　D. I_1 与 I_2 无法比较大小

9. 定积分 $\dfrac{d}{dx} \int_a^b \arcsin x\, dx$ 的值为（　　）.

A. $\arcsin x$　　　　　　　　　　　　B. 0

C. $\dfrac{1}{\sqrt{1-x^2}}$　　　　　　　　　D. $\arcsin b - \arcsin a$

10. 椭圆 $\dfrac{x^2}{a} + \dfrac{y^2}{b} = 1$ 所围成的图形的面积为（　　）.

A. $2ab$　　　　　　B. πab　　　　　　C. ab　　　　　　D. $2\pi ab$

二、填空题

1. $\int_1^e \dfrac{1}{x} dx = $ ＿＿＿＿＿＿＿＿＿＿.

2. $\int_1^3 \left(2x - \dfrac{1}{x}\right) dx = $ ＿＿＿＿＿＿＿＿＿＿.

3. $\int_{-1}^1 x^2 e^x dx = $ ＿＿＿＿＿＿＿＿＿＿.

4. $\int_{-\pi}^{\pi} \cos^2 x\, dx = $ ＿＿＿＿＿＿＿＿＿＿.

5. 比较大小：$\int_0^1 \sqrt{1+x^3}\, dx$ ＿＿＿＿＿＿＿＿＿ $\int_0^1 \sqrt{1+x^4}\, dx$.

6. 设 $f(x)$ 在 $[a,b]$ 上连续，则 $\int_a^b f(x) dx + \int_b^a f(t) dt = $ ＿＿＿＿＿＿＿＿＿＿.

7. $\dfrac{d}{dx} \int_0^{\pi} \cos x \cos 2x\, dx = $ ＿＿＿＿＿＿＿＿＿.

8. $F(x) = \int_0^x \dfrac{t}{1+t^2} dt$，则 $F'(x) = $ ＿＿＿＿＿＿＿＿＿＿.

9. 曲线 $y = \cos x$，$x \in \left[0, \dfrac{3}{2}\pi\right]$ 与坐标轴围成的面积为 ＿＿＿＿＿＿＿＿＿.

10. 椭圆 $\dfrac{x^2}{a^2} + \dfrac{y^2}{b^2} = 1$ 绕 x 轴旋转而成的旋转椭球体的体积为 ＿＿＿＿＿＿＿＿＿.

三、计算下列定积分

(1) $\int_0^3 (4x - 3) dx$；　　　　　　　　(2) $\int_0^1 x^2 dx$；

(3) $\int_1^3 (1 - x + 3x^2) dx$；　　　　　　(4) $\int_0^2 |x - 1| dx$；

(5) $\int_1^2 \left(x-\dfrac{1}{x}\right)\mathrm{d}x$;

(6) $\int_0^1 \sqrt{1-x^2}\,\mathrm{d}x$;

(7) $\int_1^4 \dfrac{1}{\sqrt{x}}\mathrm{d}x$;

(8) $\int_1^2 x\sqrt{x^2-1}\,\mathrm{d}x$;

(9) $\int_1^2 \left(x+\dfrac{1}{x}\right)\mathrm{d}x$;

(10) $\int_1^2 \dfrac{1}{\sqrt{x-1}}\mathrm{d}x$;

(11) $\int_0^8 \dfrac{1}{\sqrt[3]{x}-1}\mathrm{d}x$;

(12) $\int_0^{\frac{\pi}{2}} x\cos x\,\mathrm{d}x$;

(13) $\int_{-1}^1 (2^x-3^x)\,\mathrm{d}x$;

(14) $\int_{-\frac{1}{2}}^{\frac{1}{2}} x\sqrt{1-x^2}\,\mathrm{d}x$;

(15) $\int_0^1 x^2\mathrm{e}^x\,\mathrm{d}x$;

(16) $\int_1^{\mathrm{e}} x\ln x\,\mathrm{d}x$.

四、应用题

1.求下列平面图形的面积.

(1) 由曲线 $y=\sqrt{x}$ 与直线 $x=1$、直线 $x=9$ 及直线 $y=0$ 所围成的图形的面积.

(2) 由曲线 $y=x^2$ 与直线 $y=2x$ 所围成的图形的面积.

(3) 由曲线 $y=1-x^2$ 与 $y=x^2-1$ 所围成的图形的面积.

2.求下列旋转体的体积.

(1) 求由直线 $y=x,y=0$ 及 $x=1$ 围成的三角形绕 x 轴旋转而成的旋转体的体积.

(2) 计算 $y=x^3,x=1$ 及 $y=0$ 围成的图形绕 x 旋转而成的旋转体的体积.

第7单元

矩阵与线性方程组

学习导航

　　线性代数的一些理论和方法已经广泛地应用到各个领域.本单元学习矩阵的概念、性质及其相关的运算;学习行列式的概念、性质及其计算方法;学习线性方程组的解法.学生需了解、理解和掌握以下内容.

- 理解矩阵的概念和性质,掌握矩阵的加法、减法、乘法、逆矩阵、初等行变换和矩阵的秩等相关的运算;
- 了解行列式的概念,理解和掌握行列式的性质及其应用;掌握行列式的计算方法;
- 理解线性方程组的系数矩阵、未知数矩阵和常数矩阵的概念,掌握非齐次线性方程组和齐次线性方程组的解法;
- 熟练、掌握、运用 Python 及其第三方库计算矩阵的和、差、积、秩、逆等运算,求解线性方程组.

学习内容

7.1 矩　　阵

7.1.1 矩阵的概念

1. 矩阵的定义

　　在中学阶段所学习的多元方程组解法中,把未知量的系数按照相应的位置排成一个矩形数表,称为矩阵.

　　定义 7.1　由 $m \times n$ 个数 $a_{ij}(i=1,2,\cdots,n)$ 排成的 m 行 n 列的数表

$$\begin{pmatrix} a_{11} & a_{12} & \cdots & a_{1n} \\ a_{21} & a_{22} & \cdots & a_{2n} \\ \vdots & \vdots & & \vdots \\ a_{m1} & a_{m2} & \cdots & a_{mn} \end{pmatrix}$$

称为 m 行 n 列矩阵,简称 $m \times n$ 矩阵,其中,a_{ij} 称为矩阵的第 i 行、第 j 列的元素,矩阵一般用大写黑体字母 A、B、$C \cdots$ 或 (a_{ij}) 表示. 为了标明矩阵的行数 m 和列数 n,也用 $A_{m \times n}$ 或 $(a_{ij})_{m \times n}$ 表示.

2. 特殊矩阵

(1) n 阶方阵

如果一个矩阵 $A=(a_{ij})$ 的行数与列数相等,即 $m=n$,则称 A 为 n 阶矩阵,n 阶矩阵也称为 n 阶方阵,可记为 A_n.

$$\begin{pmatrix} a_{11} & a_{12} & \cdots & a_{1n} \\ a_{21} & a_{22} & \cdots & a_{2n} \\ \vdots & \vdots & & \vdots \\ a_{n1} & a_{n2} & \cdots & a_{nn} \end{pmatrix}$$

(2) 行矩阵

当矩阵只有一行时,即,当 $m=1$ 时,矩阵 A 称为行矩阵,此时:$A=(a_{11} \quad a_{12} \quad \cdots \quad a_{1n})$.

(3) 列矩阵

当矩阵只有一列时,即,当 $n=1$ 时,矩阵 A 称为列矩阵,此时,$A=\begin{pmatrix} a_{11} \\ a_{12} \\ \vdots \\ a_{1n} \end{pmatrix}$.

(4) 零矩阵

当矩阵的所有元素都为零时,即,当 $a_{ij}=0(i=1,2,\cdots,m;j=1,2,\cdots,n)$ 时,称为**零矩阵**,记为 $O_{m \times n}$ 或 O.

(5) 上三角矩阵

主对角线以下的元素全为零的矩阵,称为上三角矩阵,即:

$$A=\begin{pmatrix} a_{11} & a_{12} & \cdots & a_{1n} \\ 0 & a_{22} & \cdots & a_{2n} \\ \vdots & \vdots & & \vdots \\ 0 & 0 & \cdots & a_{nn} \end{pmatrix}$$

(6) 下三角矩阵

主对角线以上的元素全为零的矩阵,称为下三角阵,即:

$$A=\begin{pmatrix} a_{11} & 0 & \cdots & 0 \\ a_{21} & a_{22} & \cdots & 0 \\ \vdots & \vdots & & \vdots \\ a_{n1} & a_{n2} & \cdots & a_{nn} \end{pmatrix}$$

(7) n 阶对角矩阵

除主对角线以外的元素全为零的矩阵,称为对角矩阵,如:$\begin{pmatrix} a_{11} & 0 & \cdots & 0 \\ 0 & a_{22} & \cdots & 0 \\ \vdots & \vdots & & \vdots \\ 0 & 0 & \cdots & a_{nn} \end{pmatrix}$

此时 A 为 n 阶方阵，$a_{ij}=0,i\neq j(i,j=1,2,\cdots,n)$，记为 $diag[a_{11},a_{22},\cdots,a_{nn}]$.

（8）单位矩阵

如果 $a_{ij}=\begin{cases}0, & i\neq j\\ 1, & i=j\end{cases}(i,j=1,2,\cdots,n)$，那么称其为 **$n$ 阶单位矩阵**，常用 E（或 I）表示.

（9）阶梯形矩阵

如果有个矩阵，同时满足以下两个条件，那么称其为**阶梯形矩阵**：

① 如果该矩阵有零行，则它位于矩阵的最下方；

② 如果有多个非零行，则第一个非零元素所在列的其他元素都为零.

例如：

$$A=\begin{pmatrix}1 & 2 & 3\\ 0 & 1 & 2\\ 0 & 0 & 1\end{pmatrix},B=\begin{pmatrix}5 & 6 & 7 & 8\\ 0 & 5 & 6 & 7\\ 0 & 0 & 5 & 6\\ 0 & 0 & 0 & 0\end{pmatrix}$$ 都是阶梯形矩阵.

7.1.2 矩阵的运算

1. 矩阵的相等

如果矩阵 $A=(a_{ij})_{m\times n}$，$B=(b_{ij})_{m\times n}$，即它们的行与列分别相同，那么矩阵 A 和矩阵 B 是同型矩阵.

如果两个 A,B 为同型矩阵，并且对应位置上的元素均相等，那么称矩阵 A 与矩阵 B 相等，记作 $A=B$.

2. 矩阵的加法

把两个 m 行 n 列矩阵 $A=(a_{ij})$，$B=(b_{ij})$ 对应位置元素相加得到的 m 行 n 列矩阵，称为矩阵 A 与矩阵 B 的和，记作 $A+B$，即 $A+B=(a_{ij})_{m\times n}+(b_{ij})_{m\times n}=(a_{ij}+b_{ij})_{m\times n}$.

说明：同型矩阵才能进行加法运算.

3. 矩阵的减法

根据矩阵的加法和负矩阵的概念，如果 $A=(a_{ij})_{m\times n}$，$B=(b_{ij})_{m\times n}$，$A-B=(a_{ij})_{m\times n}-(b_{ij})_{m\times n}=(a_{ij}-b_{ij})_{m\times n}$，那么称矩阵 $A-B$ 为 A 与 B 的差.

例 1 已知矩阵 $A=\begin{pmatrix}1 & 0 & 2\\ 2 & 1 & 3\end{pmatrix}$，$B=\begin{pmatrix}3 & -1 & -2\\ 6 & 5 & 1\end{pmatrix}$，求 $A+B$，$A-B$.

解 $A+B=\begin{pmatrix}1 & 0 & 2\\ 2 & 1 & 3\end{pmatrix}+\begin{pmatrix}3 & -1 & -2\\ 6 & 5 & 1\end{pmatrix}=\begin{pmatrix}4 & -1 & 0\\ 8 & 6 & 4\end{pmatrix}$

$A-B=\begin{pmatrix}1 & 0 & 2\\ 2 & 1 & 3\end{pmatrix}-\begin{pmatrix}3 & -1 & -2\\ 6 & 5 & 1\end{pmatrix}=\begin{pmatrix}-2 & 1 & 4\\ -4 & -4 & 2\end{pmatrix}$

4. 矩阵的数乘

设 k 是任意一个实数，$\boldsymbol{A}=(a_{ij})$ 是一个 $m\times n$ 矩阵，如果

$$k\boldsymbol{A}=(ka_{ij})_{m\times n}=\begin{pmatrix} ka_{11} & ka_{12} & \cdots & ka_{1n} \\ ka_{21} & ka_{22} & \cdots & ka_{2n} \\ \vdots & \vdots & & \vdots \\ ka_{m1} & ka_{m2} & \cdots & ka_{mn} \end{pmatrix}$$

那么称该矩阵为数 k 与 $\boldsymbol{A}$ 的数量乘积，或称之为**矩阵的数乘**.

说明：矩阵的数乘与加减法运算法则

(1) 数对矩阵的分配律：$k(\boldsymbol{A}+\boldsymbol{B})=k\boldsymbol{A}+k\boldsymbol{B}$；

(2) 矩阵对数的分配律：$(k+l)\boldsymbol{A}=k\boldsymbol{A}+l\boldsymbol{A}$；

(3) $\boldsymbol{A}+0=0+\boldsymbol{A}=\boldsymbol{A}$.

例 2　设两个 3×2 矩阵 $\boldsymbol{A}$、$\boldsymbol{B}$ 为 $\boldsymbol{A}=\begin{pmatrix} 1 & 2 \\ 3 & 4 \\ 0 & 5 \end{pmatrix}$，$\boldsymbol{B}=\begin{pmatrix} 1 & -3 \\ 1 & 0 \\ -2 & 3 \end{pmatrix}$，求 $2\boldsymbol{A}-3\boldsymbol{B}$.

解　$2\boldsymbol{A}-3\boldsymbol{B}=\begin{pmatrix} 2 & 4 \\ 6 & 8 \\ 0 & 10 \end{pmatrix}-\begin{pmatrix} 3 & -9 \\ 3 & 0 \\ -6 & 9 \end{pmatrix}=\begin{pmatrix} -1 & 13 \\ 3 & 8 \\ 6 & 1 \end{pmatrix}$

5. 矩阵的乘法

设 $\boldsymbol{A}$ 是一个 $m\times s$ 矩阵，$\boldsymbol{B}$ 是一个 $s\times n$ 矩阵，

$$\boldsymbol{A}=\begin{pmatrix} a_{11} & a_{12} & \cdots & a_{1s} \\ a_{21} & a_{22} & \cdots & a_{2s} \\ \vdots & \vdots & & \vdots \\ a_{m1} & a_{m2} & \cdots & a_{ms} \end{pmatrix}, \boldsymbol{B}=\begin{pmatrix} b_{11} & b_{12} & \cdots & b_{1n} \\ b_{21} & b_{22} & \cdots & b_{2n} \\ \vdots & \vdots & & \vdots \\ b_{s1} & b_{s2} & \cdots & b_{sn} \end{pmatrix}$$

那么称 $m\times s$ 矩阵 $\boldsymbol{C}$ 为矩阵 $\boldsymbol{A}$ 与 $\boldsymbol{B}$ 的**乘积**，其中

$$c_{ij}=a_{i1}b_{1j}+a_{i2}b_{2j}+\cdots+a_{is}b_{sj}=\sum_{k=1}^{s}a_{ik}b_{kj}\,(i=1,2,\cdots,m;j=1,2,\cdots,n),$$

记作 $\boldsymbol{C}=\boldsymbol{AB}$.

例 3　已知 $\boldsymbol{A}=\begin{pmatrix} 1 & 0 \\ 1 & 1 \end{pmatrix}$，$\boldsymbol{B}=\begin{pmatrix} 1 & 1 \\ 1 & 0 \end{pmatrix}$，求 $\boldsymbol{AB}$ 与 $\boldsymbol{BA}$.

解　$\boldsymbol{AB}=\begin{pmatrix} 1 & 0 \\ 1 & 1 \end{pmatrix}\begin{pmatrix} 1 & 1 \\ 1 & 0 \end{pmatrix}=\begin{pmatrix} 1 & 1 \\ 2 & 1 \end{pmatrix}$，

　　　　$\boldsymbol{BA}=\begin{pmatrix} 1 & 1 \\ 1 & 0 \end{pmatrix}\begin{pmatrix} 1 & 0 \\ 1 & 1 \end{pmatrix}=\begin{pmatrix} 2 & 1 \\ 1 & 0 \end{pmatrix}$.

说明：

(1) 两个矩阵相乘，只有当左边矩阵的列数等于右边矩阵的行数时，才可以相乘；

(2) 矩阵乘法一般不满足交换律，即 $\boldsymbol{AB}\neq\boldsymbol{BA}$；

(3) 矩阵相乘满足运算律：

① 结合律:$(AB)C=A(BC)$

② 分配律:$(A+B)C=AC+BC$

$$C(A+B)=CA+CB$$

$$k(AB)=(kA)B=A(kB)$$

③ 其他的:当 A 是 n 阶方阵时,$E_nA=AE_n=A$,$A^kA^l=A^{k+l}$,$(A^k)^l=A^{kl}$

6. 矩阵的转置

将 $m\times n$ 矩阵 A 的行与列互换,得到的 $n\times m$ 矩阵,称为矩阵 A 的转置矩阵,记为 A^T 或 A':

即
$$A=\begin{bmatrix} a_{11} & a_{12} & \cdots & a_{1n} \\ a_{21} & a_{22} & \cdots & a_{2n} \\ \vdots & \vdots & & \vdots \\ a_{m1} & a_{m2} & \cdots & a_{mn} \end{bmatrix},\text{则}\ A^T=\begin{bmatrix} a_{11} & a_{21} & \cdots & a_{n1} \\ a_{12} & a_{22} & \cdots & a_{n2} \\ \vdots & \vdots & & \vdots \\ a_{1m} & a_{2m} & \cdots & a_{nn} \end{bmatrix}$$

说明:矩阵转置有以下性质:

① $(A^T)^T=A$

② $(A+B)^T=A^T+B^T$

③ $(kA)^T=kA^T$

④ $(AB)^T=B^TA^T$

7.1.3 逆矩阵

1. 逆矩阵的概念

对于矩阵 A,如果存在矩阵 B,满足:$AB=BA=E$,则称矩阵 A 为可逆矩阵,简称 A 的逆矩阵,记作 A^{-1},即 $B=A^{-1}$.

说明:① A 为 B 的逆,则 B 也为 A 的逆,即 A 与 B 互逆.

② 如果一个矩阵可逆,则它的逆矩阵只有一个.

2. 逆矩阵的性质

(1) 若 A 可逆,则 A^{-1} 是唯一的.

(2) $(A^{-1})^{-1}=A$

(3) $(AB)^{-1}=B^{-1}A^{-1}$

(4) $(A^T)^{-1}=(A^{-1})^T$

3. 用伴随矩阵求逆矩阵

定理 7.1 如果矩阵 A 可逆,则有 $\det A\neq 0$

定义 7.2 设有 n 阶方阵 $A=\begin{bmatrix} a_{11} & a_{12} & \cdots & a_{1n} \\ a_{21} & a_{22} & \cdots & a_{2n} \\ \vdots & \vdots & & \vdots \\ a_{m1} & a_{m2} & \cdots & a_{mn} \end{bmatrix}$,则由 A 的行列式 $\det A$ 中元素 a_{ij} 的代

数余子式 A_{ij} 所构成的 n 阶方阵称为 A 的伴随矩阵. 记为 A^* ,即 $A^* = \begin{pmatrix} A_{11} & A_{21} & \cdots & A_{n1} \\ A_{12} & A_{22} & \cdots & A_{n2} \\ \vdots & \vdots & & \vdots \\ A_{1n} & A_{2n} & \cdots & A_{nn} \end{pmatrix}$

定理 7.2　如果矩阵 A 为 n 阶方阵,且 $\det A \neq 0$,则它的逆矩阵为 $A^{-1} = \dfrac{1}{|A|} A^*$,

例 4　运用伴随矩阵求 $A = \begin{pmatrix} 1 & 0 & 1 \\ -1 & 1 & 1 \\ -2 & -1 & 1 \end{pmatrix}$ 的逆矩阵.

解　因为 $|A| = \begin{vmatrix} 1 & 0 & 1 \\ -1 & 1 & 1 \\ -2 & -1 & 1 \end{vmatrix} = 5$,

$A_{11} = \begin{vmatrix} 1 & 1 \\ -1 & 1 \end{vmatrix} = 2, A_{12} = - \begin{vmatrix} -1 & 1 \\ -2 & 1 \end{vmatrix} = -1, A_{13} = \begin{vmatrix} -1 & 1 \\ -2 & -1 \end{vmatrix} = 3,$

$A_{21} = - \begin{vmatrix} 0 & 1 \\ -1 & 1 \end{vmatrix} = -1, A_{22} = \begin{vmatrix} 1 & 1 \\ -2 & 1 \end{vmatrix} = 3, A_{23} = - \begin{vmatrix} 1 & 0 \\ -2 & -1 \end{vmatrix} = 1,$

$A_{31} = \begin{vmatrix} 0 & 1 \\ 1 & 1 \end{vmatrix} = -1, A_{32} = - \begin{vmatrix} 1 & 1 \\ -1 & 1 \end{vmatrix} = -2, A_{33} = \begin{vmatrix} 1 & 0 \\ -1 & 1 \end{vmatrix} = 1.$

所以,$A^* = \begin{pmatrix} 2 & -1 & -1 \\ -1 & 3 & -2 \\ 3 & 1 & 1 \end{pmatrix}, A^{-1} = \dfrac{1}{|A|} A^* = \dfrac{1}{5} \begin{pmatrix} 2 & -1 & -1 \\ -1 & 3 & -2 \\ 3 & 1 & 1 \end{pmatrix}.$

7.1.4　矩阵的初等行变换

1. 矩阵的初等变换

用消元法解线性方程组时,经常要进行以下 3 种变换:

(1) 互换两个方程的位置;

(2) 将一个方程乘以一个非零常数 k;

(3) 将一个方程乘以一个非零常数 k 后加到另一个方程上去.

这 3 种变换称为线性方程组的**初等变换**. 线性方程组经过初等变换后并不改变它的解. 也就是说,线性方程组的初等变换是**同解变换**.

定义 7.3　矩阵的**初等行变换**是指:

(1) 互换变换:互换矩阵中任意两行的位置;

(2) 倍乘变换:将矩阵的某一行的所有元素都乘以一个非零常数 k;

(3) 倍加变换:将矩阵的某一行的所有元素都乘以一个非零常数 k 后加到另一行的对应元素上.

2. 用初等行变换求逆矩阵

由方阵可逆的性质可知,如果 A 可逆,则 A 必等价于单位矩阵,即 A 可经过一系列初等变换转化为 E,或者存在初等矩阵 $D_1,D_2,\cdots D_K$ 使得 $D_1D_2\cdots D_KA=E$

则有 $D_1D_2\cdots D_KAA^{-1}=EA^{-1}$,即 $D_1D_2\cdots D_KE=A^{-1}$

7.1.5 矩阵的秩

1. 矩阵秩的概念

矩阵的秩,不仅仅与可逆矩阵,还与线性方程组的解都有着密切的关系,在线性代数中是一个重要的知识点.

定义 7.4 设 A 为 $m\times n$ 矩阵,在 A 中任取得 k 行与 k 列,位于这些行列相交处的 k^2 个元素,保持它们原来的相对位置不变,组成一个 k 阶行列式,称为矩阵 A 的一个 k 阶子行列式(或 k 阶子式).

定义 7.5 矩阵 $A_{m\times n}$ 中不为零子式的最高阶数称为矩阵的秩,记作 $r(A)$. 显然,对于任意矩阵 $A=(a_{ij})_{m\times n}$,都有 $r(A)\leqslant\min(m,n)$. 如果方阵 $A_{n\times n}$ 的 $\det A\neq 0$,那么一定有 $r(A)=n$,此时称方阵 A 是**满秩**.

定理 7.3 初等行变换不改变矩阵的秩.

定理 7.4 任一矩阵 A 必可通过有限次初等行变换化成阶梯形矩阵 B.

注:设 A 为一个 $m\times n$ 矩阵,易证 $r(A)\leqslant\min(m,n)$ 恒成立. 当 $r(A)=\min(m,n)$ 时,称矩阵 A 为满秩矩阵,且由矩阵秩的定义易知等价矩阵必有相同的秩.

例 5 求矩阵 $A=\begin{pmatrix}1&-1&2&-1\\3&1&0&2\\1&3&-4&4\end{pmatrix}$ 的秩.

解 因为

$$A=\begin{pmatrix}1&-1&2&-1\\3&1&0&2\\1&3&-4&4\end{pmatrix}\xrightarrow{(1)\times(-3)+(2)}\begin{pmatrix}1&-1&2&-1\\0&4&-6&5\\1&3&-4&4\end{pmatrix}$$

$$\xrightarrow{(1)\times(-1)+(3)}\begin{pmatrix}1&-1&2&-1\\0&4&-6&5\\0&4&-6&5\end{pmatrix}$$

$$\xrightarrow{(2)\times(-1)+(3)}\begin{pmatrix}1&-1&2&-1\\0&4&-6&5\\0&0&0&0\end{pmatrix}$$

所以,$r(A)=2$.

7.2　线性方程组

线性方程,是指未知量的次数都是一次的方程;线性方程组是指由多个线性方程组成的方程组.

7.2.1　行列式

1.行列式的概念

1.1　二阶行列式和三阶行列式

在以前学习的求解二元线性方程组 $\begin{cases} a_{11}x_1 + a_{12}x_2 = b_1 \\ a_{21}x_1 + a_{22}x_2 = b_2 \end{cases}$,如果运用消元法求解,一般步骤是:在方程组中先消去 x_2,得:$(a_{11}a_{22} - a_{12}a_{21})x_1 = b_1a_{22} - a_{12}b_2$,$x_1 = \dfrac{b_1a_{22} - a_{12}b_2}{a_{11}a_{22} - a_{12}a_{21}}$.同理,在方程组中再消去 x_1,得:$(a_{11}a_{22} - a_{12}a_{21})x_2 = b_2a_{11} - a_{21}b_1$,$x_2 = \dfrac{a_{11}b_2 - b_1a_{21}}{a_{11}a_{22} - a_{12}a_{21}}$.如果引用记号

$$\Delta = \begin{vmatrix} a_{11} & a_{12} \\ a_{21} & a_{22} \end{vmatrix} = a_{11}a_{22} - a_{12}a_{21}, \Delta_1 = \begin{vmatrix} b_1 & a_{12} \\ b_2 & a_{22} \end{vmatrix} = b_1a_{22} - a_{21}b_2, \Delta_2 = \begin{vmatrix} a_{11} & b_1 \\ a_{21} & b_2 \end{vmatrix} = a_{11}b_2 -$$

b_1a_{21},那么,当 $\Delta \neq 0$ 时,线性方程组的解是:

$$x_1 = \frac{\Delta_1}{\Delta} = \frac{b_1a_{22} - a_{12}b_2}{a_{11}a_{22} - a_{12}a_{21}}, x_2 = \frac{\Delta_2}{\Delta} = \frac{a_{11}b_2 - b_1a_{21}}{a_{11}a_{22} - a_{12}a_{21}}$$

记号:$\begin{vmatrix} a_{11} & a_{12} \\ a_{21} & a_{22} \end{vmatrix}$ 称为**二阶行列式**. 而 $a_{11}a_{22} - a_{12}a_{21}$ 是二阶行列式的**展开式**,$\Delta, \Delta_1, \Delta_2$ 是行列式的约定记号.二阶行列式中的数 $a_{ij}(i=1,2;j=1,2)$ 称为行列式的元素,a_{i1}、$a_{i2}(i=1,2)$ 称为行列式的行,$a_{1j}, a_{2j}(j=1,2)$ 称为行列式的列.

例 1　解二元线性方程组 $\begin{cases} 2x_1 + x_2 = 1 \\ 3x_1 + 2x_2 = 2 \end{cases}$.

解　因为　$D = \begin{vmatrix} 2 & 1 \\ 3 & 2 \end{vmatrix} = 4 - 3 = 1$,

$$D_1 = \begin{vmatrix} 1 & 1 \\ 2 & 2 \end{vmatrix} = 2 - 2 = 0, D_2 = \begin{vmatrix} 2 & 1 \\ 3 & 2 \end{vmatrix} = 4 - 3 = 1,$$

所以:$x_1 = \dfrac{D_1}{D} = = 0$,$x_2 = \dfrac{D_2}{D} = = 1$.

求解三元线性方程组:$\begin{cases} a_{11}x_1 + a_{12}x_2 + a_{13}x_3 = b_1 \\ a_{21}x_1 + a_{22}x_2 + a_{23}x_3 = b_2 \\ a_{31}x_1 + a_{32}x_2 + a_{33}x_3 = b_3 \end{cases}$,可以同样运用此方法.

三阶行列式的展开式规定为：

$$\Delta = \begin{vmatrix} a_{11} & a_{12} & a_{13} \\ a_{21} & a_{22} & a_{23} \\ a_{31} & a_{32} & a_{33} \end{vmatrix} = (-1)^{1+1} a_{11} \begin{vmatrix} a_{22} & a_{23} \\ a_{32} & a_{33} \end{vmatrix} + (-1)^{1+2} a_{12} \begin{vmatrix} a_{21} & a_{23} \\ a_{31} & a_{33} \end{vmatrix} + (-1)^{1+3} a_{11} \begin{vmatrix} a_{21} & a_{22} \\ a_{31} & a_{32} \end{vmatrix}$$

$$= a_{11}(a_{22}a_{33} - a_{23}a_{32}) - a_{12}(a_{21}a_{33} - a_{23}a_{31}) + a_{13}(a_{21}a_{32} - a_{22}a_{31})$$

$$= a_{11}a_{22}a_{33} + a_{12}a_{23}a_{31} + a_{13}a_{21}a_{32} - a_{13}a_{22}a_{31} - a_{11}a_{23}a_{32} - a_{12}a_{21}a_{33}$$

如果分别记：

$$\Delta = \begin{vmatrix} a_{11} & a_{12} & a_{13} \\ a_{21} & a_{22} & a_{23} \\ a_{31} & a_{32} & a_{33} \end{vmatrix}, \Delta_1 = \begin{vmatrix} b_1 & a_{12} & a_{13} \\ b_2 & a_{22} & a_{23} \\ b_3 & a_{32} & a_{33} \end{vmatrix}, \Delta_2 = \begin{vmatrix} a_{11} & b_1 & a_{13} \\ a_{21} & b_2 & a_{23} \\ a_{31} & b_3 & a_{33} \end{vmatrix}, \Delta_3 = \begin{vmatrix} a_{11} & a_{12} & b_1 \\ a_{21} & a_{22} & b_2 \\ a_{31} & a_{32} & b_3 \end{vmatrix},$$

那么，当 $\Delta \neq 0$ 时，线性方程组的解是：$x_1 = \dfrac{\Delta_1}{\Delta}, x_2 = \dfrac{\Delta_2}{\Delta}, x_3 = \dfrac{\Delta_3}{\Delta}$

例 2　解方程组 $\begin{cases} x_1 + x_2 - x_3 = 1 \\ 2x_1 - x_2 - x_3 = -3. \\ x_1 + x_2 + 2x_3 = 4 \end{cases}$

解　因为 $\quad D = \begin{vmatrix} 1 & 1 & -1 \\ 2 & -1 & -1 \\ 1 & 1 & 2 \end{vmatrix} = -9, D_1 = \begin{vmatrix} 1 & 1 & -1 \\ -3 & -1 & -1 \\ 4 & 1 & 2 \end{vmatrix} = 0,$

$$D_2 = \begin{vmatrix} 1 & 1 & -1 \\ 2 & -3 & -1 \\ 1 & 4 & 2 \end{vmatrix} = -18, D_3 = \begin{vmatrix} 1 & 1 & 1 \\ 2 & -1 & -3 \\ 1 & 1 & 4 \end{vmatrix} = -9,$$

所以：$x_1 = \dfrac{D_1}{D} = 0, x_2 = \dfrac{D_2}{D} = 2, x_3 = \dfrac{D_3}{D} = 1.$

1.2　n 阶行列式

定义 7.5　n 阶行列式 是由 $n*n$ 个元素组成一个算式，记为 $D =$

$\begin{vmatrix} a_{11} & a_{12} & \cdots & a_{1n} \\ a_{21} & a_{22} & \cdots & a_{2n} \\ \vdots & \vdots & & \vdots \\ a_{n1} & a_{n2} & \cdots & a_{nn} \end{vmatrix}$,简称**行列式**，其中 a_{ij} 称为 D 的第 i 行、第 j 列的元素.

n 阶行列式

当 $n=1$ 时，规定：$D = |a_{11}| = a_{11}$，设 $n-1$ 阶行列式已定义，那么 n 阶行列式

$$D = a_{11}A_{11} + a_{12}A_{12} + \cdots + a_{1n}A_{1n} = \sum_{j=1}^{n} a_{1j}A_{1j},$$

其中 A_{1j} 为元素 a_{1j} 的**代数余子式**. $M_{ij} = \begin{vmatrix} a_{11} & \cdots & a_{1,j-1} & a_{1,j+1} & \cdots & a_{1n} \\ a_{i-1,1} & \cdots & a_{i-1,j-1} & a_{i-1,j+1} & \cdots & a_{i-1,n} \\ \vdots & & \vdots & \vdots & & \vdots \\ a_{n1} & \cdots & a_{n,j-1} & a_{n,j+1} & \cdots & a_{nn} \end{vmatrix}$，称 M_{ij}

为 a_{ij} 的**余子式**. $A_{ij} = (-1)^{i+j} \cdot M_{ij}$. 在行列式 D_n 中，从 a_{11} 经 $a_{22}, a_{33}, \cdots,$ 直到 a_{nn} 称为行列式的**主对角线**. 元素 $a_{ii}(i = 1, 2, \cdots, n)$ 称为行列式的主对角线元素.

例 3　计算行列式 $\begin{vmatrix} 1 & 2 & 3 \\ 2 & 3 & 1 \\ 3 & 1 & 2 \end{vmatrix}$ 的余子式 M_{13}、M_{21}、M_{32} 和代数余子式 A_{13}、A_{21}、A_{32}.

解　$M_{13} = \begin{vmatrix} 2 & 3 \\ 3 & 1 \end{vmatrix} = -4, M_{21} = \begin{vmatrix} 2 & 3 \\ 1 & 2 \end{vmatrix} = 1, M_{32} = \begin{vmatrix} 1 & 3 \\ 2 & 1 \end{vmatrix} = -5,$

$$A_{13}=(-1)^{1+3}M_{13}=-4,A_{21}=(-1)^{2+1}M_{21}=-1,A_{32}=(-1)^{3+2}M_{32}=5.$$

例 4　运用代数余子式计算行列式 $\begin{vmatrix} 1 & 2 & 3 & 0 \\ 1 & 2 & 0 & 0 \\ 4 & 3 & 2 & 1 \\ 0 & 1 & 2 & 3 \end{vmatrix}$

解　$\begin{vmatrix} 1 & 2 & 3 & 0 \\ 1 & 2 & 0 & 0 \\ 4 & 3 & 2 & 1 \\ 0 & 1 & 2 & 3 \end{vmatrix}=1\times A_{21}+2\times A_{22}+0+0$

$$=(-1)^{2+1}\times\begin{vmatrix} 2 & 3 & 0 \\ 3 & 2 & 1 \\ 1 & 2 & 3 \end{vmatrix}+2\times(-1)^{2+2}\times\begin{vmatrix} 1 & 3 & 0 \\ 4 & 2 & 1 \\ 0 & 2 & 3 \end{vmatrix}$$

$$=(-1)\times 2A_{11}+(-1)\times 3A_{12}+2\times A_{11}+2\times 3A_{12}$$

$$=(-1)\times 2\times\begin{vmatrix} 2 & 1 \\ 2 & 3 \end{vmatrix}+3\times\begin{vmatrix} 3 & 1 \\ 1 & 3 \end{vmatrix}+2\times(-1)^{1+1}\times$$

$$\begin{vmatrix} 2 & 1 \\ 2 & 3 \end{vmatrix}+2\times(-1)^{1+2}\times 3\times\begin{vmatrix} 4 & 1 \\ 0 & 3 \end{vmatrix}$$

$$=-8+24+8-72=-48.$$

1.3　几种特殊的行列式

(1) 主对角行列式：$\begin{vmatrix} \lambda_1 & 0 & \cdots & 0 & 0 \\ 0 & \lambda_2 & \cdots & 0 & 0 \\ \vdots & \vdots & & \vdots & \vdots \\ 0 & 0 & \cdots & \lambda_{n-1} & 0 \\ 0 & 0 & \cdots & 0 & \lambda_n \end{vmatrix}=\lambda_1\lambda_2\cdots\lambda_n$

(2) 下三角行列式：$\begin{vmatrix} a_{11} & 0 & \cdots & \cdots & 0 \\ a_{21} & a_{22} & \cdots & \cdots & 0 \\ a_{31} & a_{32} & a_{33} & \cdots & 0 \\ \vdots & \vdots & \vdots & & \vdots \\ a_{n1} & a_{n2} & a_{n3} & \cdots & a_{nn} \end{vmatrix}=a_{11}a_{22}\cdots a_{nn}$

(3) 上三角行列式：$\begin{vmatrix} a_{11} & a_{12} & a_{13} & \cdots & a_{1n} \\ 0 & a_{22} & a_{23} & \cdots & a_{2n} \\ 0 & 0 & a_{33} & \cdots & a_{3n} \\ \vdots & \vdots & \vdots & & \vdots \\ 0 & 0 & 0 & \cdots & a_{nn} \end{vmatrix}=a_{11}a_{22}\cdots a_{nn}$

2.行列式性质

定义 7.6　将行列式 D 的行与列互换后得到的行列式,称为 D 的**转置行列式**,

记为 D^T 或 D', 即, 如果 $D=\begin{vmatrix} a_{11} & a_{12} & \cdots & a_{1n} \\ a_{21} & a_{22} & \cdots & a_{2n} \\ \vdots & \vdots & & \vdots \\ a_{n1} & a_{n2} & \cdots & a_{nn} \end{vmatrix}$, 那么 $D^T=\begin{vmatrix} a_{11} & a_{21} & \cdots & a_{n1} \\ a_{12} & a_{22} & \cdots & a_{n2} \\ \vdots & \vdots & & \vdots \\ a_{1n} & a_{2n} & \cdots & a_{nn} \end{vmatrix}$.

性质 1:行列式与它的转置行列式相等,即 $D=D^T$.

性质 2:互换行列式的任意两行,行列式仅改变符号.

推论:如果行列式有两行(或两列)的对应元素相等,则这个行列式等于 0.

性质 3:将行列式的某一行(列)的所有元素同乘以一个数 k,等于以 k 乘以这个行列式,

即 $\begin{vmatrix} a_{11} & a_{12} & \cdots & a_{1n} \\ \vdots & \vdots & & \vdots \\ ka_{i1} & ka_{i2} & & ka_{in} \\ \vdots & \vdots & & \vdots \\ a_{n1} & a_{n2} & \cdots & a_{nn} \end{vmatrix}=k\begin{vmatrix} a_{11} & a_{12} & \cdots & a_{1n} \\ \vdots & \vdots & & \vdots \\ a_{i1} & a_{i2} & & a_{in} \\ \vdots & \vdots & & \vdots \\ a_{n1} & a_{n2} & \cdots & a_{nn} \end{vmatrix}$

推论 1:若行列式的某行(列)的元素全为 0,则该行列式为 0.

推论 2:若行列式的两行(列)的元素对应成比例,则该行列式为 0.

性质 4:如果行列式的某行(列),如第 i 行中各元素都可以写成两数之和,即 $a_{ij}=b_j+c_j(j=1,2,\cdots,n)$,那么这个行列式等于两个行列式之和,这两个行列式的第 i 行,一个是 $b_1,b_2,\cdots,b_n$,另一个是 $c_1,c_2,\cdots,c_n$,其他各行都和原来的行列式一样,即

$$\begin{vmatrix} a_{11} & a_{12} & \cdots & a_{1n} \\ \vdots & \vdots & & \vdots \\ b_1+c_1 & b_2+c_2 & & b_n+c_n \\ \vdots & \vdots & & \vdots \\ a_{n1} & a_{n2} & \cdots & a_{nn} \end{vmatrix} = \begin{vmatrix} a_{11} & a_{12} & \cdots & a_{1n} \\ \vdots & \vdots & & \vdots \\ b_1 & b_2 & & b_n \\ \vdots & \vdots & & \vdots \\ a_{n1} & a_{n2} & \cdots & a_{nn} \end{vmatrix} + \begin{vmatrix} a_{11} & a_{12} & \cdots & a_{1n} \\ \vdots & \vdots & & \vdots \\ c_1 & c_2 & & c_n \\ \vdots & \vdots & & \vdots \\ a_{n1} & a_{n2} & \cdots & a_{nn} \end{vmatrix}$$

性质 5:将行列式某一行(列)所有元素都乘以相同的数 k,再加到另一行(列)的对应元素上,得到的新行列式与原行列式相等,

即 $\begin{vmatrix} a_{11} & a_{12} & \cdots & a_{1n} \\ \vdots & \vdots & & \vdots \\ a_{i1} & a_{i2} & \cdots & a_{in} \\ \vdots & \vdots & & \vdots \\ a_{j1} & a_{j2} & \cdots & a_{jn} \\ \vdots & \vdots & & \vdots \\ a_{n1} & a_{n2} & \cdots & a_{nn} \end{vmatrix}=\begin{vmatrix} a_{11} & a_{12} & \cdots & a_{1n} \\ \vdots & \vdots & & \vdots \\ a_{i1} & a_{i2} & & a_{in} \\ \vdots & \vdots & & \vdots \\ a_{j1}+ka_{i1} & a_{j2}+ka_{i2} & \cdots & a_{jn}+ka_{in} \\ \vdots & \vdots & & \vdots \\ a_{n1} & a_{n2} & \cdots & a_{nn} \end{vmatrix}$

性质 6:n 阶行列式等于任意一行(列)所有元素与其对应的代数余子式的乘积之和,

即 $$D=a_{i1}A_{i1}+a_{i2}A_{i2}+\cdots+a_{in}A_{in}=\sum_{k=1}^{n}a_{ik}A_{ik}(i=1,2,\cdots n)$$

$$D=a_{1j}A_{1j}+a_{2j}A_{2j}+\cdots+a_{nj}A_{nj}=\sum_{k=1}^{n}a_{kj}A_{kj}(i=1,2,\cdots n)$$

性质 7：n 阶行列式中任意一行(列)的元素与另一行(列)的相应元素的代数余子式的乘积之和等于 0，即 $a_{j1}A_{i1} + a_{j2}A_{i2} + \cdots + a_{jn}A_{in} = 0$.

7.2.2　克拉默法则

含有 n 个未知数 $x_1, x_2, \cdots, x_n$ 的线性方程组 $\begin{cases} a_{11}x_1 + a_{12}x_2 + \cdots + a_{1n}x_n = b_1, \\ a_{21}x_1 + a_{22}x_2 + \cdots + a_{2n}x_n = b_2, \\ \cdots\cdots\cdots\cdots\cdots\cdots\cdots\cdots\cdots\cdots \\ a_{n1}x_1 + a_{n2}x_2 + \cdots + a_{nn}x_n = b_n, \end{cases}$ 称为 **n 元**

线性方程组.

当方程组中的常数项 $b_1, b_2, \cdots, b_n$ 不全为零时，此线性方程组称为非齐次线性方程组，当 $b_1, b_2, \cdots, b_n$ 全为零时，此线性方程组称为齐次线性方程组，如何求解方程组的解？可以运用下面的方法——克拉默法则(Cramer rule).

定理 7.5(克拉默法则)　如果线性方程组的系数行列式

$$\Delta = \begin{vmatrix} a_{11} & a_{12} & \cdots & a_{1n} \\ a_{21} & a_{22} & \cdots & a_{2n} \\ \vdots & \vdots & & \vdots \\ a_{n1} & a_{n2} & \cdots & a_{nn} \end{vmatrix} \neq 0$$

那么线性方程组(1)一定有唯一一组解，

其解为：$x_1 = \dfrac{\Delta_1}{\Delta}, x_2 = \dfrac{\Delta_2}{\Delta}, \cdots x_3 = \dfrac{\Delta_3}{\Delta}$. 其中 $\Delta_j (j = 1, 2, \cdots, n)$ 是把系数行列式 Δ 中第 j 列用方程组的常数列 $b_1, b_2, \cdots, b_n$ 来代替，而其余各列不变所得到的 n 阶行列式.

例 5　用克莱姆法则求解线性方程组：$\begin{cases} 3x_1 + x_2 - x_3 = 1 \\ 2x_1 - x_2 - x_3 = 3. \\ x_1 + x_2 + 2x_3 = 5 \end{cases}$

解　因为　$D = \begin{vmatrix} 3 & 1 & -1 \\ 2 & -1 & -1 \\ 1 & 1 & 2 \end{vmatrix} = -11, D_1 = \begin{vmatrix} 1 & 1 & -1 \\ 3 & -1 & -1 \\ 5 & 1 & 2 \end{vmatrix} = -20,$

$$D_2 = \begin{vmatrix} 3 & 1 & -1 \\ 2 & 3 & -1 \\ 1 & 5 & 2 \end{vmatrix} = 21, D_3 = \begin{vmatrix} 3 & 1 & 1 \\ 2 & -1 & 3 \\ 1 & 1 & 5 \end{vmatrix} = -28,$$

根据克莱姆法则，得原方程组的解为：

$$x_1 = \frac{D_1}{D} = \frac{20}{11}, \ x_2 = \frac{D_2}{D} = -\frac{21}{11}, \ x_3 = \frac{D_3}{D} = \frac{28}{11}.$$

7.2.3　线性方程组

通过运用消元法解线性方程组的基本方法，可以得出方程组解的存在定理.

引例 解线性方程组 $\begin{cases} x_1 + 2x_2 - 3x_3 = -18 \\ 3x_1 + 8x_2 - 12x_3 = -76 \\ -2x_1 - 5x_2 + 3x_3 = 20 \end{cases}$.

解 保留方程组中的第一个方程,消去第二个和第三个方程的 x_1,

即:第一个方程×(-3)+第二个方程,

第一个方程×2+第三个方程,得到 $\begin{cases} x_1 + 2x_2 - 3x_3 = -18 \\ 2x_2 - 3x_3 = -22 \\ -x_2 - 3x_3 = -16 \end{cases}$

第二步:将第二个方程和第三个方程对调 $\begin{cases} x_1 + 2x_2 - 3x_3 = -18 \\ -x_2 - 3x_3 = -16 \\ 2x_2 - 3x_3 = -22 \end{cases}$

第三步: $\begin{cases} x_1 + 2x_2 - 3x_3 = -18 \\ x_2 + 3x_3 = 16 \\ -9x_3 = -54 \end{cases}$

第四步: $\begin{cases} x_1 + 2x_2 - 3x_3 = -18 \\ x_2 + 3x_3 = 16 \\ x_3 = 6 \end{cases}$

所以,可以得到方程组的解为: $x_1 = 4$, $x_2 = -2$, $x_3 = 6$.

如果把上面的每一个矩阵与方程组相对应,那么最后这个矩阵为阶梯形矩阵,对应的线性方程组就是阶梯形方程组,即由最后的阶梯形矩阵可写出原方程组的同解阶梯形方程组,这个方程的回代过程,正是把所得的阶梯形矩阵通过初等行变换化为行简化**阶梯形矩阵**.

$$\begin{bmatrix} 1 & 2 & -3 & -18 \\ 0 & 1 & 3 & 16 \\ 0 & 0 & 1 & 6 \end{bmatrix} \longrightarrow \begin{bmatrix} 1 & 2 & 0 & 0 \\ 0 & 1 & 0 & -2 \\ 0 & 0 & 1 & 6 \end{bmatrix} \xrightarrow{r_2 \times (-2) + r_1} \begin{bmatrix} 1 & 0 & 0 & 4 \\ 0 & 1 & 0 & -2 \\ 0 & 0 & 1 & 6 \end{bmatrix}$$

由行简化阶梯形矩阵立即可知方程的解:

综上所述,用消元法解线性方程组的具体步骤如下:

(1)用初等行变换把线性方程组的增广矩阵化成阶梯形矩阵或者进一步通过初等行变换化成行简化阶梯形矩阵;

(2)写出相应的阶梯形方程组求解.

例 6 解线性方程组 $\begin{cases} x_1 - 2x_2 + x_3 + 3x_4 = 3 \\ x_1 - 9x_2 + 3x_3 + 7x_4 = 7 \\ x_1 + 5x_2 - x_3 - x_4 = -1 \\ 3x_1 + 8x_2 - x_3 + x_4 = 1 \end{cases}$.

解 该方程组的系数增广矩阵为: $\boldsymbol{A} = \begin{bmatrix} 1 & -2 & 1 & 3 & 3 \\ 1 & -9 & 3 & 7 & 7 \\ 1 & 5 & -1 & -1 & -1 \\ 3 & 8 & -1 & 1 & 1 \end{bmatrix}$

通过初等行变换,得到:$\begin{pmatrix} 1 & 0 & \dfrac{3}{7} & \dfrac{13}{7} & \dfrac{13}{7} \\ 0 & 1 & -\dfrac{2}{7} & -\dfrac{4}{7} & -\dfrac{4}{7} \\ 0 & 0 & 0 & 0 & 0 \\ 0 & 0 & 0 & 0 & 0 \end{pmatrix}$

所以,该方程组的解为:$\begin{cases} x_1 = -\dfrac{3}{7}x_3 - \dfrac{13}{7}x_4 + \dfrac{13}{7} \\ x_2 = \dfrac{2}{7}x_3 + \dfrac{4}{7}x_4 - \dfrac{4}{7} \end{cases}$

齐次线性方程组的一般形式是:$\begin{cases} a_{11}x_1 + a_{12}x_2 + \cdots + a_{1n}x_n = 0 \\ a_{21}x_1 + a_{22}x_2 + \cdots + a_{2n}x_n = 0 \\ \cdots\cdots\cdots\cdots\cdots\cdots\cdots\cdots\cdots \\ a_{m1}x_1 + a_{m2}x_2 + \cdots a_{mn}x_n = 0 \end{cases}$

非齐次线性方程组的一般形式是:$\begin{cases} a_{11}x_1 + a_{12}x_2 + \cdots + a_{1n}x_n = b_1 \\ a_{21}x_1 + a_{22}x_2 + \cdots a_{2n}x_n = b_2 \\ \cdots\cdots\cdots\cdots\cdots\cdots\cdots\cdots\cdots \\ a_{m1}x_1 + a_{m2}x_2 + \cdots a_{mn}x_n = b_m \end{cases}$

写成矩阵形式为:$AX = 0, AX = b$,

其中:$A = \begin{pmatrix} a_{11} & a_{12} & \cdots & a_{1n} \\ a_{21} & a_{22} & \cdots & a_{2n} \\ \vdots & \vdots & & \vdots \\ a_{m1} & a_{m2} & \cdots & a_{mn} \end{pmatrix}$;$X = \begin{pmatrix} x_1 \\ x_2 \\ \vdots \\ x_n \end{pmatrix}$;$b = \begin{pmatrix} b_1 \\ b_2 \\ \vdots \\ b_m \end{pmatrix}$分别为非齐次线性方程组和齐次线性方

程组的**系数矩阵、未知数矩阵、常数矩阵**.

增广矩阵:

$$C = (A \vdots b) \begin{pmatrix} a_{11} & a_{12} & \cdots & a_{1n} & b_1 \\ a_{21} & a_{22} & \cdots & a_{2n} & b_2 \\ \vdots & \vdots & & \vdots & \vdots \\ a_{m1} & a_{m2} & \cdots & a_{mn} & b_n \end{pmatrix} \rightarrow \begin{pmatrix} c_{11} & c_{12} & \cdots & c_{1r} & \cdots & c_{1n} & d_1 \\ 0 & c_{22} & \cdots & c_{2r} & \cdots & c_{2n} & d_2 \\ \vdots & \vdots & & \vdots & & \vdots & \vdots \\ 0 & 0 & \cdots & c_{rr} & \cdots & c_m & dr \\ 0 & 0 & \cdots & 0 & \cdots & 0 & d_{r+1} \\ 0 & 0 & \cdots & 0 & \cdots & 0 & 0 \\ \vdots & \vdots & & \vdots & & \vdots & \vdots \\ 0 & 0 & \cdots & 0 & \cdots & 0 & 0 \end{pmatrix}$$

定理 7.6　非齐次线性方程组

(1) 若 $r(A) < r(A \vdots b)$,则方程组无解.

(2) 若 $r(A) = r(A \vdots b) = n$,则方程组有唯一一组解.

(3) 若 $r(A) = r(A \vdots b) < n$,则方程组有无穷多组解.

定理 7.7 齐次线性方程组

(1) 若 $r(\boldsymbol{A}) = n$，则方程组有唯一一组解，即零解.

(2) 若 $r(\boldsymbol{A}) < n$，则方程组有无穷多组解，或者说有非零解.

例 7 判定下列方程组是否有解？若有解，说明解的个数.

(1) $\begin{cases} x_1 - 2x_2 + 3x_3 = 1 \\ 3x_1 - 6x_2 + 9x_3 = 2 \end{cases}$;

(2) $\begin{cases} x_1 + 2x_2 - 3x_3 = 7 \\ x_1 - x_2 + 3x_3 = 3 \\ 2x_1 + 3x_2 + x_3 = 6 \end{cases}$;

(3) $\begin{cases} 2x_1 - 3x_2 + x_3 = 1 \\ x_1 - 3x_2 + 2x_3 = -1 \\ x_1 - 2x_2 + x_3 = 0 \end{cases}$.

解 (1) 增广矩阵 $\overline{\boldsymbol{A}} = \begin{pmatrix} 1 & -2 & 3 & 1 \\ 3 & -6 & 9 & 2 \end{pmatrix} \xrightarrow{(1) \times (-3) + (2)} \begin{pmatrix} 1 & -2 & 3 & 1 \\ 0 & 0 & 0 & -1 \end{pmatrix}$

因为 $r(\boldsymbol{A}) = 1, r(\boldsymbol{A}) \neq r(\overline{\boldsymbol{A}})$，所以方程组无解.

(2) 增广矩阵 $\overline{\boldsymbol{A}} = \begin{pmatrix} 1 & 2 & -3 & 7 \\ 1 & -1 & 3 & 3 \\ 2 & 3 & 1 & 6 \end{pmatrix}$

通过初等行变换，得到：$\begin{pmatrix} 1 & 2 & -3 & 7 \\ 0 & 5 & -5 & 0 \\ 0 & 0 & 3 & -4 \end{pmatrix}$

因为 $r(\boldsymbol{A}) = r(\overline{\boldsymbol{A}}) = 3$，所以方程组有解，且有唯一解.

(3) 增广矩阵 $\overline{\boldsymbol{A}} = \begin{pmatrix} 2 & -3 & 1 & 1 \\ 1 & -3 & 2 & 1 \\ 1 & -2 & 1 & 0 \end{pmatrix}$

通过初等行变换，得到：$\begin{pmatrix} 1 & -2 & 1 & 0 \\ 0 & 1 & -1 & 1 \\ 0 & 0 & 0 & 0 \end{pmatrix}$

因为 $r(\boldsymbol{A}) = r(\overline{\boldsymbol{A}}) = 2 < 3$，所以方程组有无穷多组解.

7.3 实　验

本单元主要有以下实验内容：

(1) 计算矩阵的和、差、积、秩、逆；

(2) 求解线性方程组.

7.3.1　常用函数

在 Python 的 Sympy 标准库中,矩阵的计算、线性方程组求解,常用的有以下函数:

(1) matrix():按照每行输入每个元素,使用一对中括号区分每行元素,元素之间使用逗号分开;

(2) rank():计算矩阵的秩;

(3) inv():计算矩阵的逆矩阵.

7.3.2　计算矩阵的和、差、积、秩、逆

例 1　已知矩阵 $A=\begin{bmatrix} 1 & 2 \\ 3 & 4 \end{bmatrix}$,矩阵 $B=\begin{bmatrix} 5 & 6 \\ 7 & 8 \end{bmatrix}$.

运用 python 计算矩阵的和、差、积、秩、逆

计算:$(1)A+B$;$(2)AB$;$(3)BA$;$(4)3A-2B$;$(5)A$ 的秩;

$(6)A$ 的转置矩阵;$(7)A$ 的逆矩阵;$(8)A$ 的行简化阶梯形矩阵.

```
from sympy import *
init_printing(use_unicode = True)
A = Matrix([[1,2],[3,4]])
B = Matrix([[5,6],[7,8]])
print("A + B",A + B)
print("A * B",A * B)
print("B * A",B * A)
print("3 * A - 2 * B",3 * A - 2 * B)
print("A. rank()",A. rank())
print("A. T",A. T)
print("A. inv()",A. inv())
print("A. rref()[0]",A. rref()[0])
# 计算结果如下所示:
```

```
>>> A+B        >>> A*B        >>> B*A        >>> 3*A-2*B
[6   8]        [19  22]       [23  34]       [-7  -6]
[10  12]       [43  50]       [31  46]       [-5  -4]
```

```
                >>> A.T     >>> A.inv()   >>> A.rref()[0]
>>> A.rank()    [1  3]      [-2     1]    [1  0]
2               [2  4]      [3/2  -1/2]   [0  1]
```

例 2　已知矩阵 $A=\begin{bmatrix} 1 & 2 & 3 \\ 2 & 2 & 1 \\ 3 & 4 & 3 \end{bmatrix}$,矩阵 $B=\begin{bmatrix} 2 & 5 \\ 3 & 2 \\ 4 & 3 \end{bmatrix}$.

求矩阵 X,使得 $AX=B$.

```
from sympy import *
init_printing(use_unicode = True)
A = Matrix([[1,2,3],[2,2,1],[3,4,3]])
B = Matrix([[2,5],[3,2],[4,3]])
```

\#先判断矩阵 A 是否满秩、是否可逆

```
>>> A.rank()
3
```

```
>>> A.inv()*B
```

$$\begin{bmatrix} 3 & 5 \\ -2 & -6 \\ 1 & 4 \end{bmatrix}$$

\#计算结果如下所示：

矩阵 $X=A^{-1}B=\begin{bmatrix} 3 & 5 \\ -2 & -6 \\ 1 & 4 \end{bmatrix}$

例 3　已知矩阵 $A=\begin{bmatrix} 1 & 2 & 3 \\ 2 & 2 & 1 \\ 3 & 4 & 3 \end{bmatrix}$,矩阵 $B=\begin{bmatrix} 2 & 1 \\ 5 & 3 \end{bmatrix}$,矩阵 $C=\begin{bmatrix} 1 & 3 \\ 2 & 2 \\ 3 & 1 \end{bmatrix}$.

求矩阵 X,使得 $AXB=C$.

```
from sympy import *
init_printing(use_unicode = True)
A = Matrix([[1,2,3],[2,2,1],[3,4,3]])
B = Matrix([[2,1],[5,3]])
C = Matrix([[1,3],[2,2],[3,1]])
```

\#先判断矩阵 A、B 是否满秩、是否可逆

```
>>> A.rank()          >>> B.rank()
3                     2
```

```
>>> A.inv()*C*B.inv()
```

$$\begin{bmatrix} -32 & 13 \\ 40 & -16 \\ -20 & 8 \end{bmatrix}$$

即矩阵 $X=A^{-1}CB^{-1}=\begin{bmatrix} -32 & 13 \\ 40 & -16 \\ -20 & 8 \end{bmatrix}$

7.3.3　求解线性方程组

例 4　解齐次线性方程组 $\begin{cases} x_1 + 2x_2 + 2x_3 + x_4 = 0 \\ 2x_1 + x_2 - 2x_3 - 2x_4 = 0. \\ x_1 - x_2 - 3x_3 - 3x_4 = 0 \end{cases}$

```
from sympy import *
init_printing(use_unicode = True)
A = Matrix([[1,2,2,1],[2,1,-2,-2],[1,-1,-3,-3]])
>>> A.rref()[0]
```

$$\begin{bmatrix} 1 & 0 & 0 & -5/3 \\ 0 & 1 & 0 & 4/3 \\ 0 & 0 & 1 & 0 \end{bmatrix}$$

即方程组有无穷多个解，通解可表示为：$\begin{cases} x_1 = \dfrac{5}{3}k \\ x_2 = -\dfrac{4}{3}k \\ x_3 = 0 \\ x_4 = k \end{cases}$

例 5　解非齐次线性方程组 $\begin{cases} 2x_1 - x_2 + 3x_3 = 5 \\ 3x_1 + x_2 - 5x_3 = 5. \\ 4x_1 - x_2 + x_3 = 8 \end{cases}$

```
from sympy import *
init_printing(use_unicode = True)
A = Matrix([[2,-1,3],[3,1,-5],[4,-1,1]])
B = Matrix([[5],[5],[8]])
>>> A.rank()
3
>>> A.inv()*B
```

$$\begin{bmatrix} 7/3 \\ 13/6 \\ 5/6 \end{bmatrix}$$

即方程组的解为：$\begin{cases} x_1 = \dfrac{7}{3} \\ x_2 = \dfrac{13}{6} \\ x_3 = \dfrac{5}{6} \end{cases}$

单元小结

本单元介绍了矩阵、行列式和线性方程组等知识.

一、矩阵

1.矩阵的运算：

(1) 矩阵相乘时,左边矩阵的列数需要与右边矩阵的行数相等；

(2) 矩阵的乘法不满足交换律；

(3) $AB=0$ 不能推出 $A=0$ 或 $B=0$.

2.矩阵的逆矩阵：如果 $AB=E$ 或 $BA=E$ 成立,那么称 A 是可逆矩阵,B 是 A 的逆矩阵,记为 $B=A^{-1}$.

说明：A 可逆的充要条件是 $|A|\neq0$.

3.逆矩阵的计算方法：

(1) 运用伴随矩阵；

(2) 运用初等行变换：

两行(列)互换；一行(列)乘非零常数 c；一行(列)乘 k 加到另一行(列).

4.矩阵的秩.

二、行列式

1.行列式的概念、性质和计算；

2.几类特殊行列式；

3.克拉默法则

(1) 非齐次线性方程组的系数行列式不为 0,那么方程组为唯一解

$$x_j=\frac{D_j}{D},j=1,2,\cdots,n$$

(2) 如果非齐次线性方程组无解或有两个不同解,则它的系数行列式必为 0；

(3) 若齐次线性方程组的系数行列式不为 0,则齐次线性方程组只有零解；如果方程组有非零解,那么必有 $D=0$.

三、线性方程组

1.齐次线性方程组

(1) 若 $r(A)=n$,则方程组有唯一一组解,即零解.

(2) 若 $r(A)<n$,则方程组有无穷多组解,或者说有非零解.

2.非齐次线性方程组

(1) 若 $r(A)<r(A\vdots b)$,则方程组无解；

（2）若 $r(\boldsymbol{A})=r(\boldsymbol{A}\ \vdots\ \boldsymbol{b})=n$，则方程组有唯一一组解；

（3）若 $r(\boldsymbol{A})=r(\boldsymbol{A}\ \vdots\ \boldsymbol{b})<n$，则方程组有无穷多组解．

知识扩展

图灵的简介

艾伦·麦席森·图灵（Alan Mathison Turing，1912 年 6 月 23 日—1954 年 6 月 7 日），是英国著名的逻辑学家、密码学家和数学家，被称为计算机科学之父、人工智能之父．在人工智能发展的方面，图灵做出了许多重要贡献．比如，图灵试验：这是一种试验方法，用于判定一些机器是否具备智能方面，每年都有举行一些试验的比赛；又如，图灵机模型，体现了计算机的一种逻辑工作方式，为现代的计算机奠定了基础．

图灵从小就表现出了敏锐的数学头脑和对自然科学的极大兴趣，这为他后续的研究奠定了基础．分别于 1930 年和 1931 年，他两次获得了自然科学奖．爆发了第二次世界大战后，德国的著名密码系统 Enigma，被图灵破解了，盟军英国取得了战争的胜利．于 1935 年，他通过《伦敦数学会》杂志发表了论文"左右周期性的等价"，这是他的第一篇数学论文．同年，他还发表了论文："论高斯误差函数"．于 1936 年，他获得了英国著名的史密斯（Smith）数学奖．于 1937 年，他通过《伦敦数学会文集》发表了论文"论可计算数及其在判定问题中的应用"．在此论文中，他描述了一种机器，这种机器可以辅助数学研究．此机器，被称为"图灵机"，也是后来的"人工智能"所基于的设想．同年，他又发表了一篇论文："可计算性与 λ 可定义性"，形成了"丘奇—图灵论点"．于 1939 年，他正式发表了博士论文："以序数为基础的逻辑系统"．于 1950 年，他提出了"图灵测试"．随后，他又发表了论文："机器能思考吗"．

图灵在逻辑学、数学、密码学、神经网络和人工智能等领域都做出了巨大的贡献．他的一生，虽然是短暂的，却是辉煌的！

综合练习7

一、选择题

1. 矩阵 $\boldsymbol{A}=\begin{bmatrix}1&0\\2&1\end{bmatrix}$ 的逆矩阵是（ ）．

A. $\begin{bmatrix}0&1\\1&-2\end{bmatrix}$ B. $\begin{bmatrix}1&1\\1&1\end{bmatrix}$ C. $\begin{bmatrix}0&1\\1&2\end{bmatrix}$ D. $\begin{bmatrix}1&0\\-2&1\end{bmatrix}$

2. 如果 $|\boldsymbol{A}|\neq 0$，那么矩阵 $\boldsymbol{A}$ 一定是（ ）．

A. 对称矩阵 B. 单位矩阵

C. 可逆矩阵 D. 反对称矩阵

3.下列行列式中,值为零的是(　　).

A.行列式中有两行元素相等　　　　　　B.行列式主对角线上的元素全为零

C.行列式中有一行元素全相等　　　　　D.n 阶行列式中有 n 个零元素

4.n 阶齐次线性方程组 $AX = 0$ 有零解的充要条件是(　　).

A.$r(A) < n$ 　　　　　　　　　　　　B.$r(A) = n$

C.$r(A) > n$ 　　　　　　　　　　　　D.$r(A) < n$ 或 $r(A) = n$

5.设有两个矩阵:A 为 $m \times n$ 矩阵、B 为 $s \times p$ 矩阵,如果 $A^T B$ 可以进行乘法运算,那么需要满足的条件是(　　).

A.$n = s$ 　　　　B.$m = s$ 　　　　C.$n = p$ 　　　　D.$m = p$

6.设二阶行列式 $\begin{vmatrix} k-1 & 2 \\ 2 & k-1 \end{vmatrix} \neq 0$,那么 k 需要满足的条件是(　　).

A.$k \neq -1$ 　　　　　　　　　　　　B.$k \neq 3$

C.$k \neq -1$ 且 $k \neq 3$ 　　　　　　　D.$k \neq -1$ 或 $k \neq 3$

二、填空题

1.设矩阵 $A = \begin{bmatrix} 1 & 2 & 3 \\ 2 & 1 & 2 \\ 1 & 3 & 3 \end{bmatrix}$,则 $A_{12} = $ _____;$A_{23} = $ _____;$A_{32} = $ _____.

2.设矩阵 $A = \begin{bmatrix} 1 & 2 \\ 3 & 4 \end{bmatrix}$,$B = \begin{bmatrix} 3 & 4 \\ 5 & 6 \end{bmatrix}$,那么:$B - A = $ _____;$2A + 3B = $ _____.

$AB = $ _____;$3A - 2B^T = $ _____.

3.设矩阵 $A = \begin{bmatrix} 1 & 2 & 3 \\ 3 & 1 & 2 \\ 2 & 3 & 1 \end{bmatrix}$,那么:$A^* = $ _____;$A^{-1} = $ _____.

4.设行列式 $\begin{vmatrix} 1 & -2 & k \\ 2 & -4 & 4 \\ 3 & 5 & 0 \end{vmatrix} = 0$,则 $k = $ _____.

5.设行列式 $\begin{vmatrix} a_1 & b_1 & c_1 \\ a_2 & b_2 & 2c_2 \\ a_3 & b_3 & 3c_3 \end{vmatrix} = 1$,那么行列式 $\begin{vmatrix} 2a_1 & 2b_1 & 4c_1 \\ a_2 & b_2 & 4c_2 \\ a_3 & b_3 & 6c_3 \end{vmatrix} = $ _____.

6.齐次线性方程组 $AX = 0$(其中 A 是 $m \times n$ 矩阵)有非零解的充要条件是_____.

三、计算题

1.计算下列行列式:

(1) $\begin{vmatrix} 1 & 2 \\ 3 & 0 \end{vmatrix}$;　　　　(2) $\begin{vmatrix} 0 & 1 & 2 \\ 1 & 0 & 2 \\ 1 & 2 & 0 \end{vmatrix}$;　　　(3) $\begin{vmatrix} a & b & c \\ c & a & b \\ b & c & a \end{vmatrix}$;

$(4)\ \begin{vmatrix} a & 0 & b & 0 \\ 0 & c & 0 & d \\ e & 0 & f & 0 \\ 0 & g & 0 & h \end{vmatrix}$；$(5)\ \begin{vmatrix} 1 & 2 & 3 & 4 \\ 2 & 3 & 4 & 1 \\ 3 & 4 & 1 & 2 \\ 4 & 1 & 2 & 3 \end{vmatrix}$；$(6)\ \begin{vmatrix} 1 & 2 & 0 & 0 \\ 3 & 4 & 0 & 0 \\ 0 & 0 & 3 & 3 \\ 0 & 0 & 5 & 2 \end{vmatrix}$.

2.运用克拉默法则解方程组：

$(1)\ \begin{cases} x_1 + 2x_2 = 3 \\ 2x_1 - 3x_2 = 0 \end{cases}$；

$(2)\ \begin{cases} 2x_1 - x_2 + x_3 = -1 \\ 3x_1 + 2x_2 + 5x_3 = 2. \\ x_1 + 3x_2 - 2x_3 = 9 \end{cases}$

3.已知，$A = \begin{bmatrix} 1 & 3 & 0 \\ 2 & 2 & 1 \\ 4 & 5 & 0 \end{bmatrix}$，$B = \begin{bmatrix} 0 & 2 & 0 \\ 4 & 3 & 2 \\ 2 & 1 & 1 \end{bmatrix}$，求 AB、BA、A^TB^T、B^TA^T、$(AB)^T$.

4.运用伴随矩阵和初等变换两种方法求下列矩阵的逆矩阵：

$(1)\ \begin{bmatrix} 1 & 1 & 0 \\ 2 & 1 & -1 \\ 3 & 4 & 2 \end{bmatrix}$；

$(2)\ \begin{bmatrix} 2 & 2 & 3 \\ 1 & -1 & 0 \\ -1 & 2 & 1 \end{bmatrix}$.

5.求下列矩阵的秩：

$(1)\ \begin{bmatrix} 1 & 1 & 0 \\ 1 & 1 & 1 \\ 2 & 2 & 1 \end{bmatrix}$；

$(2)\ \begin{bmatrix} 1 & 0 & 1 & 0 \\ 0 & 2 & 0 & 0 \\ 1 & 2 & 1 & 2 \\ 0 & 1 & 0 & 1 \end{bmatrix}$.

6.解下列各方程组：

$(1)\ \begin{cases} x_1 - 2x_2 + 3x_3 = 0 \\ 2x_1 + x_2 - 3x_3 = 0 \\ 3x_1 - 3x_2 + 2x_3 = 0 \end{cases}$；

$(2)\ \begin{cases} x_1 + 2x_2 - 4x_3 + 2x_4 = 0 \\ 3x_1 - 2x_2 + 2x_3 - x_4 = 0 \\ -2x_1 + 4x_2 - x_3 + 3x_4 = 0 \\ 3x_1 + 9x_2 - 7x_3 + 6x_4 = 0 \end{cases}$；

$(3)\ \begin{cases} x_1 + 2x_2 - 3x_3 = -9 \\ 3x_1 + 8x_2 - 12x_3 = -38 \\ -2x_1 - 5x_2 + 3x_3 = 10 \end{cases}$；

$(4)\ \begin{cases} x_1 + 5x_2 - x_3 - x_4 = -1 \\ x_1 - 2x_2 + x_3 + 3x_4 = 3 \\ 3x_1 + 8x_2 - x_3 + x_4 = 1 \\ x_1 - 9x_2 + 3x_3 + 7x_4 = 7 \end{cases}$.

第8单元

应用案例

学习导航

随着科学技术的发展,人工智能涉及的领域越来越广泛,高等数学的知识与人工智能的应用也越来越密切.各行各业需要处理的数据量也急剧增加.有的需要批量地处理,有的需要借助相关的软件来处理,有的甚至还需要通过编写代码处理.那么,如何体现所处理数据的结果呢? 数据可视化,所借助的各种各样的图形,能够快速地、充分地和准确地表达数据间的相关性及其变化趋势,能够被进一步地分析和应用.能够体现数据的图形有很多:雷达图、曲面图、柱状图、直方图、条形图、圆环图、折线图、饼状图、面积图、箱形图、散点图、气泡图及股价图及三维图形等等.本单元介绍运用折线图和柱形图来体现数据.本单元的案例是借助百度提供的开放的人工智能平台运行的.百度的人工智能平台的官方网址:https://ai.baidu.com/.

学习内容

8.1 案例 1 电影评论情感分析

IMDB 数据集是一个对电影评论标注为正向评论与负向评论的数据集,共有 25000 条文本数据作为训练集,25000 条文本数据作为测试集.该数据集的官方地址为:http://ai.stanford.edu/~amaas/data/sentiment/.

1.设置环境

本示例基于飞桨开源框架 2.0 版本.

```
import paddle
import numpy as np
import matplotlib.pyplot as plt
import paddle.nn as nn
print(paddle.__version__)    #查看当前版本
# cpu/gpu 环境选择,在 paddle.set_device() 输入对应运行设备.
device = paddle.set_device('gpu') #cpu
```

2. 准备数据

由于 IMDB 是 NLP 领域中常见的数据集，飞桨框架将其内置，路径为 paddle. text. datasets. Imdb. 通过 mode 参数可以控制训练集与测试集.

```
print('loading dataset …')
train_dataset = paddle. text. datasets. Imdb(mode = 'train')
test_dataset = paddle. text. datasets. Imdb(mode = 'test')
print('loading finished')
```

构建了训练集与测试集后，可以通过 word_idx 获取数据集的词表. 在飞桨框架 2.0 版本中，推荐使用 padding 的方式来对同一个 batch 中长度不一的数据进行补齐，所以在字典中，我们还会添加一个特殊的词，用来在后续对 batch 中较短的句子进行填充.

```
word_dict = train_dataset. word_idx    # 获取数据集的词表
# add a pad token to the dict for later padding the sequence
word_dict['<pad>'] = len(word_dict)
for k in list(word_dict)[:5]:
print("{}:{}". format(k. decode('ASCII'), word_dict[k]))
print("…")
for k in list(word_dict)[ - 5:]:
print("{}:{}". format(k if isin stan ce(k, str) else k. decode('ASCII'), word_dict[k]))
print("totally {} words". format(len(word_dict)))
```

（1）参数设置

在这里我们设置一下词表大小，embedding 的大小，batch_size，等等.

```
vocab_size = len(word_dict) + 1
print(vocab_size)
emb_size = 256
seq_len = 200
batch_size = 32
epochs = 2
pad_id = word_dict['<pad>']
classes = ['negative','positive']
# 生成句子列表
def ids_to_str(ids):
    # print(ids)
    words = []
    for k in ids:
        w = list(word_dict)[k]
        words. append(w if isinstance(w, str) else w. decode('ASCII'))
    return " ". join(words)
```

在这里,取出一条数据打印出来看看,可以用 docs 获取数据的 list,用 labels 获取数据的 label 值,打印出来对数据有一个初步的印象.

```
# 取出来第一条数据看看样子.
sent = train_dataset.docs[0]
label = train_dataset.labels[1]
print('sentence list id is:', sent)
print('sentence label id is:', label)
print('- - - - - - - - - - - - - - - - - - - - - - - - -')
print('sentence list is:', ids_to_str(sent))
print('sentence label is:', classes[label])
```

(2)用 padding 的方式对齐数据

文本数据中,每一句话的长度都是不一样的,为了方便后续的神经网络的计算,常见的处理方式是把数据集中的数据都统一成同样长度的数据.这包括:对于较长的数据进行截断处理,对于较短的数据用特殊的词(pad)进行填充.接下来的代码会对数据集中的数据进行这样的处理.

```
# 读取数据归一化处理
def create_padded_dataset(dataset):
    padded_sents = []
    labels = []
    for batch_id, data in enumerate(dataset):
        sent, label = data[0], data[1]
        padded_sent = np.concatenate([sent[:seq_len], [pad_id] * (seq_len - len
(sent))]).astype('int32')
        padded_sents.append(padded_sent)
        labels.append(label)
    return np.array(padded_sents), np.array(labels)
# 对 train、test 数据进行实例化
train_sents, train_labels = create_padded_dataset(train_dataset)
test_sents, test_labels = create_padded_dataset(test_dataset)
# 查看数据大小及举例内容
print(train_sents.shape)
print(train_labels.shape)
print(test_sents.shape)
print(test_labels.shape)
for sent in train_sents[:3]:
    print(ids_to_str(sent))
```

(3)用 Dataset 与 DataLoader 加载

将前面准备好的训练集与测试集用 Dataset 与 DataLoader 封装后,完成数据的加载.

```
class IMDBDataset(paddle.io.Dataset):
    ♯继承 paddle.io.Dataset 类进行封装数据
    def __init__(self, sents, labels):
        self.sents = sents
        self.labels = labels
    def __getitem__(self, index):
        data = self.sents[index]
        label = self.labels[index]
        return data, label
    def __len__(self):
        return len(self.sents)
train_dataset = IMDBDataset(train_sents, train_labels)
test_dataset = IMDBDataset(test_sents, test_labels)
train_loader = paddle.io.DataLoader(train_dataset, return_list = True,
            shuffle = True, batch_size = batch_size, drop_last = True)
test_loader = paddle.io.DataLoader(test_dataset, return_list = True,
            shuffle = True, batch_size = batch_size, drop_last = True)
```

3. 匹配模型

本案例运用循环神经网络 RNN. 此模型有利于解决机器翻译、语音识别、时序分析和语言模型等 NLP 领域的问题.

```
import paddle.nn as nn
import paddle
♯定义 RNN 网络
class MyRNN(paddle.nn.Layer):
    def __init__(self):
        super(MyRNN, self).__init__()
        self.embedding = nn.Embedding(vocab_size, 256)
        self.rnn = nn.SimpleRNN(256, 256, num_layers = 2, direction = 'forward',dropout = 0.5)
        self.linear = nn.Linear(in_features = 256 * 2, out_features = 2)
        self.dropout = nn.Dropout(0.5)
    def forward(self, inputs):
        emb = self.dropout(self.embedding(inputs))
        ♯output 形状大小为[batch_size,seq_len,num_directions * hidden_size]
        ♯hidden 形状大小为[num_layers * num_directions, batch_size, hidden_size]
        ♯把前向的 hidden 与后向的 hidden 合并在一起
        output, hidden = self.rnn(emb)
        hidden = paddle.concat((hidden[-2,:,:], hidden[-1,:,:]), axis = 1)
        ♯hidden 形状大小为[batch_size, hidden_size * num_directions]
```

```
        hidden = self.dropout(hidden)
        return self.linear(hidden)
```

4. 训练模型

```
# 可视化定义
def draw_process(title,color,iters,data,label):
    plt.title(title, fontsize = 24)
    plt.xlabel("iter", fontsize = 20)
    plt.ylabel(label, fontsize = 20)
    plt.plot(iters, data,color = color,label = label)
    plt.legend()
    plt.grid()
    plt.show()
# 对模型进行封装
def train(model):
    model.train()
    opt = paddle.optimizer.Adam(learning_rate = 0.001, parameters = model.parameters())
steps = 0
    Iters, total_loss, total_acc = [], [], []
    for epoch in range(epochs):
        for batch_id, data in enumerate(train_loader):
            steps + = 1
            sent = data[0]
            label = data[1]
            logits = model(sent)
            loss = paddle.nn.functional.cross_entropy(logits, label)
            acc = paddle.metric.accuracy(logits, label)
            if batch_id % 500 = = 0:   # 500 个 epoch 输出一次结果
                Iters.append(steps)
                total_loss.append(loss.numpy()[0])
                total_acc.append(acc.numpy()[0])
                print("epoch: {}, batch_id: {}, loss is: {}".format(epoch, batch_
id, loss.numpy()))
            loss.backward()
            opt.step()
            opt.clear_grad()
        # evaluate model after one epoch
        model.eval()
        accuracies = []
```

```
        losses = []
        for batch_id, data in enumerate(test_loader):
            sent = data[0]
            label = data[1]
            logits = model(sent)
            loss = paddle.nn.functional.cross_entropy(logits, label)
            acc = paddle.metric.accuracy(logits, label)
            accuracies.append(acc.numpy())
            losses.append(loss.numpy())
        avg_acc, avg_loss = np.mean(accuracies), np.mean(losses)
        print("[validation] accuracy：{}, loss：{}".format(avg_acc, avg_loss))
        model.train()
        #保存模型
        paddle.save(model.state_dict(),str(epoch) + "_model_final.pdparams")
    #可视化查看
    draw_process("trainning loss","red",Iters,total_loss,"trainning loss")
    draw_process("trainning acc","green",Iters,total_acc,"trainning acc")
model = MyRNN()
train(model)
```

5. 评估模型

```
model_state_dict = paddle.load('1_model_final.pdparams')   #导入模型
model = MyRNN()
model.set_state_dict(model_state_dict)
model.eval()
accuracies = []
losses = []
for batch_id, data in enumerate(test_loader):
    sent = data[0]
    label = data[1]
    logits = model(sent)
    loss = paddle.nn.functional.cross_entropy(logits, label)
    acc = paddle.metric.accuracy(logits, label)
    accuracies.append(acc.numpy())
    losses.append(loss.numpy())
avg_acc, avg_loss = np.mean(accuracies), np.mean(losses)
print("[validation] accuracy：{}, loss：{}".format(avg_acc, avg_loss))
```

6. 预测模型

```
def ids_to_str(ids):
```

```
        words = []
        for k in ids:
            w = list(word_dict)[k]
            words.append(w if isinstance(w, str) else w.decode('UTF - 8'))
        return " ".join(words)
label_map = {0:"negative", 1:"positive"}
# 导入模型
model_state_dict = paddle.load('1_model_final.pdparams')
model = MyRNN()
model.set_state_dict(model_state_dict)
model.eval()
for batch_id, data in enumerate(test_loader):

        sent = data[0]
        results = model(sent)
        predictions = []
        for probs in results:
            # 映射分类 label
            idx = np.argmax(probs)
            labels = label_map[idx]
            predictions.append(labels)
        for i,pre in enumerate(predictions):
            print('数据：{} \n 情感：{}'.format(ids_to_str(sent[0]), pre))
            break
        break
# 结果如图所示：图 8-1 损失值的折线图,图 8-2 准确率的折线图.
```

[validation] accuracy: 0.5147247314453125, loss: 0.6945999264717102

运行时长: 109毫秒   结束时间: 2022-06-11 16:44:12

数据: americans next top model is the best reality show i was entertained <unk> <unk> of the time watching <unk> kept my eyes open the entire time well i did <unk> it can be sad funny or <unk> <unk> next top model kept me wanting more and thats pretty much the point it is also on more that one channel sometimes its on mtv other times its not i hope it gets more fans and grows to be a hit series its great for pretty much all ages so every can enjoy it br br also if you watched the show before haven t you noticed that <unk> has a different hair style each time in the judging room shell have it short and <unk> one week and then long and straight the next <pad> <pad> <pad> <pad> <pad> <pad> <pad> <pad> <pad> <pad> <pad> <pad> <pad> <pad> <pad> <pad> <pad> <pad> <pad> <pad> <pad> <pad> <pad> <pad> <pad> <pad> <pad> <pad> <pad> <pad> <pad> <pad> <pad> <pad> <pad> <pad> <pad> <pad> <pad> <pad> <pad> <pad> <pad> <pad> <pad> <pad> <pad> <pad> <pad> <pad> <pad> <pad> <pad> <pad> <pad> <pad> <pad> <pad> <pad> <pad> <pad> <pad> <pad> <pad> <pad> <pad> <pad> <pad> <pad> <pad> <pad> <pad> <pad> <pad> <pad> <pad> <pad>
情感: positive

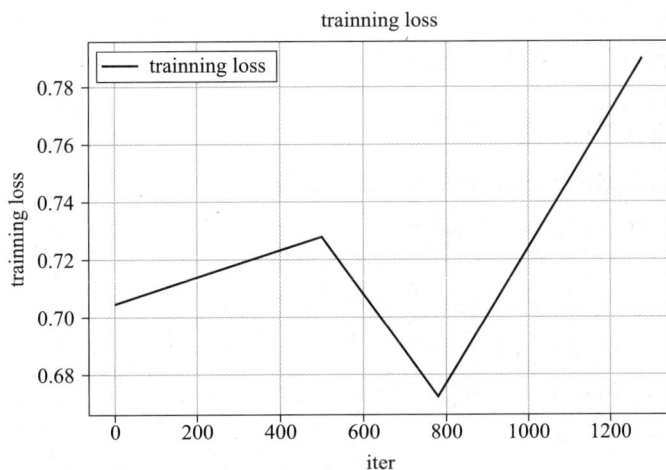

图 8-1　损失值的折线图

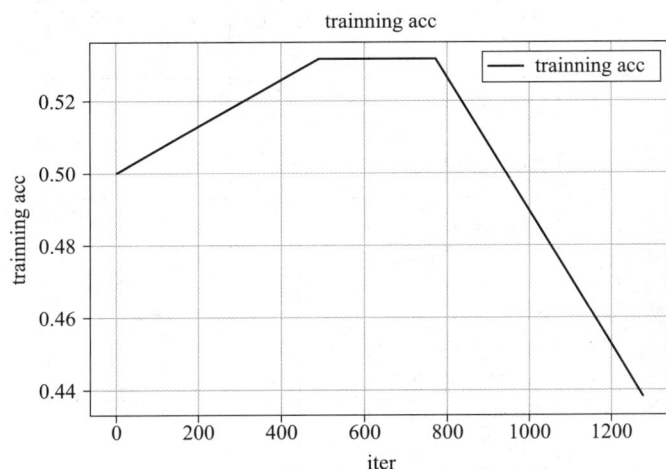

图 8-2　准确率的折线图

8.2　案例 2　预测泰坦尼克号乘客生还率

在 1912 年,泰坦尼克号在第一次航行中与冰山相撞、沉没,造成了大部分乘客和船员身亡的灾难.在本案例中,我们将通过部分泰坦尼克号的乘客名单,探索哪些特征可以更好地预测一个人是否会生还.

文件列表中 titanic_visualizations.py 为辅助代码,titanic_data.csv 为数据集文件,result文件夹为结果的文件存放地.

在开始处理泰坦尼克号乘客数据时,先导入需要的 python 功能模块以及将数据加载到 pandas DataFrame 文件格式中.运行下面区域中的代码加载数据,并使用 .head() 函数显示前几项乘客数据.

1. 加载数据集

```
import numpy as np
import pandas as pd
# 数据可视化代码
from titanic_visualizations import survival_stats
from IPython.display import display
# 加载数据集
in_file = 'titanic_data.csv'
full_data = pd.read_csv(in_file)
# 显示数据列表中的前几项乘客数据
display(full_data.head())
```

	PassengerId	Survived	Pclass	Name	Sex	Age	SibSp	Parch	Ticket	Fare	Cabin	Embarked
0	1	0	3	Braund, Mr. Owen Harris	male	22	1	0	A/5 21171	7.2500	NaN	S
1	2	1	1	Cumings, Mrs. John Bradley	female	38	1	0	PC 17599	71.2833	C85	C
2	3	1	3	Heikkinen, Miss. Laina	female	26	0	0	STON/O2. 3101282	7.9250	NaN	S
3	4	1	1	Futrelle, Mrs. Jacques Heath	female	35	1	0	113803	53.1000	C123	S
4	5	0	3	Allen, Mr. William Henry	male	35	0	0	373450	8.0500	NaN	S

从泰坦尼克号的数据样本中,我们可以看到船上每位旅客的特征:

Survived:是否存活(0 代表否,1 代表是)

Pclass:船舱等级(1 代表高级船舱,2 代表中级船舱,3 代表低级船舱)

Name:船上乘客的名字

Sex:船上乘客的性别

Age:船上乘客的年龄

SibSp:乘客在船上的兄弟姐妹和配偶的数量

Parch:乘客在船上的父母以及小孩的数量

Ticket:乘客船票的编号

Fare:乘客为船票支付的费用

Cabin:乘客所在船舱的编号(可能存在,NaN 表示不存在)

Embarked:乘客上船的港口(C 代表从 Cherbourg 登船,Q 代表从 Queenstown 登船,S 代表从 Southampton 登船)

因为我们要探索的是每个乘客或船员是否在事故中活下来.可以将 Survived 这一特征从这个数据集移除,并且用一个单独的变量 outcomes 来存储.它也做为我们要预测的目标.

运行下面代码,从数据集中移除 Survived 这个特征,并将它存储在变量 outcomes 中.

```
# 从数据集中移除'Survived'这个特征,并将它存储在一个新的变量中.
outcomes = full_data['Survived']
data = full_data.drop('Survived', axis = 1)
# 显示已移除'Survived' 特征的数据集
print('移除 Survived 特征的数据结构如下:')
display(data.head())
# 显示存储的 'outcomes'预测目标
print('存储的 outcomes 预测目标数据结构如下:')
display(outcomes.head())
# 移除 Survived 特征的数据结构如下
存储的 outcomes 预测目标数据结构如下:
0    0
1    1
2    1
3    1
4    0
Name: Survived, dtype: int64
```

这个案例说明了如何将泰坦尼克号的 Survived 数据从 DataFrame 移除.此时,data(乘客数据)和 outcomes(是否存活)已经匹配好.这意味着对于任何乘客的 data.loc[i] 都有对应的存活结果 outcome[i].

2.计算准确率

为了验证我们预测的结果,我们需要一个标准来给我们的预测打分.因为我们最感兴趣的是我们预测的准确率,即正确预测乘客存活的比例.运行下面的代码来创建我们的 accuracy_score函数以对前五名乘客的预测来做测试.

在前五个乘客中,如果我们预测他们全部都存活,你觉得我们预测的准确率是多少?

```
def accuracy_score(truth, pred):
    """返回 pred 相对于 truth 的准确率 """
    # 确保预测的数量与结果的数量一致
    if len(truth) == len(pred):
        # 计算预测准确率(百分比)
        return "Predictions have an accuracy of {:.2f}%.".format((truth == pred).mean() * 100)
    else:
```

```
            return "Number of predictions does not match number of outcomes!"
# 测试'accuracy_score' 函数
predictions = pd.Series(np.ones(5, dtype = int))  # 五个预测全部为 1,既存活
print (accuracy_score(outcomes[:5], predictions))
Predictions have an accuracy of 60.00 %.
```

3. 最简单的预测

```
def predictions_0(data):
    """不考虑任何特征,预测所有人都无法生还"""
    predictions = []
    for _, passenger in data.iterrows():
        # 预测'passenger'的生还率
        predictions.append(0)
    # 返回预测结果
    return pd.Series(predictions)
# 进行预测
predictions = predictions_0(data)
print(accuracy_score(outcomes, predictions))
```

4. 考虑一个特征进行预测

可以使用 survival_stats 函数来看看 Sex 这一特征对乘客的存活率有多大影响.这个函数定义在名为 titanic_visualizations.py 的 Python 脚本文件中,此案例提供了这个文件.传递给函数的前两个参数分别是泰坦尼克号的乘客数据和乘客的生还结果.第三个参数说明我们会根据地据哪个特征来绘制图形.

运行下面的代码绘制出根据乘客性别计算存活率的柱形图,如图 8-3 所示.

```
survival_stats(data, outcomes,'Sex')
def predictions_1(data):
    """只考虑一个特征,如果是女性则生还"""
    predictions = []
    for _, passenger in data.iterrows():
        # TODO 1
        # 移除下方的'pass' 声明
        # 输入你自己的预测条件
        pass
    # 返回预测结果
    return pd.Series(predictions)
# 进行预测
predictions = predictions_1(data)
# 计算准确率
accurantance = accuracy_score(outcomes,predictions)
print (accurantance)
```

Number of predictions does not match number of outcomes!

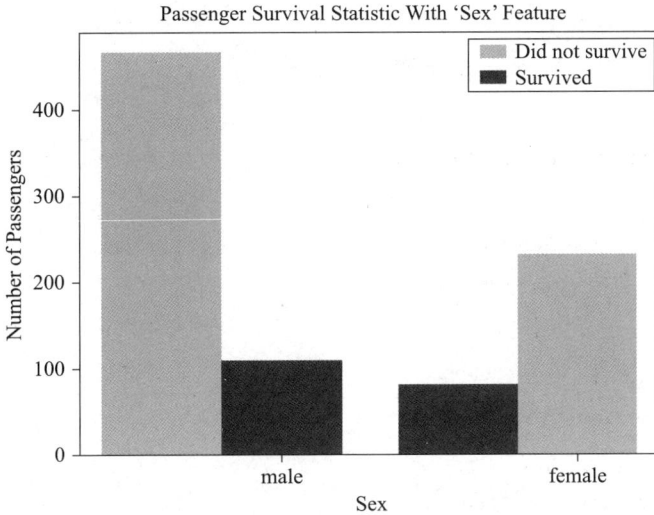

Passenger Survival Statistic With 'Sex' Feature

图 8-3　根据乘客性别预测存活率的柱形图

5. 考虑两个特征进行预测

仅仅使用乘客性别(Sex)这一特征,我们预测的准确性就有了明显的提高. 现在再看一下使用额外的特征能否更进一步提升我们的预测准确度. 例如,综合考虑所有在泰坦尼克号上的男性乘客:我们是否找到这些乘客中的一个子集,他们的存活概率较高. 让我们再次使用 survival_stats 函数来看看每位男性乘客的年龄(Age). 这一次,我们将使用第四个参数来限定柱形图中只有男性乘客.

运行下面这段代码,把男性基于年龄的生存结果绘制出来,如图 8-4 所示.

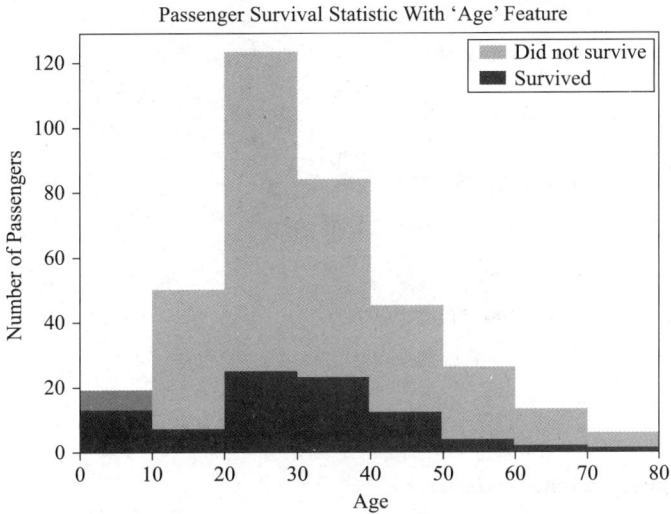

Passenger Survival Statistic With 'Age' Feature

图 8-4　根据乘客性别和年龄预测存活率的柱形图

```
survival_stats(data, outcomes,'Age', ["Sex = = 'male'"])
```

```python
def predictions_2(data):
    """考虑两个特征:
        - 如果是女性则生还
        - 如果是男性并且小于10岁则生还 """
    predictions = []
    for _, passenger in data.iterrows():
        # TODO 2
        # 移除下方的'pass'声明
        # 输入你自己的预测条件
        pass
    # 返回预测结果
    return pd.Series(predictions)
# 进行预测
predictions = predictions_2(data)
def predictions_2(data):
    """考虑两个特征:
        - 如果是女性则生还
        - 如果是男性并且小于10岁则生还 """
    predictions = []
    for _, passenger in data.iterrows():
        # TODO 2
        # 移除下方的'pass'声明
        # 输入你自己的预测条件
        if passenger['Sex'] == 'female':
            predictions.append(1)
        else:
            # 男性
            if passenger['Age'] < 10:
                predictions.append(1)
            else:
                predictions.append(0)
    # 返回预测结果
    return pd.Series(predictions)
# 进行预测
predictions = predictions_2(data)
# 计算准确率
print(accuracy_score(outcomes, predictions))
Number of predictions does not match number of outcomes!
```

6. 预测模型

添加年龄(Age)特征与性别(Sex)的结合比单独使用性别(Sex)预测的准确度高.可以在不同的条件下多次使用相同的特征.使用 survival_stats 函数来观测泰坦尼克号上乘客存活的数据统计.

注意:要使用多个过滤条件,把每一个条件放在一个列表里作为最后一个参数传递进去.例如:["Sex = ='male'","Age < 18"]

```python
survival_stats(data, outcomes,'Age', ["Sex = ='male'", "Age < 18"])
def predictions_3(data):
    """考虑多个特征,准确率至少达到80% """
    predictions = []
    for _, passenger in data.iterrows():
        # TODO 3
        # 移除下方的'pass'声明
        # 输入你自己的预测条件
        pass
    # 返回预测结果
    return pd.Series(predictions)
# 进行预测
predictions = predictions_3(data)
# 运行结果如图 8-5 所示.
```

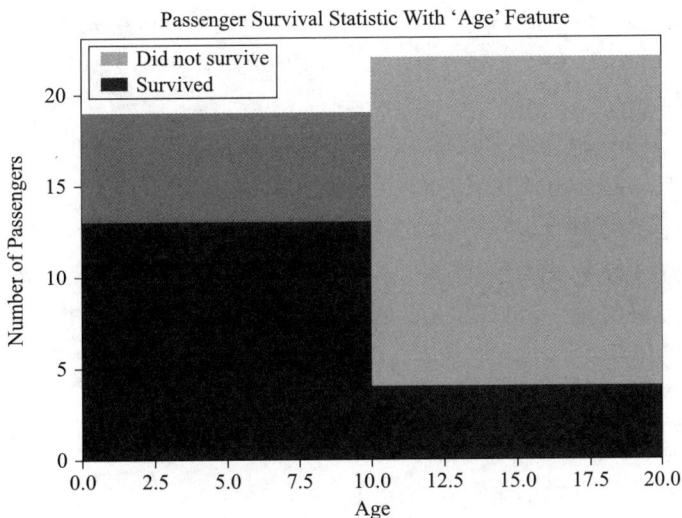

图 8-5　根据乘客多个特征预测存活率的柱形图

参考答案

综合习题 1

一、选择题

1. C.　　2. A.　　3. A.　　4. B.　　5. B.

二、填空题

1. 解析法、列表法、图像法.　　2. 有界性、奇偶性、单调性、周期性.

3. $(x-1)^2+e^{x-1}+2$.　　4. $[1,2]$.　　5. 单调递增.　　6. $y=2^u, u=\sin x$.

三、计算题

1. (1) $(-\infty,0) \cup (0,1) \cup (1,+\infty)$;　　(2) $(2,+\infty)$;

(3) $(-\infty,-2] \cup [2,+\infty)$;　　(4) $(-\infty,-1) \cup (1,+\infty)$;

(5) $[-1,0]$;　　(6) $(-\infty,+\infty)$;　　(7) $(1,+\infty)$.

详细解题过程如下.

(1) 因为,$x^2-x \neq 0$,则 $x(x-1) \neq 0$, $x \neq 1$ 且 $x \neq 0$.

所以,定义域为:$(-\infty,0) \cup (0,1) \cup (1,+\infty)$;

(2) 因为,$x-2>0$,则 $x>2$.

所以,定义域为:$(2,+\infty)$;

(3) 因为,$x^2-4 \geqslant 0$,则 $x^2 \geqslant 4, x \geqslant 2$ 或者 $x \leqslant -2$.

所以,定义域为:$(-\infty,-2] \cup [2,+\infty)$;

(4) 因为,$\sqrt{x^2-1}>0$ 且 $x^2-1 \geqslant 0$,则 $x^2>1$, $x>1$ 或 $x<-1$.

所以,定义域为:$(-\infty,-1) \cup (1,+\infty)$;

(5) 因为,$-1 \leqslant 2x+1 \leqslant 1$,则 $-1 \leqslant x \leqslant 0$.

所以,定义域为:$[-1,0]$;

(6) 因为,$1-\sin^2 x \geqslant 0$,则 $\sin^2 x \leqslant 1, -1 \leqslant \sin x \leqslant 1, x \in R$.

所以,定义域为:$(-\infty,+\infty)$;

(7) 因为,$x>0$ 且 $\sqrt{x-1} \neq 0$ 且 $x-1 \geqslant 0$,则 $x>0$ 且 $x>1$, $x>1$.

所以,定义域为:$(1,+\infty)$.

2.(1) 非奇非偶；　　（2）偶函数；　　（3）奇函数；　　（4）奇函数.

详细解题过程如下.

(1) 因为，$f(-x)=3(-x)^3-4(-x)^2+3=-3x^3-4x^2+3$，

$f(-x)\neq f(x),f(-x)\neq -f(x)$

所以，此函数是非奇非偶；

(2) 因为，$f(-x)=[(-x)^2-1]\cos(-x)=(x^2-1)\cos x=f(x)$，

$f(-x)=f(x)$，

所以，此函数是偶函数；

(3) 因为，$f(-x)=(-x)-\sin(-x)=-x+\sin x=-(x-\sin x)=-f(x)$，

$f(-x)=-f(x)$，

所以，此函数是奇函数；

(4) 方法一：因为，$f(-x)=\dfrac{1+e^{-x}}{1-e^{-x}}=\dfrac{1+\frac{1}{e^x}}{1-\frac{1}{e^x}}=\dfrac{\frac{1}{e^x}(e^x+1)}{\frac{1}{e^x}(e^x-1)}=\dfrac{e^x+1}{e^x-1}=-\dfrac{1+e^x}{1-e^x}=-f(x)$

$f(-x)=-f(x)$，

所以，此函数是奇函数.

方法二：因为，$f(-x)=\dfrac{1+e^{-x}}{1-e^{-x}}=\dfrac{e^{-x}(e^x+1)}{e^{-x}(e^x-1)}=\dfrac{e^x+1}{e^x-1}=-\dfrac{1+e^x}{1-e^x}=-f(x)$

$f(-x)=-f(x)$，

所以，此函数是奇函数.

3.(1) 2π；　　（2）2π；　　（3）$\dfrac{\pi}{2}$；　　（4）$\dfrac{\pi}{3}$.

4.(1) $y=\pm\sqrt{x-3}$，定义域是：$[3,+\infty)$；值域是：$(-\infty,+\infty)$；

(2) $y=3^x-1$，定义域是：$(-\infty,+\infty)$；值域是：$(-1,+\infty)$.

5.(1) $y=u^3;u=3-2x^2$；　　（2）$y=\sin u;u=x^3-2$；

(3) $y=\cos^2 u,u=x+1$；　　（4）$y=\ln u,u=3x-1$；

(5) $y=\arcsin u,u=\ln v,v=x^2+2.$

综合练习2

一、选择题

1.C.　　2.A.　　3.A.　　4.B.　　5.D.　　6.B.

二、填空题

1.0.　　2.0.　　3.0.　　4.e^{-1}.　　5.$y=1$.　　6.$x=1$ 点.

三、计算题

1. (1) 1;　　(2) ∞;　　(3) 1.

详细解题过程如下.

(1) $\lim\limits_{n\to\infty}\left[\dfrac{1}{1\times2}+\dfrac{1}{2\times3}+\cdots+\dfrac{1}{n(n+1)}\right]$

$=\lim\limits_{n\to\infty}\left[\left(1-\dfrac{1}{2}\right)+\left(\dfrac{1}{2}-\dfrac{1}{3}\right)+\cdots+\left(\dfrac{1}{n}-\dfrac{1}{n+1}\right)\right]$

$=\lim\limits_{n\to\infty}\left(1-\dfrac{1}{n+1}\right)=\lim\limits_{n\to\infty}1-\lim\limits_{n\to\infty}\dfrac{1}{n+1}=1-0=1$

(2) $(n+1)(n+2)(n+3)=(n^2+3n+2)(n+3)=n^3+6n^2+11n+6$;

$\lim\limits_{n\to\infty}\dfrac{n^2}{n^3+6n^2+11n+6}=0$,所以,$\lim\limits_{n\to\infty}\dfrac{(n+1)(n+2)(n+3)}{n^2}=\infty$.

(3) $\lim\limits_{n\to\infty}\sqrt{n}\left(\sqrt{n+2}-\sqrt{n}\right)=\lim\limits_{n\to\infty}\dfrac{\sqrt{n}\left(\sqrt{n+2}-\sqrt{n}\right)\left(\sqrt{n+2}+\sqrt{n}\right)}{\sqrt{n+2}+\sqrt{n}}$

$=\lim\limits_{n\to\infty}\dfrac{\sqrt{n}(n+2-n)}{\sqrt{n+2}+\sqrt{n}}=\lim\limits_{n\to\infty}\dfrac{2\sqrt{n}}{\sqrt{n+2}+\sqrt{n}}=\lim\limits_{n\to\infty}\dfrac{2\cdot\sqrt{n}}{\sqrt{n}\left(\sqrt{1+\dfrac{2}{n}}+1\right)}$

$=\lim\limits_{n\to\infty}\dfrac{2}{\sqrt{1+\dfrac{2}{n}}+1}=\dfrac{2}{1+1}=1$

2. (1) 2;(2) $\dfrac{1}{3}$;(3) 0;(4) 2;(5) ∞;(6) 2;(7) -2;

(8) $\dfrac{2}{3}$;(9) 0;(10) $\dfrac{1}{3}$;(11) 0;(12) $\dfrac{1}{2}$;(13) 1;(14) -2;

(15) $\dfrac{1}{4}$;(16) $e^{-\frac{1}{2}}$;(17) e^{-6};(18) 0;(19) 0;(20) $\dfrac{1}{2}$.

详细解题过程如下.

(1) 根据极限的四则运算,$\lim\limits_{x\to3}\dfrac{x+1}{x-1}=\dfrac{\lim\limits_{x\to3}(x+1)}{\lim\limits_{x\to3}(x-1)}=\dfrac{3+1}{3-1}=2$;

(2) 根据极限的四则运算,$\lim\limits_{x\to1}\dfrac{x^2+1}{x^2+3x+2}=\dfrac{\lim\limits_{x\to1}(x^2+1)}{\lim\limits_{x\to1}(x^2+3x+2)}=\dfrac{1+1}{1+3+2}=\dfrac{1}{3}$;

(3) 根据定理 2.2,$\lim\limits_{x\to\infty}\dfrac{x^2-x+2}{3-2x^3}=\lim\limits_{x\to\infty}\dfrac{x^2-x+2}{-2x^3+3}=0$;

(4) 根据极限的四则运算,$\lim\limits_{x\to\infty}\left(\dfrac{1}{x^2}-\dfrac{1}{x}+2\right)=\lim\limits_{x\to\infty}\dfrac{1}{x^2}+\lim\limits_{x\to\infty}\left(-\dfrac{1}{x}\right)+\lim\limits_{x\to\infty}2=0+0+2=2$;

(11) 由于 $\cos\dfrac{1}{x}$ 是有界函数,$\lim\limits_{x\to0}x=0$ 是无穷小量,所以,$\lim\limits_{x\to0}x\cos\dfrac{1}{x}=0$;

(12) $\lim\limits_{x\to0}\dfrac{x}{\tan2x}=\lim\limits_{x\to0}\dfrac{x\cos2x}{\sin2x}=\lim\limits_{x\to0}\dfrac{2x}{2\sin2x}\cdot\lim\limits_{x\to0}\cos2x=\dfrac{1}{2}\times1=\dfrac{1}{2}$;

(15) $\lim\limits_{x\to2}\dfrac{x^2-3x+2}{x^2-4}=\lim\limits_{x\to2}\dfrac{(x-1)(x-2)}{(x+2)(x-2)}=\lim\limits_{x\to2}\dfrac{(x-1)}{(x+2)}=\dfrac{2-1}{2+2}=\dfrac{1}{4}$;

(16) $\lim\limits_{x \to 0}\left(1-\dfrac{x}{2}\right)^{\frac{1}{x}}=\lim\limits_{x \to 0}\left[1+\left(-\dfrac{x}{2}\right)\right]^{\left(-\frac{2}{x}\right)\cdot\left(-\frac{1}{2}\right)}=\lim\limits_{x \to 0}\left\{\left[1+\left(-\dfrac{x}{2}\right)\right]^{\left(-\frac{2}{x}\right)}\right\}^{\left(-\frac{1}{2}\right)}$

$=\mathrm{e}^{-\frac{1}{2}}$;

(17) $\lim\limits_{x \to \infty}\left(1-\dfrac{2}{x}\right)^{3x}=\lim\limits_{x \to \infty}\left[1+\left(-\dfrac{2}{x}\right)\right]^{\left(-\frac{x}{2}\right)\cdot(-6)}=\lim\limits_{x \to \infty}\left\{\left[1+\left(-\dfrac{2}{x}\right)\right]^{\left(-\frac{x}{2}\right)}\right\}^{(-6)}=\mathrm{e}^{-6}$.

3. 不连续，绘图(略).

详细解题过程如下.

由于 $\lim\limits_{x \to 0^{+}}f(x)=\lim\limits_{x \to 0^{+}}(2x+1)=1$, $\lim\limits_{x \to 0^{-}}f(x)=\lim\limits_{x \to 0^{-}}(2x-1)=-1$,

$\lim\limits_{x \to 0^{+}}f(x)\neq\lim\limits_{x \to 0^{-}}f(x)$,函数在 $x=0$ 处极限不存在,

所以,函数在 $x=0$ 点不连续.

4. $\lim\limits_{x \to 1^{-}}f(x)=2$; $\lim\limits_{x \to 1^{+}}f(x)=2$; $\lim\limits_{x \to 1}f(x)=2$; $\lim\limits_{x \to -1}f(x)=0$; 绘图(略).

详细解题过程如下.

因为, $\lim\limits_{x \to 1^{+}}f(x)=\lim\limits_{x \to 1^{+}}(3-x)=2$, $\lim\limits_{x \to 1^{-}}f(x)=\lim\limits_{x \to 1^{-}}(x+1)=2$,

$\lim\limits_{x \to 1^{+}}f(x)=\lim\limits_{x \to 1^{-}}f(x)$, 所以, $\lim\limits_{x \to 1}f(x)=2$;

$\lim\limits_{x \to -1}f(x)=\lim\limits_{x \to -1}(x+1)=-1+1=0$.

5. $a=\mathrm{e}^{2}$; 绘图(略).

详细解题过程如下.

由于 $\lim\limits_{x \to 0}f(x)=\lim\limits_{x \to 0}[1+(2x)]^{\left(\frac{1}{2x}\right)\cdot 2}=\mathrm{e}^{2}$,此函数在 $x=0$ 处连续,

所以, $f(0)=a=\lim\limits_{x \to 0}f(x)=\mathrm{e}^{2}$,因此, $a=\mathrm{e}^{2}$.

6. 在 $x=0$ 点处不连续但右连续；在 $x=1$ 点处连续；连续区间是 $[0,+\infty)$;

绘图(略).

7. (1) 间断点是: $x=-1$; (2) 间断点是: $x=0$; (3) 间断点是: $x=-2$ 和 $x=1$.

综合练习 3

一、选择题

1. D.   2. B.   3. A.   4. B.   5. A.   6. B.   7. B.

8. D.   9. A.   10. A.   11. A.   12. B.   13. D.

二、填空题

1. $3^{x}\ln 3$.   2. 3.   3. 0.   4. $e^{x}+ex^{e-1}$.   5. $1+\dfrac{1}{x}$.

6. $\mathrm{e}^{-x}-x\mathrm{e}^{-x}$.   7. $2\cos(2x-1)$.   8. $e^{x+1}\mathrm{d}x$.   9. $3\cos 3x-4x$.

10. $2\cos 2x$.   11. $2\mathrm{e}^{x}+4x\mathrm{e}^{x}+x^{2}\mathrm{e}^{x}$.   12. $\dfrac{4}{(1-2x)^{2}}$.   13. $\left(\dfrac{1}{2},-\dfrac{5}{4}\right)$.

三、计算题

1.（1）切线方程是：$y=1$；法线方程是：不存在；

（2）切线方程是：$y=x+1$；法线方程是：$y=-x+1$；

（3）切线方程是：$y=x-1$；法线方程是：$y=-x+1$.

详细解题过程如下.

（1）$y'=\cos x$，根据导数的几何意义可知，所求的切线斜率 k_1 和法线斜率 k_2 分别为

$$k_1=y'\big|_{x=\frac{\pi}{2}}=\cos x\big|_{x=\frac{\pi}{2}}=0, k_2=-\frac{1}{k_1}=\infty, 即 k_2 不存在.$$

于是，所求的切线方程为：

$$y-1=k_1\left(x-\frac{\pi}{2}\right), 即 y=1.$$

法线方程不存在.

（2）$y'=e^x$，根据导数的几何意义可知，所求的切线斜率 k_1 和法线斜率 k_2 分别为：

$$k_1=y'\big|_{x=0}=e^x\big|_{x=0}=1, k_2=-1$$

于是，所求的切线方程为：

$$y-1=k_1(x-0), 即 y=x+1.$$

法线方程为：

$$y-1=k_2(x-0), 即 y=-x+1.$$

（3）$y'=\frac{1}{x}$，根据导数的几何意义可知，所求的切线斜率 k_1 和法线斜率 k_2 分别为：

$$k_1=y'\big|_{x=1}=\frac{1}{x}\big|_{x=1}=1, k_2=-1$$

于是，所求的切线方程为：

$$y-0=k_1(x-1), 即 y=x-1.$$

法线方程为：

$$y-0=k_2(x-1), 即 y=-x+1.$$

2.（1）$y'=3x^2+3^x\ln 3+\frac{1}{x}$；　　（2）$y'=-\frac{4}{x^5}$；　　（3）$y'=\frac{x}{\sqrt{x^2-1}}$；

（4）$y'=\frac{1}{2\sqrt{x}}+\frac{1}{x^2}$；　　（5）$y'=-\frac{x\sin x+\cos x}{x^2}$；　　（6）$y'=-\frac{2}{(x-1)^2}$；

（7）$y'=(2x^2+1)e^{x^2}$；　　（8）$y'=\frac{2x}{x^2-a^2}$；　　（9）$y'=x\cos x$；

（10）$y'=2x+\arcsin x+\frac{x}{\sqrt{1-x^2}}$；　　（11）$y'=2\cot 2x$；　　（12）$y'=\frac{3}{3x-1}$.

详细解题过程如下.

（1）根据导数的四则运算法则和导数公式，$y'=(x^3)'+(3^x)'+(\ln x)'+(e^3)'=3x^2+3^x\ln 3+\frac{1}{x}$；

（2）根据幂函数的导数公式，$y'=(x^{-4})'=-4\cdot x^{-4-1}=-4x^{-5}=-\frac{4}{x^5}$；

（3）根据幂函数的导数公式和复合函数的求导法，

$$y' = \left[(x^2-1)^{\frac{1}{2}} \right]' = \frac{1}{2} \cdot (x^2-1)^{\frac{1}{2}-1} \cdot (x^2-1)' = \frac{1}{2} \cdot (x^2-1)^{-\frac{1}{2}} \cdot (2x) = \frac{x}{\sqrt{x^2-1}};$$

（4）根据导数的四则运算法则和幂函数的导数公式，

$$y' = (x^{\frac{1}{2}})' - (x^{-1})' = \frac{1}{2} \cdot x^{\frac{1}{2}-1} - (-x^{-1-1}) = \frac{1}{2\sqrt{x}} + \frac{1}{x^2};$$

（5）根据导数的四则运算法则，

$$y' = \frac{(\cos x)' \cdot x - \cos x \cdot x'}{x^2} = \frac{-\sin x \cdot x - \cos x}{x^2} = -\frac{x\sin x + \cos x}{x^2};$$

（6）根据导数的四则运算法则，

$$y' = \frac{(x+1)'(x-1) - (x+1)(x-1)'}{(x-1)^2} = \frac{(x-1) - (x+1)}{(x-1)^2} = -\frac{2}{(x-1)^2};$$

（11）根据对数的导数公式和复合函数的求导法，

$$y' = \left[\ln(\sin 2x) \right]' = \frac{1}{\sin 2x} \cdot (\sin 2x)' \cdot (2x)' = \frac{2\cos 2x}{\sin 2x} = 2\cot 2x.$$

3. （1）$\dfrac{\mathrm{d}y}{\mathrm{d}x} = \dfrac{y-2x}{2y-x-6y^2}$；　　　　（2）$\dfrac{\mathrm{d}y}{\mathrm{d}x} = \dfrac{e^{x-y}-y}{e^{x-y}+x}$.

详细解题过程如下.

（1）将方程两边同时对 x 求导，即得

$$2y \cdot y' = x'y + xy' - 2x + 6y^2 \cdot y';$$

$$2y \cdot y' = y + xy' - 2x + 6y^2 \cdot y';$$

$$2y \cdot y' - xy' - 6y^2 \cdot y' = y - 2x;$$

$$y'(2y - x - 6y^2) = y - 2x;$$

$$y' = \frac{y-2x}{2y-x-6y^2};$$

从而，$\dfrac{\mathrm{d}y}{\mathrm{d}x} = y' = \dfrac{y-2x}{2y-x-6y^2}$.

（2）将方程两边同时对 x 求导，即得

$$e^{x-y} \cdot (x-y)' = x'y + xy';$$

$$e^{x-y} \cdot (1-y') = y + xy';$$

$$e^{x-y} - e^{x-y}y' = y + xy';$$

$$xy' + e^{x-y}y' = e^{x-y} - y;$$

$$y' = \frac{e^{x-y}-y}{e^{x-y}+x};$$

从而，$\dfrac{\mathrm{d}y}{\mathrm{d}x} = y' = \dfrac{e^{x-y}-y}{e^{x-y}+x}$.

4. （1）$y'' = -2e^{-x} + xe^{-x}$；　　（2）$y'' = 2\cos x - x\sin x$；　　（3）$y'' = 810(3x-1)^8$；

（4）$y'' = -\dfrac{2(x^2+1)}{(x^2-1)^2 \ln 3}$；　　（5）$y'' = 6x + e^x$；　　（6）$y'' = 3\cos x - 4x\sin x - x^2\cos x$.

5. （1）$\mathrm{d}y = (2x + 3^x \ln 3)\mathrm{d}x$；　　（2）$\mathrm{d}y = \dfrac{2}{(x+1)^2}\mathrm{d}x$；　　（3）$\mathrm{d}y = (3x^2 + \sin x)\mathrm{d}x$；

（4）$\mathrm{d}y = 2x\sec^2(x^2+1)\mathrm{d}x$；　　（5）$\mathrm{d}y = 3\sin(6x+2)\mathrm{d}x$；　　（6）$\mathrm{d}y = e^{\sin x}\cos x\mathrm{d}x$.

综合练习 4

一、选择题

1. C.　　　2. A.　　　3. C.　　　4. D.　　　5. D.　　　6. B.　　　7. A.　　　8. C.

二、填空题

1. $\dfrac{2}{3}$.　　　2. $(-1,1)$.　　　3. 2.　　　4. 0.　　　5. $(-\infty,+\infty)$.　　　6. $\left(e^{-\frac{3}{2}}, -\dfrac{3}{2}e^{-3}\right)$

7. 水平渐近线 $y=0$；垂直渐近线 $x=5$.

三、计算题

1. (1) 3；　　(2) $-\sin 3$；　　(3) 0；　　(4) $\dfrac{3}{2}$；　　(5) ∞；　　(6) -1；　　(7) 2；

(8) $\dfrac{1}{2}$.

详细解题过程如下.

(1) 因为分子的极限、分母的极限都是 0，是 "$\dfrac{0}{0}$" 型未定式，根据洛必达法则得

$$\lim_{x\to 0}\frac{\sin 3x}{x}=\lim_{x\to 0}\frac{(\sin 3x)'}{(x)'}=\lim_{x\to 0}3\cos 3x=3;$$

(3) 因为分子的极限、分母的极限都是 0，是 "$\dfrac{0}{0}$" 型未定式，根据洛必达法则得

$$\lim_{x\to 0}\frac{\sqrt{1+x^2}-1}{x}=\lim_{x\to 0}\frac{(\sqrt{1+x^2}-1)'}{(x)'}=\lim_{x\to 0}(\sqrt{1+x^2})'$$

$$=\lim_{x\to 0}\frac{1}{2}\cdot\frac{1}{\sqrt{1+x^2}}\cdot 2x=\lim_{x\to 0}\frac{x}{\sqrt{1+x^2}}=0;$$

(5) 因为分子的极限、分母的极限都是 0，是 "$\dfrac{0}{0}$" 型未定式，根据洛必达法则得

$$\lim_{x\to 0}\frac{\sin x+x}{\sin x-x}=\lim_{x\to 0}\frac{(\sin x+x)'}{(\sin x-x)'}=\lim_{x\to 0}\frac{\cos x+1}{\cos x-1}=\infty;$$

(7) 因为分子的极限、分母的极限都是 ∞，是 "$\dfrac{\infty}{\infty}$" 型未定式，根据洛必达法则得

$$\lim_{x\to +\infty}\frac{\ln(1+x^2)}{\ln(1+x)}=\lim_{x\to +\infty}\frac{(\ln(1+x^2))'}{(\ln(1+x))'}=\lim_{x\to +\infty}\frac{\dfrac{2x}{1+x^2}}{\dfrac{1}{1+x}}=\lim_{x\to +\infty}\frac{2x(1+x)}{1+x^2}=\lim_{x\to +\infty}\frac{2x^2+2x}{x^2+1}=2;$$

(8) 因为分子的极限、分母的极限都是 0，是 "$\dfrac{0}{0}$" 型未定式，根据洛必达法则得

$$\lim_{x\to 0}\frac{e^x-x-1}{x(e^x-1)}=\lim_{x\to 0}\frac{(e^x-x-1)'}{(x(e^x-1))'}=\lim_{x\to 0}\frac{e^x-1}{(e^x-1)+xe^x}=\lim_{x\to 0}\frac{e^x}{e^x+e^x+xe^x}=\lim_{x\to 0}\frac{1}{2+x}=\frac{1}{2}.$$

2.(1) 单调递减区间是$(-\infty,-1)$,单调递增区间是$(-1,+\infty)$;

(2) 单调递增区间是$(-\infty,-2)$与$(2,+\infty)$,单调递减区间是$(-2,2)$;

(3) 单调递增区间是$(-\infty,-2)$与$(1,+\infty)$,单调递减区间是$(-2,1)$;

(4) 单调递增区间是$(0,+\infty)$;单调递减区间是$(-1,0)$;

(5) 单调递增区间是$(0,+\infty)$;单调递减区间是$(-\infty,-1)$与$(-1,0)$;

(6) 单调递增区间是$(-\infty,0)$与$(\frac{2}{5},+\infty)$;单调递减区间是$(0,\frac{2}{5})$.

详细解题过程如下.

(1) 由于 $x\in R$,$y'=6x+6=6(x+1)$,由 $y'=0$ 得 $x=-1$,

将定义域$(-\infty,+\infty)$分成两个区间:$(-\infty,-1)$、$(-1,+\infty)$,列表如下:

x	$(-\infty,-1)$	-1	$(-1,+\infty)$
$f'(x)$	$-$	0	$+$
$f(x)$	↘		↗

所以 $x\in(-\infty,-1)$时,函数单调减少;$x\in(-1,+\infty)$时,函数单调增加.

(4) 由于 $x\in(-1,+\infty)$,$y'=1-\dfrac{1}{x+1}=\dfrac{x}{x+1}$,

由 $y'=0$ 得 $x=0$;当 $x=-1$ 时,函数导数不存在;$-1\notin(-1,+\infty)$,不考虑.

将定义域 $x\in(-1,+\infty)$分成两个区间:$(-1,0)$、$(0,+\infty)$,列表如下:

x	$(-1,0)$	0	$(0,+\infty)$
$f'(x)$	$-$	0	$+$
$f(x)$	↘		↗

所以 $x\in(0,+\infty)$时,函数单调增加;$x\in(-1,0)$时,函数单调减少.

(5) 由于 $x\in(-\infty,-1)\cup(-1,+\infty)$,$y'=\dfrac{e^x(1+x)-e^x}{(1+x)^2}=\dfrac{xe^x}{(1+x)^2}$,

由 $y'=0$ 得 $x=0$;当 $x=-1$ 时,函数导数不存在.

将定义域分成三个区间:$(-\infty,-1)$、$(-1,0)$、$(0,+\infty)$,列表如下:

x	$(-\infty,-1)$	-1	$(-1,0)$	0	$(0,+\infty)$
$f'(x)$	$-$		$-$	0	$+$
$f(x)$	↘		↘		↗

所以 $x\in(0,+\infty)$时,函数单调增加;$x\in(-\infty,-1)\cup(-1,0)$时,函数单调减少.

(6) 由于 $x\in(-\infty,0)\cup(0,+\infty)$,

$$y'=x^{\frac{2}{3}}+\frac{2}{3}(x-1)x^{-\frac{1}{3}}=\frac{x+\frac{2}{3}(x-1)}{\sqrt[3]{x}}=\frac{\frac{5}{3}x-\frac{2}{3}}{\sqrt[3]{x}},$$

由 $y'=0$ 得 $x=\dfrac{2}{5}$;当 $x=0$ 时,函数导数不存在.

将定义域分成三个区间：$(-\infty,0)$、$\left(0,\dfrac{2}{5}\right)$、$\left(\dfrac{2}{5},+\infty\right)$，列表如下：

x	$(-\infty,0)$	0	$\left(0,\dfrac{2}{5}\right)$	$\dfrac{2}{5}$	$\left(\dfrac{2}{5},+\infty\right)$
$f'(x)$	$+$		$-$	0	$+$
$f(x)$	↗		↘		↗

所以 $x\in(-\infty,0)\cup\left(\dfrac{2}{5},+\infty\right)$ 时，函数单调增加；$x\in\left(0,\dfrac{2}{5}\right)$ 时，函数单调减少.

3.（1）极大值为 $f(1)=1$，无极小值；

（2）极大值为 $f(-5)=-49$，极小值为 $f(1)=-7$；

（3）极大值为 $f(0)=0$，无极小值；

（4）极大值为 $f\left(\dfrac{3}{4}\right)=\dfrac{5}{4}$，无极小值.

详细解题过程如下.

（1）由于 $x\in R,y'=12x^2(1-x)$，由 $y'=0$ 得 $x=0$、$x=1$.

将定义域 $(-\infty,+\infty)$ 分成三个区间：$(-\infty,0)$、$(0,1)$、$(1,+\infty)$，列表如下：

x	$(-\infty,0)$	0	$(0,1)$	1	$(1,+\infty)$
$f'(x)$	$+$		$+$	0	$-$
$f(x)$	↗		↗	极大值	↘

从上表可知，$x\in(-\infty,1)$ 时，函数单调增加；$x\in(1,+\infty)$ 时，函数单调减少.

极大值 $f(1)=1$，无极小值.

（2）由于 $x\in R,y'=3(x^2+4x-5)=3(x+5)(x-1)$，由 $y'=0$ 得 $x=-5$、$x=1$.

将定义域 $(-\infty,+\infty)$ 分成三个区间：$(-\infty,-5)$、$(-5,1)$、$(1,+\infty)$，列表如下：

x	$(-\infty,-5)$	-5	$(-5,1)$	1	$(1,+\infty)$
$f'(x)$	$+$	0	$-$	0	$+$
$f(x)$	↗	极大值	↘	极小值	↗

从上表可知，$x\in(-\infty,-5)\cup(1,+\infty)$ 时，函数单调增加；$x\in(-5,1)$ 时，函数单调减少.

极大值 $f(-5)=101$，极小值 $f(1)=-7$.

4.（1）在 $x\in[-2,1]$，当 $x=-2$ 时，$y_{最大值}=11$；当 $x=1$ 或 $x=-1$ 时，$y_{最小值}=2$；

（2）在 $x\in[1,4]$，当 $x=1$ 时，$y_{最小值}=0$；当 $x=4$ 时，$y_{最大值}=81$；

（3）在 $x\in[-3,1]$，当 $x=-3$ 时，$y_{最大值}=1$；当 $x=1$ 时，$y_{最小值}=-1$.

详细解题过程如下.

（1）由于 $x\in R,y'=4x(x^2-1)=4x(x+1)(x-1)$，

由 $y'=0$ 得三个驻点：$x_1=-1$、$x_2=0$、$x_3=1$.

计算函数在驻点和端点的值：$f(-2)=11,f(-1)=2,f(0)=3,f(1)=2$；

得：在 $x\in[-2,1]$，当 $x=-2$ 时，$y_{最大值}=11$；当 $x=1$ 或 $x=-1$ 时，$y_{最小值}=2$.

5.（1）在区间 $(-\infty,1)$ 内是凸的，在区间 $(1,+\infty)$ 内是凹的，拐点是 $(1,-2)$；

(2) 在区间 $(-\infty,0)$ 内是凸的，在区间 $(0,+\infty)$ 内是凹的，没有拐点；

(3) 在区间 $\left(-\infty,-\dfrac{\sqrt{3}}{3}\right)$ 和 $\left(\dfrac{\sqrt{3}}{3},+\infty\right)$ 内是凸的，在区间 $\left(-\dfrac{\sqrt{3}}{3},\dfrac{\sqrt{3}}{3}\right)$ 内是凹的；拐点是 $\left(-\dfrac{\sqrt{3}}{3},\dfrac{1}{3}\right)$ 和 $\left(\dfrac{\sqrt{3}}{3},\dfrac{1}{3}\right)$.

(4) 在区间 $(-\infty,-2)$ 内是凸的，在区间 $(-2,+\infty)$ 内是凹的，拐点是 $(-2,22)$；

(5) 在区间 $(-\infty,-1)$ 是凸的，在区间 $(-1,+\infty)$ 是凹的，拐点是 $(-1,-2)$；

(6) 在区间 $(-\infty,0)$ 是凸的，在区间 $(0,+\infty)$ 是凹的，拐点是 $(0,-1)$.

详细解题过程如下.

(1) 由于 $x\in(-\infty,+\infty)$，$y'=3x^2-6x$，$y''=6x-6$；

由 $y''=0$ 得 $x=1$；没有 y'' 不存在的点.

将定义域 $x\in(-\infty,+\infty)$ 分成两个区间：$(-\infty,1)$、$(1,+\infty)$，列表如下：

x	$(-\infty,1)$	1	$(1,+\infty)$
y''	$-$	1	$+$
y	$\cap$	拐点	$\cup$

又 $f(1)=-2$，

所以，$(1,+\infty)$ 是曲线的凹区间，$(-\infty,1)$ 是曲线的凸区间，拐点是 $(1,-2)$.

(2) 由于 $x\in(-\infty,0)\bigcup(0,+\infty)$，$y'=-x^{-2}=-\dfrac{1}{x^2}$，$y''=(-x^{-2})'=2x^{-3}=\dfrac{2}{x^3}$；

由 $y''=\dfrac{2}{x^3}$ 得 y'' 不存在时，$x=0$.

将定义域分成两个区间：$(-\infty,0)$、$(0,+\infty)$，列表如下：

x	$(-\infty,0)$	0	$(0,+\infty)$
y''	$-$	0	$+$
y	$\cap$		$\cup$

所以，$(0,+\infty)$ 是曲线的凹区间，$(-\infty,0)$ 是曲线的凸区间，没有拐点.

(3) 由于 $x\in(-\infty,+\infty)$，$y'=-4x^3+4x$，$y''=-12x^2+4$；

由 $y''=0$ 得 $x_1=-\dfrac{\sqrt{3}}{3}$，$x_2=\dfrac{\sqrt{3}}{3}$；没有 y'' 不存在的点.

将定义域 $x\in(-\infty,+\infty)$ 分成三个区间：$\left(-\infty,-\dfrac{\sqrt{3}}{3}\right)$、$\left(-\dfrac{\sqrt{3}}{3},\dfrac{\sqrt{3}}{3}\right)$、$\left(\dfrac{\sqrt{3}}{3},+\infty\right)$，

列表如下：

x	$\left(-\infty,-\dfrac{\sqrt{3}}{3}\right)$	$-\dfrac{\sqrt{3}}{3}$	$\left(-\dfrac{\sqrt{3}}{3},\dfrac{\sqrt{3}}{3}\right)$	$\dfrac{\sqrt{3}}{3}$	$\left(\dfrac{\sqrt{3}}{3},+\infty\right)$
y''	$-$	0	$+$	0	$-$
y	$\cap$	拐点	$\cup$	拐点	$\cap$

又 $f\left(\pm\dfrac{\sqrt{3}}{3}\right)=\dfrac{1}{3}$,

所以，$\left(-\infty,-\dfrac{\sqrt{3}}{3}\right)$ 与 $\left(\dfrac{\sqrt{3}}{3},+\infty\right)$ 是曲线的凸区间，$\left(-\dfrac{\sqrt{3}}{3},\dfrac{\sqrt{3}}{3}\right)$ 是曲线的凹区间，拐点是 $\left(-\dfrac{\sqrt{3}}{3},\dfrac{1}{3}\right)$ 与 $\left(\dfrac{\sqrt{3}}{3},\dfrac{1}{3}\right)$.

6.绘图（略）.

综合练习5

一、选择题

1. D.　　2. C.　　3. A.　　4. D.　　5. C.　　6. A.　　7. B.　　8. D.　　9. D.　　10. D.

二、填空题

1. $12x^3$.　　2. $\dfrac{1}{4}x^4-2e^x+C$.　　3. $2+e^x$.　　4. $\dfrac{1}{2}\sin(x^2-1)+C$.

5. $\cos x$.　　6. $\dfrac{x^2}{2}+\ln|x|+C$.　　7. $(1+x)e^x$.　　8. $\cos x\cdot\cos 2x$

9. $-\dfrac{1}{3}(1-x^2)^{\frac{3}{2}}+C$.　　10. $\dfrac{1}{\ln 2}\cdot 2^x-\dfrac{1}{\ln 3}\cdot 3^x+C$.

三、计算下列不定积分

1. (1) $\dfrac{x^2}{2}+e^x+C$;　　(2) $x+2x^2+C$;　　(3) $\dfrac{3x^2}{2}-\dfrac{x^3}{3}+2x+C$;

(4) $\dfrac{1}{\ln 2}\cdot 2^x-e^x+C$;　　(5) $7x-5\cos x+C$;　　(6) $-\dfrac{1}{4}\ln|1-4x|+C$;

(7) $\dfrac{x^3}{3}+\dfrac{2^x}{\ln 2}+C$;　　(8) $\dfrac{1}{12}\ln|3+4x^3|+C$;　　(9) $-\dfrac{1}{8}\ln|3-4x^2|+C$;

(10) $\dfrac{\ln^2 x}{2}+C$;　　(11) $2\sin\sqrt{x}+C$;　　(12) $\dfrac{1}{2}\ln|x^2-4x+3|+C$;

(13) $2\sqrt{x-1}+C$;　　(14) $\dfrac{1}{32}(4x-3)^8+C$;

(15) $\dfrac{1}{3}(x^2+1)^{\frac{3}{2}}+C$;　　(16) $\sqrt{x^2+1}+C$;　　(17) $x^3-\sin x+\dfrac{1}{\ln 2}\cdot 2^x+C$;

(18) $2(\sqrt{x}+\ln|\sqrt{x}-1|)+C$;　　(19) $x-\arctan x+C$;　　(20) $x^2e^x-2xe^x+2e^x+C$.

详细解题过程如下.

(1) 方法一：根据不定积分的基本公式得，

$\int(x+e^x)\mathrm{d}x=\int x\mathrm{d}x+\int e^x\mathrm{d}x=\dfrac{1}{2}x^2+e^x+C$；

方法二：

from sympy import ∗

$x=symbols(\dot{x})$

$y=x+\exp(x)$

♯计算不定积分

$jf=integrate(y,x)$

$jf=simplify(jf)$

$print("原函数为",jf)$

原函数为 $x\ast\ast2/2+\exp(x)$

即原函数为：$\dfrac{1}{2}x^2+e^x+C$

（2）根据不定积分的基本公式得，

$\int(1+4x)\mathrm{d}x=\int\mathrm{d}x+\int 4x\mathrm{d}x=x+4\int x\mathrm{d}x=x+4\cdot\dfrac{x^2}{2}+C=x+2x^2+C$；

（6）运用第一换元法（即凑微分法），由于 $\mathrm{d}(1-4x)=-4\mathrm{d}x$，则 $\mathrm{d}x=-\dfrac{1}{4}\mathrm{d}(1-4x)$

所以，$\int\dfrac{1}{1-4x}\mathrm{d}x=-\dfrac{1}{4}\int\dfrac{1}{1-4x}\mathrm{d}(1-4x)=-\dfrac{1}{4}\ln|1-4x|+C$；

（8）运用第一换元法（即凑微分法），由于 $\mathrm{d}(3+4x^3)=12x^2\mathrm{d}x$，则 $x^2\mathrm{d}x=\dfrac{1}{12}\mathrm{d}(3+4x^2)$

所以，$\int\dfrac{x^2}{3+4x^3}\mathrm{d}x=\dfrac{1}{12}\int\dfrac{1}{3+4x^3}\mathrm{d}(3+4x^3)=\dfrac{1}{12}\ln|3+4x^3|+C$；

（18）运用第二换元法，令 $\sqrt{x}=t$，则 $x=t^2$，$\mathrm{d}x=2t\mathrm{d}t$，

$\int\dfrac{1}{\sqrt{x}-1}\mathrm{d}x=\int\dfrac{1}{t-1}\cdot 2t\mathrm{d}t=2\int\dfrac{t}{t-1}\mathrm{d}t=2\int\dfrac{t-1+1}{t-1}\mathrm{d}t$

$=2\int\left(1+\dfrac{1}{t-1}\right)\mathrm{d}t=2\int\mathrm{d}t+2\int\dfrac{1}{t-1}\mathrm{d}t=2t+2\ln|t-1|+C$

$=2(\sqrt{x}+\ln|\sqrt{x}-1|)+C$；

（20）运用分部积分法，令 $u=x^2$，$\mathrm{d}v=\mathrm{d}e^x$，则 $\mathrm{d}u=2x\mathrm{d}x$，$v=e^x$，

$\int x^2e^x\mathrm{d}x=x^2e^x-2\int xe^x\mathrm{d}x=x^2e^x-2(xe^x-\int e^x\mathrm{d}x)$

$\qquad=x^2e^x-2(xe^x-e^x-C_1)$

$\qquad=x^2e^x-2xe^x+2e^x+2C_1$

$\qquad=x^2e^x-2xe^x+2e^x+C(令\ 2C_1=C)$.

四、$y=e^x(x+C)$

详细解题过程如下.

此方程为一阶非齐次线性微分方程，

令 $P(x)=-1, Q(x)=e^x$

则 $y=e^{\int dx}\left[\int e^x \cdot e^{-\int dx}dx+C\right]=e^x\left(\int dx+C\right)=e^x(x+C)$

即,原微分方程的通解为:$y=e^x(x+C)$.

五、$x^2+y^3-1=0$.

详细解题过程如下.

此方程为可分离变量的微分方程,

$2xdx+3y^2dy=0$

$2xdx=-3y^2dy$

方程两边同时积分,得

$\int 2xdx=-\int 3y^2dy$

$x^2=-y^3+C_1$

$x^2+y^3-C_1=0$

令 $C=-C_1$,则该微分方程的通解为:

$x^2+y^3+C=0$.

把初始条件 $y|_{x=0}=1$ 代入通解,得 $C=-1$,则所求特解为:

$x^2+y^3-1=0$.

综合练习6

一、选择题

1. A.　　2. B.　　3. D.　　4. D.　　5. D.　　6. D.　　7. B.　　8. C.　　9. D.　　10. B.

二、填空题

1. 1.　　2. $8-\ln 3$.　　3. $e-5e^{-1}$.　　4. π.　　5. $>$.　　6. 0.

7. -2.　　8. $\dfrac{x}{1+x^2}$.　　9. 3.　　10. $\dfrac{4}{3}\pi ab^2$.

三、计算下列定积分

(1) 9;　　(2) $\dfrac{1}{3}$;　　(3) 24;　　(4) 0;　　(5) $\dfrac{3}{2}-\ln 2$;　　(6) $\dfrac{\pi}{4}$;

(7) 2;　　(8) $\sqrt{3}$;　　(9) $\dfrac{3}{2}+\ln 2$;　　(10) 2;　　(11) 12;　　(12) $\dfrac{\pi}{2}-1$;

(13) $\dfrac{3}{2\ln 2}-\dfrac{8}{3\ln 3}$;　　(14) 0;　　(15) $e-2$;　　(16) $\dfrac{1}{4}e^2+\dfrac{1}{4}$.

详细解题过程如下.

(1) 方法一:根据微积分基本公式得,

$\int_0^3(4x-3)dx=(2x^2-3x)\big|_0^3=18-9=9$;

方法二：

```
from sympy import *
x＝symbols('x')
y＝4*x－3
＃计算定积分
jf＝integrate(y,(x,0,3))
jf＝simplify(jf)
print("定积分为",jf)
＃运行结果如下：
定积分为 9
```

(4) $\int_0^2 |x-1|\mathrm{d}x = \int_0^1 |x-1|\mathrm{d}x + \int_1^2 |x-1|\mathrm{d}x = \int_0^1 (1-x)\mathrm{d}x + \int_1^2 (x-1)\mathrm{d}x$

$= \left(x-\dfrac{x^2}{2}\right)\Big|_0^1 + \left(\dfrac{x^2}{2}-x\right)\Big|_1^2 = 0.$

(11) 令 $\sqrt[3]{x}=t$，则 $x=t^3$，$\mathrm{d}x=3t^2\mathrm{d}t$，当 $x=0$ 时，$t=0$；当 $x=8$ 时，$t=2$，于是

$\int_0^8 \dfrac{1}{\sqrt[3]{x}-1}\mathrm{d}x = \int_0^2 \dfrac{1}{t-1}\cdot 3t^2\mathrm{d}t = 3\int_0^2 \dfrac{t^2}{t-1}\mathrm{d}t = 3\int_0^2 \dfrac{(t^2-1)+1}{t-1}\mathrm{d}t$

$= 3\int_0^2 \left(t+1+\dfrac{1}{t-1}\right)\mathrm{d}t = 3\left(\dfrac{t^2}{2}+t+\ln|t-1|\right)\Big|_0^2 = 12.$

(15) 运用分部积分法，$u=x^2$，$\mathrm{d}v=\mathrm{d}e^x$，则 $\mathrm{d}u=2x\mathrm{d}x$，$v=e^x$，

$\int_0^1 x^2 e^x \mathrm{d}x = (x^2 e^x)\Big|_0^1 - 2\int_0^1 xe^x\mathrm{d}x = e - 2\left(xe^x\Big|_0^1 - \int_0^1 e^x\mathrm{d}x\right) = e - 2.$

(16) 运用分部积分法，$u=\ln x$，$\mathrm{d}v=x\mathrm{d}x$，则 $\mathrm{d}u=\dfrac{1}{x}\mathrm{d}x$，$v=\dfrac{1}{2}x^2$，

$\int_1^e x\ln x\mathrm{d}x = \int_1^e \ln x\mathrm{d}\left(\dfrac{1}{2}x^2\right) = \dfrac{1}{2}(x^2\ln x)\Big|_1^e - \int_1^e x^2 \cdot \dfrac{1}{x}\mathrm{d}x$

$= \dfrac{1}{2}e^2 - \dfrac{1}{2}x\Big|_1^e = \dfrac{1}{4}e^2 + \dfrac{1}{4}.$

四、应用题

1. (1) $\dfrac{52}{3}$；　　(2) $\dfrac{4}{3}$；　　(3) $\dfrac{8}{3}$.

详细解题过程如下.

(1) 取 x 为积分变量，积分区间为 $[1,9]$，面积微元为 $\mathrm{d}A=|\sin x|\mathrm{d}x$，

所求面积为：$\int_1^9 \sqrt{x}\mathrm{d}x = \dfrac{2}{3}x^{\frac{3}{2}}\Big|_1^9 = \dfrac{2}{3}(27-1) = \dfrac{52}{3}.$

(2) 解方程组 $\begin{cases} y=x^2 \\ y=2x \end{cases}$，得 $x=0$ 或 $x=2$，

取 x 为积分变量，积分区间为 $[0,2]$，面积微元为 $\mathrm{d}A=|2x-x^2|\mathrm{d}x$，

所求面积为：$A = \int_0^2 (2x-x^2)\mathrm{d}x = \left(x^2 - \dfrac{x^3}{3}\right)\Big|_0^2 = \dfrac{4}{3}$

(3) 解方程组 $\begin{cases} y=1-x^2 \\ y=x^2-1 \end{cases}$，得 $x=-1$ 或 $x=1$，

取 x 为积分变量，积分区间为 $[-1,1]$，面积微元为 $dA=|(1-x^2)-(x^2-1)|\,dx$，

所求面积为：$A=\int_{-1}^{1}[(1-x^2)-(x^2-1)\,dx=2\left(x-\dfrac{x^3}{3}\right)\Big|_{-1}^{1}=\dfrac{8}{3}$.

2. (1) $\dfrac{\pi}{3}$；   (2) $\dfrac{\pi}{4}$.

详细解题过程如下.

(1) 取 x 为积分变量，积分区间为 $[0,1]$，体积微元为 $dV=\pi x^2\,dx$，

所求体积为：$V=\int_{0}^{1}\pi x^2\,dx=\pi\cdot\dfrac{x^3}{3}\Big|_{0}^{1}=\dfrac{\pi}{3}$.

(2) 取 x 为积分变量，积分区间为 $[0,1]$，体积微元为 $dV=\pi x^3\,dx$，

所求体积为：$V=\int_{0}^{1}\pi x^3\,dx=\pi\cdot\dfrac{x^4}{4}\Big|_{0}^{1}=\dfrac{\pi}{4}$.

综合练习7

一、选择题

1. D.   2. C.   3. A.   4. D.   5. B.   6. C.

二、填空题

1. $A_{12}=-4$；$A_{23}=-1$；$A_{32}=4$.

2. $B-A=\begin{bmatrix} 2 & 2 \\ 2 & 2 \end{bmatrix}$；$2A+3B=\begin{bmatrix} 11 & 16 \\ 21 & 26 \end{bmatrix}$；$AB=\begin{bmatrix} 13 & 16 \\ 29 & 36 \end{bmatrix}$；$3A-2B^T=\begin{bmatrix} -3 & -4 \\ 1 & 0 \end{bmatrix}$.

3. $A^*=\begin{bmatrix} -5 & 7 & 1 \\ 1 & -5 & 7 \\ 7 & 1 & -5 \end{bmatrix}$；$A^{-1}=\dfrac{1}{18}\begin{bmatrix} -5 & 7 & 1 \\ 1 & -5 & 7 \\ 7 & 1 & -5 \end{bmatrix}$.

4. 2.   5. 4.   6. $r(A)<n$.

三、计算题

1. (1) -6；   (2) 6；   (3) $a^3+b^3+c^3-3abc$；

(4) $acfh-adfg-bceh+dbeg$；   (5) 160；   (6) 18.

2. (1) $x_1=\dfrac{9}{7}$；$x_2=\dfrac{6}{7}$；   (2) $x_1=1$；$x_2=2$；$x_3=-1$.

3. $AB=\begin{bmatrix} 12 & 11 & 6 \\ 10 & 11 & 5 \\ 20 & 23 & 10 \end{bmatrix}$； $BA=\begin{bmatrix} 4 & 4 & 2 \\ 18 & 28 & 3 \\ 8 & 13 & 1 \end{bmatrix}$； $A^TB^T=\begin{bmatrix} 4 & 18 & 8 \\ 4 & 28 & 13 \\ 2 & 3 & 1 \end{bmatrix}$；

$$\boldsymbol{B}^{\mathrm{T}}\boldsymbol{A}^{\mathrm{T}}=\begin{pmatrix}12 & 10 & 20 \\ 11 & 11 & 23 \\ 6 & 5 & 10\end{pmatrix}; \qquad (\boldsymbol{AB})^{\mathrm{T}}=\begin{pmatrix}12 & 10 & 20 \\ 11 & 11 & 23 \\ 6 & 5 & 10\end{pmatrix}.$$

4.(1) 逆矩阵为：$\begin{pmatrix}-6 & 2 & 1 \\ 7 & -2 & -1 \\ -5 & 1 & 1\end{pmatrix}$； (2) 逆矩阵为：$\begin{pmatrix}1 & -4 & -3 \\ 1 & -5 & -3 \\ -1 & 6 & 4\end{pmatrix}$.

5.(1) 矩阵的秩为：2； (2) 矩阵的秩为：3.

6.(1) $x_1=0;x_2=0;x_3=0$； (2) $x_1=0;x_2=0;x_3=0;x_4=0$；

(3) $x_1=2;x_2=-1;x_3=3$； (4) $x_1=\frac{1}{7}(13-3x_3-13x_4);x_2=\frac{1}{7}(-4+2x_3+4x_4)$.

详细解题过程如下.

(1) ♯先判断系数矩阵的秩

from sympy import *

init printing(use unicode＝True)

A＝Matrix([[1,−2,3],[2,1,−3],[3,−3,2]])

$r(\mathrm{A})=3$,根据定理 7.7 得,方程组有唯一一组解,即零解,

所以, $x_1=0;x_2=0;x_3=0$.

(3) 方法一：

增广矩阵 $\bar{A}=\begin{pmatrix}1 & 2 & -3 & -9 \\ 3 & 8 & -12 & -38 \\ -2 & -5 & 3 & 10\end{pmatrix}$

通过初等行变换,得：$\bar{A}=\begin{pmatrix}1 & 2 & -3 & -9 \\ 0 & -1 & -3 & -8 \\ 0 & 0 & -9 & -27\end{pmatrix}$

因为 $r(\mathrm{A})=r(\bar{\mathrm{A}})=3$,所以方程组有解,且有唯一解.

$-9x_3=-27$; $x_3=3$；

$-x_2-3x_3=-8$; $x_2=-1$；

$x_1+2x_2-3x_3=-9$; $x_1=2$；

即, $x_1=2;x_2=-1;x_3=3$.

方法二：

from sympy import *

init printing(use unicode＝True)

A＝Matrix([[1,2,−3],[3,8,−12],[−2,−5,3]])

B＝Matrix([[−9],[−38],[10]])

♯判断矩阵 A 的秩

♯计算方程组的解

即方程组的解为：$\begin{cases}x_1=2 \\ x_2=-1 \\ x_3=3\end{cases}$

参考文献

[1] 周密,阮民荣,张海霞,等. 计算机数学基础[M]. 上海:上海交通大学出版社,2017.

[2] 吴伶琳,等. Python 语言程序设计基础[M]. 大连:大连理工大学出版社,2022.

[3] 叶小超,柯春梅,等. 高等数学:第二版[M]. 厦门:厦门大学出版社,2015.

[4] 吴炯圻,陈跃辉,唐振松,等. 高等数学及其思想方法与实验:上册[M]. 厦门:厦门大学出版社,2013.

[5] 董付国,等. Python 程序设计[M]. 北京:清华大学出版社,2020.

[6] 官金兰,康永强,岑苑君,等. 高等数学:基于 Python 的实现[M]. 北京:电子工业出版社,2020.

[7] 李晓娜,张斌,王仲兰,等. 高职实用数学[M]. 北京:北京大学出版社,2017.

[8] 颜文勇,柯善军,等. 高等应用数学[M]. 北京:高等教育出版社,2008.

[9] 曹治清,等. 高等数学[M]. 上海:上海交通大学出版社,2017.

[10] 张斯为,等. 高等数学[M]. 厦门:厦门大学出版社,2009.

[11] 王海舟,郭君,等. 高等数学[M]. 北京:人民邮电出版社,2010.

[12] 吴赣昌,等. 高等数学[M]. 北京:中国人民大学出版社,2020.

[13] 唐永华,刘德山,李玲,等. Python3 程序设计[M]. 北京:人民邮电出版社,2018.

[14] 王家文,李仰军,等. MATLAB7.0 图形图像处理[M]. 北京:国防工业出版社,2006.

[15] 石博强,赵金,等. MATLAB 数学计算与工程分析范例教程[M]. 北京:中国铁道出版社,2005.

[16] 于万波,等. 基于 MATLAB 的计算机图形与动画技术[M]. 北京:清华大学出版社,2007.

[17] 韩雁泽,刘洪涛,等. 人工智能基础与应用[M]. 北京:人民邮电出版社,2021.

[18] 李俊杰,谢志明,等. 大数据技术与应用基础项目教程[M]. 北京:人民邮电出版社,2017.

[19] 马来焕,等. 高等应用数学[M]. 北京:北京理工大学出版社,2010.

[20] 杨晖,田莉霞,等. 人工智能导论[M]. 大连:大连理工大学出版社,2020.

[21] 林琦. 现代高职教育体系建构的问题研究[J]. 厦门城市职业学院学报,2015(3):20-23.

[22] 胡伟卿. 高职"高等数学"分层教学应用研究[J]. 厦门城市职业学院学报,2018(1):22-26.

[23] 郭聪冲,林婕,王宗毅,等. 一类常微分方程组解的适定性[J]. 龙岩学院学报,2018(4):1-4.